新文科·新设计
国家级一流本科课程配套教材

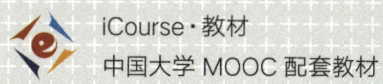

iCourse·教材
中国大学 MOOC 配套教材

U0771560

林家阳 总主编

计算机辅助
服装设计

主　编　王宏付　柯　莹
副主编　唐　颖

中国教育出版传媒集团
高等教育出版社·北京

内容摘要

　　《计算机辅助服装设计》是国家级一流本科课程"服装CAD"的配套教材，旨在提高学生的计算机辅助服装设计能力。通过理论阐述及若干课题的训练，让学生较系统地掌握计算机辅助服装设计的基本内容和表现技法，帮助学生系统地掌握计算机辅助服装设计的方法，注重学生的动手能力和实际解决问题能力的培养，提高学生综合创新设计能力，为服装与服饰设计、服装设计与工程、艺术与科技、艺术设计等专业的学习奠定基础。

　　本书可供高等院校艺术设计专业师生使用，也可供同等学力教育、时尚设计培训机构及广大服装设计爱好者参考学习。

图书在版编目（ＣＩＰ）数据

　　计算机辅助服装设计 / 王宏付，柯莹主编. -- 北京：高等教育出版社，2024.11
　　国家级一流本科课程配套教材 / 林家阳总主编
　　ISBN 978-7-04-061726-9

　　Ⅰ．①计… Ⅱ．①王… ②柯… Ⅲ．①服装设计-计算机辅助设计-高等学校-教材 Ⅳ．①TS941.26

　　中国国家版本馆CIP数据核字（2024）第038246号

JISUANJI FUZHU FUZHUANG SHEJI

策划编辑	梁存收　杜一雪	责任编辑	杜一雪	封面设计	张　楠	版式设计	徐艳妮
责任绘图	易斯翔	责任校对	吕红颖	责任印制	张益豪		

出版发行	高等教育出版社	网　　址	http://www.hep.edu.cn	
社　址	北京市西城区德外大街4号		http://www.hep.com.cn	
邮政编码	100120	网上订购	http://www.hepmall.com.cn	
印　刷	唐山嘉德印刷有限公司		http://www.hepmall.com	
开　本	787 mm×1092 mm　1/16		http://www.hepmall.cn	
印　张	18			
字　数	380千字	版　　次	2024年11月第1版	
购书热线	010-58581118	印　　次	2024年11月第1次印刷	
咨询电话	400-810-0598	定　　价	65.00元	

本书如有缺页、倒页、脱页等质量问题，请到所购图书销售部门联系调换
版权所有　侵权必究
物　料　号　61726-00

总 序

大学教育工作的核心是专业建设,专业建设的主要内容是教学设计,教学设计的重点是课程建设,而课程建设的重要内容是教材建设。在相当长的一段时间里,我们的考核制度出现了偏颇,高校对教师的考核重专著、重论文、轻教材,导致相当多的设计学类教师在教学中缺乏真正高质量的、适用性强的教材做参考,致使教学不规范,从而严重影响了教学质量。

一部好的教材对教师来说是课程的灵魂,对学生来说是一部高精度的导航仪,能够引导学生从迷茫到清晰,从此岸到彼岸,本套艺术设计类"国家级一流本科课程"配套教材正是按照这样的诉求进行设计的。

2017 年,国家教材委员会和教育部教材局正式成立,标志着我国高等院校教材建设进入新的历史阶段。2019 年,国家教材委制定《普通高等学校教材管理办法》,2020 年印发了《全国大中小学教材建设规划(2019—2022 年)》,2020 年又启动首届全国教材建设奖评选工作。与此同时教育部推出首批国家级一流本科课程共 5118 门,其中艺术类国家一流课程有 174 门(线上课程 38 门,线下课程 76 门,线上线下混合式课程 31 门,虚拟仿真实验教学课程 17 门,社会实践课程 12 门)。在中国特色社会主义进入新时代之际,教育部倡导新文科建设,注重继承与创新、协同与共享,促进多学科交叉与深度的融合。该系列教材正是值此背景下应运而生的,本系列涵盖了多所院校的大量优质课程、特色课程,且大多数课程的负责人为教学名师或学科带头人,更为该系列教材注入了源动力。

在众多的设计学类优秀课程中,有显著需求的 22 门专业课程入选本系列教材建设,为了确保本套教材整体的质量和统一性,高等教育出版社专门邀请我担任总主编工作。来自全国 22 所院校的 20 余位分主编,从 2020 年底开始至今,开展了各部教材目录、样章的反复磋商和全书的编写工作。2021 年仲夏,编委会在杭州进行了中期汇报交流,金秋又在沈阳鲁迅美术学院举办了设计学类专业国家级一流专业、一流课程优秀成果展。针对相关重点与难点,全体作者还在线上举行了三次工作会议。最终,各位分主编率领相关团队高质量地按时完成了教材的编写任务。本套教材均配有丰富的教学资源和案例,并注重实践性及中华优秀传统文化和立德树人元素的引入。该套教材在注重理论联系实际的基础上,融入一流课程已有的资源有效拓展了书稿内容。尤其训练部分的论述彰显了一流课程的特色及创新，可以为其他院校提供有益的参考。

高等教育出版社特别重视国家一流课程教学成果的转化，注重高等院校设计类教材的当代性、普适性与可操作性，此次重点打造这一套"新文科·新设计"艺术设计类"国家级一流本科课程"配套教材，对设计学科建设而言，可谓功德无量！

教育部高等学校设计学类专业教学指导委员会副主任委员

同济大学教授　林家阳

2022 年元月 27 日

前 言

　　2019年10月,教育部发布了《教育部关于一流本科课程建设的实施意见》(教高〔2019〕8号),提出要建设适应新时代要求的一流本科课程,全面开展一流本科课程建设,树立课程建设新理念,推进课程改革创新,培养创新型、复合型、应用型人才。2020年,教育部公布了首批国家级一流本科课程,江南大学"服装CAD"课程被认定为线上线下混合式一流课程。本书是"服装CAD"课程的配套教材,是在"十三五"普通高等教育本科部委级规划教材《Photoshop辅助服装设计》和《Illustrator辅助服装设计》的基础上编写而成。前两本教材以基础理论和软件使用方法为主,注重学生计算机辅助基础设计能力的培养。本书选取部分经典案例,进行针对性的理论讲解和软件操作,更关注学生设计能力的提高。本课程和教材的改进与出版,旨在提高学生的计算机辅助服装设计能力。通过理论阐述及若干课题的训练,让学生较系统地掌握利用平面设计通用软件如Photoshop、Illustrator等进行服装设计的方法、技巧和表现技法,并能熟练地运用设计软件进行服饰图案设计、服装面料设计、服饰配件设计、服装款式设计、服装效果图表现等,同时掌握利用专业软件辅助服装样板制作、推板、排料、3D虚拟试衣等的方法。本书以通俗易懂、深入浅出为宗旨,以实际案例分析为主,使学生尽快掌握计算机辅助服装设计的主体内容和设计方法,注重学生的动手能力和实际解决问题的能力培养,提高学生综合创新设计能力。

　　本书主要编著者为江南大学"服装CAD"课程建设团队主要成员王宏付、柯莹、唐颖。全书共分为三章,第一章和第三章由王宏付、唐颖编写;第二章由王宏付、柯莹、唐颖、吴艳、姚怡等编写。全书统稿由王宏付完成。

　　在此对本书所引用文献的著作者以及为编著本书作出贡献的所有人员致以诚挚的谢意。

王宏付

2023年12月20日

目 录

第一章

计算机辅助服装设计的概念与基础

第一节 计算机辅助服装设计的历史与现状

一、计算机辅助服装设计的历史

服装 CAD(Computer Aided Design)技术,即计算机辅助服装设计技术,是利用计算机的软、硬件技术对服装新产品、服装工艺过程,按照服装设计的基本要求,进行输入、设计及输出等的一项专门技术,是一项集计算机图形学、数据库、网络通信等计算机及其他领域知识于一体的综合性技术,用以实现服装产品的技术开发和工艺设计。服装 CAD 被称为服装艺术和计算机科学交叉的综合学科,是一门以尖端科学为基础的全新的艺术学科,是计算机系统与设计师的设计理念和创造力的密切结合,被广泛地运用到现代服装设计当中。计算机绘图是服装设计的专业基础之一,是衔接服装设计师与工艺师和消费者的桥梁,它强调商业性、实用性与艺术性的结合。

20 世纪六七十年代,美国开始在服装产业中利用计算机系统来辅助服装设计,计算机辅助设计在服装产业开始萌芽和发展,用计算机程序进行衣片的排料和裁剪,提高了面料的利用率。1972 年,美国格伯(Gerber)公司开发首个服装 CAD 系统,该系统包括放码、排料等功能,进一步缓解了工业化大量成衣制作中存在的难题,使服装工艺制作过程更加便利,受到服装企业广泛认同。20 世纪 80 年代,国外的服装 CAD 系统开始从工艺设计向款式设计和结构设计发展,服装系统内部逐渐扩充功能。20 世纪 90 年代,服装设计师逐渐接受使用计算机辅助服装设计,计算机推动了服装产业的发展,给服装设计带来了重大的变革。当时开发服装 CAD 系统的技术较为复杂,国外较为成熟的服装 CAD 系统价格高昂。国内的服装 CAD 系统是 20 世纪 80 年代中期在引进国外服装 CAD 系统的基础上研制开发的,其相比国外系统价格较低,在中小型服装产业应用较广,虽然在国际市场竞争力不强,但对于我国服装产业的升级改造和生产效率的提高具有重要的意义。虽然我国的服装 CAD 技术起步较晚,但发展速度很快。如今,国产服装 CAD 软件在二维(简称 2D)设计中成果显著,在技术方面比较成熟,适合于国内设计师的操作习惯,但在三维(简称 3D)设计中的信息化、智能化、网络化等方面,与国外先进系统有一定差距。在服装 CAD 系统中,3D 模拟难度较大,开发与应用较为缓慢。进行 3D 重建时,需要大力开发柔性技术,处理好服装织物本身的质感,这样才能实现 2D 到 3D 的转变,还要充分考虑从 3D 服装转换生成 2D 平面衣片的技术问题。这些问题导致 3D 服装 CAD 的技术难度较大,开发周期较长。随着网络的快速发展,服装设计的网络化逐渐成为主要的运作方式,企业通过服装 CAD 系统在网络中进行数据交流、资源共享,有利于提高生产利润,扩大市场规模,促进服装产业的进一步发展。近年来,虚拟服装 CAD 的研究开发在美国、法国、瑞士、日本、中国等国相继展开,并已取得突破。服装设计师把人的视觉、感觉、审美、情感等因素也考虑到服装设计当中,利用虚拟现实设计技术,在虚拟现实环境下进行服装设计。服装 CAD 技术的广泛应用促进了服装工业的现代化、智能化进程,其发展主要趋势为智能化、集成化、网络化、标准化、个性化、立体化等。

▶▶ 二、计算机辅助服装设计的现状

随着近年来服装工业的飞速发展,现有的服装 CAD 系统逐渐难以适应服装企业对快速反应的需求,智能化服装 CAD 代替现有的服装 CAD 系统将成为发展的必然。

1. 随着服装业的发展,现有的服装 CAD 技术已不能满足需求

几十年来,服装 CAD 技术给服装企业带来的巨大效益是有目共睹的。它通过人机交互的手段进行设计,充分发挥人和计算机两方面的特长,借助计算机运算速度快、信息储存量大、记忆能力强、计算可靠性高、能快速反应与显示图形图像等特点,使服装设计质量和产品效益大大提高。近年来,全球的纺织和制衣业正以惊人的速度发生着深刻的变化,我国的服装设计也随着服装市场的转变向多样化、高级化、个性化发展,服装生产向多品种、小批量、高质量、短周期推进。

2. 智能化服装 CAD 系统是服装 CAD 发展的必然

服装 CAD 的智能化能够满足服装生产更高的要求。随着人工智能技术的快速发展,知识工程、专家系统在服装工业中的逐渐引进,智能化服装 CAD 系统的需求已经非常明显。所谓智能化,就是把计算机科学领域中富有智能化的学科和技术,例如知识工程、机器学习、联想启发和推理机制、专家系统等,应用到服装 CAD 系统中。随着计算机硬件性能的提高和 2D、3D 服装 CAD 技术的逐步完善,在辅助设计的基础上,融合机器学习、智能推理和知识工程等智能化机理和技术,使用智能化服装 CAD 系统,启发设计灵感、激发创造力和想象力。

■ 第二节　计算机辅助服装设计基础知识

随着科技的发展及生活水平的提高,消费者对纺织产品和服装的品位追求发生着显著的变化,促使服装生产向着多品种、小批量、短周期、高质量的方向发展。服装 CAD/CAM/MIS 等系统是计算机技术与服装工业结合的产物,是应用于设计、生产、管理、市场等各个领域的现代化高科技工具。计算机辅助设计在当今的服装设计生产中扮演着越来越重要的角色,利用计算机进行服装的设计表现、纸样制作、放码、排料和生产管理等,极大地节省了成本,提高了效率。

目前,计算机在服装上的应用包括:计算机辅助服装设计、计算机辅助服装制造、服装企业管理信息系统、服装裁床技术系统,还有服装销售系统、服装试衣系统、非接触服装量体系统等。

服装 CAD 系统主要包括:款式设计系统(Fashion Design System)、结构设计系统(Pattern Design System)、推板设计系统(Grading System)、排料设计系统(Marking System)、试衣设计系统(Fitting Design System)、服装管理系统(Management System),以及服装 CAD 数据库等。

▶▶ 一、计算机辅助服装设计软件分类

计算机辅助服装设计软件分为两大类：通用设计软件及专业设计软件。

在通用设计软件中，设计制图是计算机辅助服装设计领域的一个重要分支，被广泛地应用于服装设计中。易于创作、交流和传播的特点，使设计类软件成为具有新生命力的服装艺术形式。通用设计软件分为平面位图设计软件、平面矢量图设计软件及 3D 图像制作软件。平面位图设计软件如 Photoshop、Painter、Procreate 等；平面矢量图设计软件如 CorelDRAW、Illustrator、Autocad 等；三维图像制作软件如 Poser、3dsmax、Rhino、Solidworks、UG、PRO-E 等。我们将在下文进行具体介绍。

国内专业设计软件有富怡 CAD、Style 3D、图易服装 CAD 等。专业设计软件主要包括款式设计、打版、排料、放码、3D 试衣等。国外专业设计软件有法国力克（Lectra）、美国格伯、加拿大派特（PAD）、西班牙艾维斯（Investronica）、美国 PGM、德国艾斯特（Assyst）和韩国 CLO 3D 等。由于起步早，这些公司有着深厚的专业积累和技术优势，它们所开发的服装 CAD 系统功能全面、界面友好、使用方便、系统性能稳定。另外，它们都开发了配套的 CAM 系统，从设计到生产，再到销售一体化管理，满足了用户的信息化需求。

▶▶ 二、通用设计软件的主要功能

1. Photoshop

Photoshop 是美国 Adobe 公司出品的一款性能卓越的位图处理与编辑软件，能方便地进行图形和色彩的选定、编辑、复制、剪切和拼贴等工作，使服装设计师能对所获得的图像资料（如时装表演、时装图片、影像资料等）进行理想化的修改与调整，如可将某些图片中的服装款式、面料、色彩、配饰等进行更换或调整。

Photoshop 的另一个强大功能是滤镜。任何形式的图形与图像一经滤镜处理，便可生成其他意想不到的新的视觉效果。同时，Photoshop 其他的工具模块，如路径、通道、蒙板、图层等，也能进一步地对图形图像进行加工处理，从而使服装设计师的效果图既逼真又能显现出某种个性。

Photoshop 同时也是一个重要的输入平台，它可以接驳如扫描仪、Photo CDs 以及数码相机等外置设备。服装设计师的许多重要作品与资料可以通过这个平台进行输入与整理，并利用其工具加工处理。

2. CorelDRAW

CorelDRAW 是一个功能齐全的矢量图形处理软件。它有着其他平面设计软件无法替代的功能，特点主要集中在图形绘制、图形处理与图形修整功能。它既可以对服装设计师的任何矢量图

形的设计作品进行进一步的处理、修改与加工,也可以生成矢量图形的时装效果图,服装设计师还可以利用这个软件进行服饰图案的设计。另外,CorelDRAW 软件的最大优点在于极为便利的操作,其界面风格以及菜单设置非常适合服装设计人员的操作,且易学、易用,是一个非常实用又容易上手的软件。

3. Illustrator

Adobe 公司推出的 Illustrator 功能十分强大,这个专业的绘图程序整合了功能强大的矢量绘图工具、完整的 PostScript 输出,并和 Photoshop 或其他 Adobe 软件紧密地结合,不仅提高了打开、储存、复制、粘贴、打印以及显示图形等操作的速度,并且新增了很多好用的工具,其中的 3D 功能非常突出。Illustrator 是一套前所未有的全新矢量图形设计工具,提供给大家最能展现设计师创造力所需的增强效能。这个软件给服饰图案的设计、服装效果图的勾线等带来了许多方便。

4. Painter

Painter 又称"自然笔",是计算机绘图软件中非常优秀的软件之一。其非凡的作图功能,庞大的绘图工具箱,眼花缭乱的变形、着色和滤镜效果使作品极富感染力,因而该软件深得艺术家们的青睐。而对于服装设计师来说,该软件可以使设计作品具有乱真的手绘艺术效果。首先,该软件配备了众多的纸张效果,设计师可根据自己的喜好选择任意一种自己感兴趣的绘图纸张;其次,绘图工具中画笔的选择也是种类繁多(如钢笔、铅笔、粉笔、蜡笔、炭笔等,也可以自定义画笔);最后,其强大的笔刷、蒙板、图层及滤镜功能可以生成多种绘画工具的视觉效果与肌理,从而使其具备了可以产生设计师想象得到的,以及难以想象的绘画表现效果(图1-2-1 至图1-2-3)。

图1-2-1　江南大学　郝益菲作品　　图1-2-2　江南大学　黄芷荏作品

图1-2-3   江南大学   任可颖作品

5. Procreate

Procreate 曾获得 Apple 最佳设计奖,是 App Store 必备应用。它是绘画设计者熟悉的"大师级画板",可以说是专业绘画者必不可少的画图 App。专业的绘图应用工具也能产生和计算机绘画软件相媲美的绘图效果。该软件充分利用 iPad 屏幕触摸的便捷方式,配以更加人性化的设计效果,让设计师拥有一个属于自己的移动艺术工作室。Procreate 有着超多的辅助功能,多种画笔可供使用,无论是碳素素描笔刷还是油画笔刷,抑或国画毛笔刷,应有尽有(图1-2-4)。该软件支持多功能色彩调和,设计师可以自由匹配出各种色彩,调配自己喜欢的色盘(图1-2-5)。

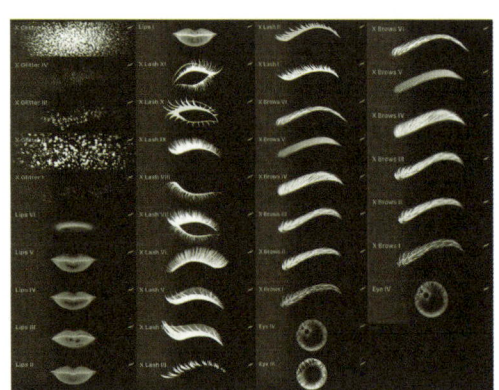

图1-2-4   Procreate 笔刷

图1-2-5   江南大学   王雅婷作品

▶▶ 三、专业设计软件的主要功能

目前,国内外 2D 服装 CAD 的主要功能有款式设计、结构设计、放码设计、排料设计、工艺设计等,并具有不同的功能(图1-2-6、图1-2-7)。

1. 款式设计

用计算机做款式设计不同于传统设计的手工绘画方式,利用计算机储存的大量模特及部件库,不仅可以使用 CAD 软件各种画笔工具来描绘款式图,还可以通过扫描面料替换到款式图上,使用复制、粘贴等工具可以很方便地对设计款式图做出修改。

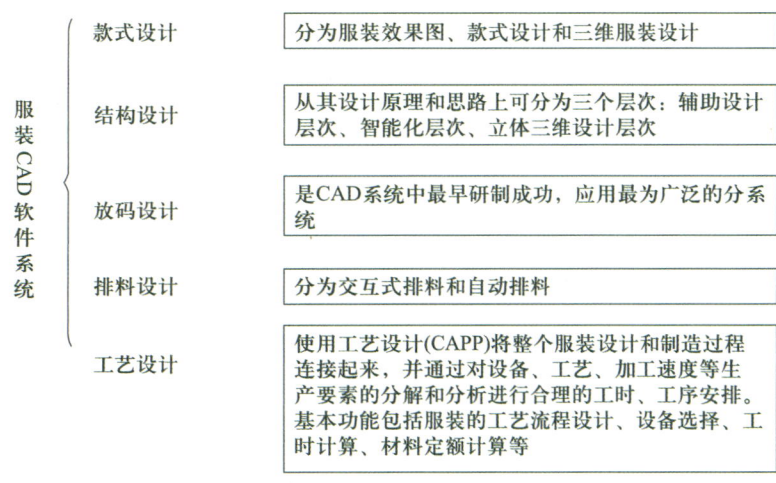

图1-2-6 服装CAD软件系统

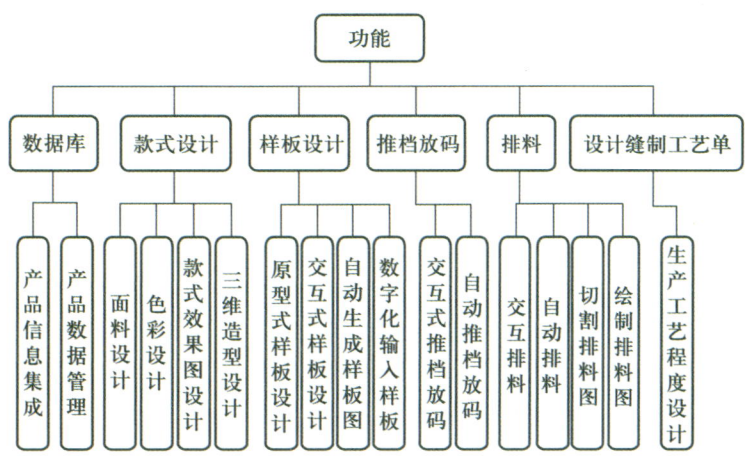

图1-2-7 服装CAD软件功能

2. 结构设计

结构设计又称纸样设计或打版,包括出头样等。计算机出样省去了手工绘制的繁杂计算和测量,不但速度快,准确度也高。

结构设计一般有三种设计法:一是修改法,即调出纸样库中已有纸样进行修改;二是原型设计法,即以原型纸样为基础,对其进行移省、加褶、切展等变换和松量分配、撇胸、腰线对位、边缘处理等工序;三是随意设计法,即利用作图命令进行交互设计,不受以往设计的约束。

3. 放码设计

放码设计又称服装推板设计，是服装结构设计的延伸，在服装厂里结构设计师（也称纸样设计师）做出头样后，再根据客户的要求按照不同规格的档差，运用一定的方法把其他不同尺码的纸样做出来，这个过程就叫放码，也叫推板。通常，一种款式按某一型号给出一套样板，根据这套样板以推板的方式推出一系列型号的样板，这是一个烦琐、重复的过程。电脑放码分为点放码、线放码和自动放码等。一套复杂的纸样手工放码需要将近一天的时间，而电脑放码只需要十几分钟。CAD 推板系统可根据规格表中的数据，自动计算出各放码点的档差进行推档，从而快速完成这一过程，极大地提高工作效率。

4. 排料设计

排料设计又称排版、排唛架等，是一个产品排料图的设计过程，是在满足设计、制作等要求的前提下，将服装各规格的所有衣片样板在指定的面料幅宽内进行科学的排列，以最小面积或最短长度排出用料定额。其目的是，使面料的利用率达到最高，以降低产品成本，同时给铺料、裁剪等工序提供可行的依据。电脑排料自由度大，准确度高，可以非常方便地对纸样进行移动、调换、旋转、反转等。

服装排料设计的方法有三种：一是交互式排料，将每个衣片作为一个"块"，通过屏幕显示，设计者交互选择合理的插入基点和方位进行排料；二是自动排料，在输入一些排料信息后，由系统自动计算，进行排料；三是前两种方法的结合，首先进行自动排料，然后进行交互式排料调整。目前的实用排料系统均采用第三种方法。

5. 交互式 3D 服装 CAD 设计

一般包括以下几个部分：人体数据采集、虚拟服装生成技术、织物变形模型、纸样生成（3D 模型展成 2D 纸样）、纸样可视化（2D 到 3D 的虚拟缝合）、界面设计、量身定做、模拟试衣系统等。

(1) 人体数据采集

3D 服装 CAD 系统人体数据一般采用传统人台数字化形态采集以及非接触式测量技术采集。传统人台数字化形态采集是利用 3D 数字化仪器测定并记录人台上某些固定经纬线的相交点坐标，通过坐标矩阵得到一个面，尽管方法准确，但数字化过程太费力。非接触式测量技术，如英国的 LASS 技术，运用一组摄像机观察投影到人体表面的投影线条，经过数字化处理产生人体模型。还有美国 TC2 开发的白光相位测量技术，通过图像得到人体 3D 数据点，输入计算机进行数字化处理，从而得到全面的人体 3D 形态等。

(2) 虚拟服装生成技术

现有的虚拟服装生成技术是 2D 纸样在 3D 设计环境下的可视化，运用专家系统解析时装设计图以生成 3D 虚拟服装。

(3) 织物变形模型

服装款式与所选织物之间的密切关系,意味着织物的展示形态是服装设计系统的一个重要环节,特别是服装材料性能对版型设计和外观造型具有重大影响。由于纺织材料的各异性和变形模拟的难度,织物变形模型的建立很复杂。近年来,它已是纺织工程学、计算机图形学和 3D 服装 CAD 开发等学科的重要研究课题。理想的 3D 设计环境,需要纺织工程学和计算机图形学两个研究领域的结合。除了形态预测,有效的织物模型还需要考虑织物悬垂时与人体之间以及织物之间的碰撞,需要进行碰撞检测和计算。早期的研究方法是,运用很弱的力场(人体表面周围)避免发生碰撞。更进一步的研究是,采取算法,使织物依附于织物表面,而不发生碰撞。目前,检验是否发生碰撞的运算速度已大为提高。计算机图形学已成功地进行了服装的动画模拟,尽管它们仍然着重于织物的外观造型,但已经考虑到物理参数,还提供了碰撞检测的动态悬垂模型。这些模型在时装设计、虚拟时装表演和虚拟购物环境等开发上有巨大的潜力。

(4) 纸样生成

自动从 3D 模型得到 2D 纸样是 3D 服装 CAD 系统的重要目的之一。早期采用的方式是 3D 图样平面展开。这个过程是将双曲面纸样看成小三角形平面的集合体。选择这样的小三角形平面,将其一一展成 2D 纸样,再进行省道、褶裥等处理,得到真实的 2D 纸样。应该注意的是,将一个曲面平铺为一个平面与将一个平面转为服装曲面造型是两个不同的过程。

(5) 纸样可视化

纸样可视化需具备以下两大功能:着衣算法和服装组合程序。先绘制 2D 纸样,然后给 3D 人体模型"着衣",将合适的 3D 人体坐标线置于衣片的对位线之上,衣片就会在人体模型表面形成"虚拟服装"。需要注意的是,要在进行缝合的 2D 纸样边线以及定位线等处确定"缝合"特征。通过"缝合"特征,这些线条缝合在一起,形成 3D 虚拟服装。图 1-2-8 为韩国的 CLO 3D 软件的设计效果图,用户可以直观地看到服装在人体的穿着效果。

(6) 界面设计

3D 服装 CAD 系统的成功与否不仅取决于生成有效的服装纸样,还取决于设计师与系统的交互。近年来的研究趋势是模拟手工操作过程,设计师可以直接在屏幕上进行创作。3D 服装 CAD 系统还提供给用户不同的观察视角,一般有前、后、左、右、上、下和等高线、等视图,能以任意线为轴线进行放大、移动和旋转处理。

(7) 量身定做

量身定做是针对特定客户人体的参数测量及其对服装款式的特定要求(如放松量、长度、宽度等方面的喜好)进行服装设计,再生成相应的平面服装样片(图 1-2-9)。此类产品可利用互联网进行远程控制实现,此方面美国、英国、法国、德国、日本、瑞士的系统较为先进。

图 1-2-8 CLO 3D 的设计效果图

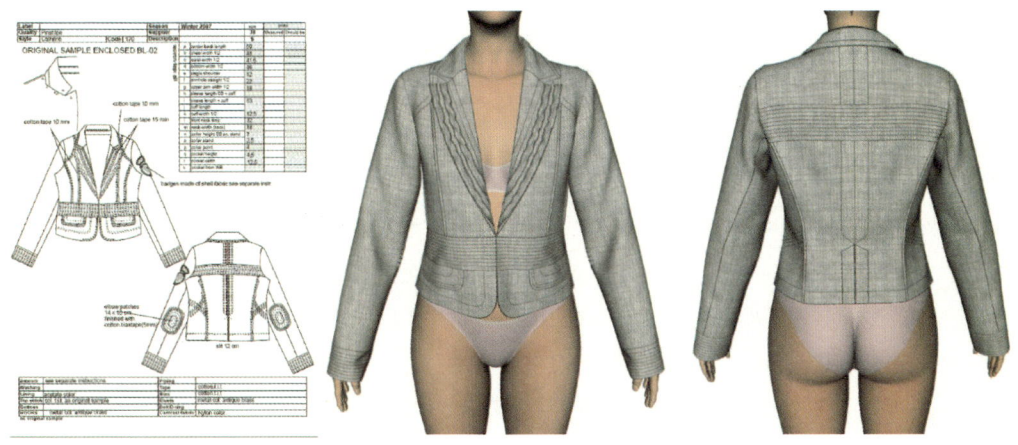

图 1-2-9 服装款式图与 3D 虚拟图

(8) 模拟试衣系统

模拟试衣系统通过对顾客体型的 3D 测量进行互动服装设计,再生成相应的平面服装纸样。这类应用可利用互联网进行电子商务的远程控制实现,如美国的 Land'send 公司在互联网上建立顾客的人体虚拟模型,通过顾客的简单操作可试穿该公司推出的服装,还可进行立体互动设计,直到顾客满意为止(图 1-2-10)。

现在一些 3D 服装 CAD 软件已基本能实现 3D 服装穿着、搭配设计并修改,完成服装穿着运动舒适性的动画模拟,模拟不同布料的 3D 悬垂效果,实现 360°旋转等功能(图 1-2-11)。其中美国、

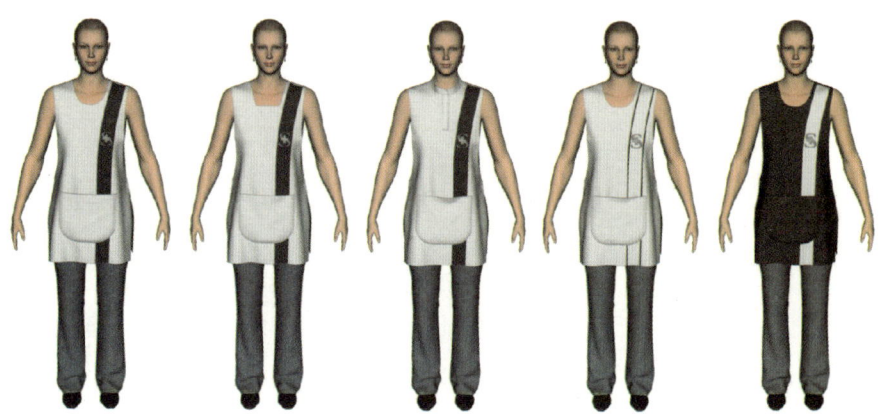

图1-2-10 3D不同面料贴图效果

日本、瑞士等国家研究开发的3D服装CAD软件比较先进,如美国CDI推出的CONCEPT 3D服装设计系统、法国力克的3D系统、美国格伯的AM-EE-SW 3D系统、加拿大PAD的3D系统、日本东洋纺织的3D系统等。服装3D CAD有别于2D CAD的地方在于:它是在3D人体测量建立起的人体数据模型基础上,先对模型进行交互式3D立体设计,然后再生成2D的服装纸样。它主要解决人体3D尺寸模型的建立及局部修改,以及3D服装原型设计、3D服装覆盖及浓淡处理、3D服装效果显示,特别是动态显示和3D服装与2D衣片的可逆转换等。

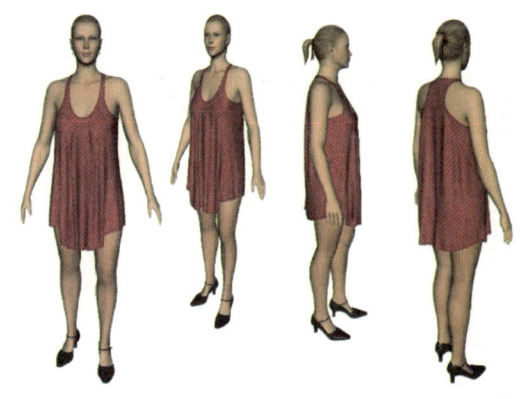

图1-2-11 360°旋转功能展示

▶▶ 四、国内外经典的服装 CAD 设计系统

1. 富怡 CAD

2021年,富怡推出服装CAD Super V8系统,可广泛应用于服装、内衣、鞋帽、箱包、沙发、帐篷、汽车等行业。除基本的开样、放码、普通排料功能外,富怡CAD在原有V8增强版的基础上,新增了适用于高级定制、团体定制生产模式的制版方式,其中涉及的功能有公式法制版、部件库、联动修改、新建公式、自动放码等,同时增加了适用于羽绒服生产的充绒功能,可快速分配计算羽绒服样片各部位的充绒量并导出数据,可供生产采购部门使用。

主要特点:①系统开样放码部分采用全新的设计思路,整合公式法与自由设计,最大的特点是联动,包括结构线间的联动,纸样与结构线的联动调整,转省、合并调整,对称等工具的联动。

这样调整一个部件,其他相关部位都可以一起修改,剪口、扣眼、钻孔、省、褶等元素也可联动。②开样放码部分保留原有的服装 CAD 功能,可以加省、转省、加褶等,提供丰富的缝份类型、工艺标识,可自定义各种线型,允许用户建立部件库,例如领子、袖口等部件,使用时可以直接载入。

2. Style 3D

Style 3D 从 3D 设计、推款审款、3D 改版、智能核价、自动 BOM 到直连生产,为服装品牌商、ODM 商、面料商等提供了从设计到生产全流程的数字研发解决方案,助力企业提升服装研发效率、缩短研发周期、降低研发成本,提升企业综合竞争力(图 1-2-12 至图 1-2-14)。

主要特点:①提供支持仿真渲染的 3D 设计工具及在线协同平台,实现了在服装研发过程中面辅料选择、款式设计、渲染仿真等全流程的数字化操作,且在研发过程中积累大量的生产参数和产品结构化数据资产。②依据工厂生产标准生成数字化 BOM 单,串起生产制造环节,打通服装行业流通的全链路,进一步推动全服装产业的数字化。

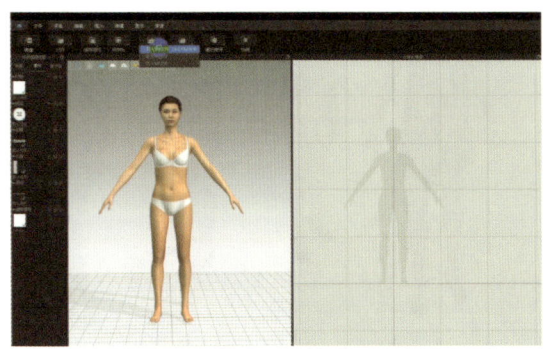

图 1-2-12　Style 3D 界面

图 1-2-13　Style 3D 隐藏模特渲染效果图

图 1-2-14　Style 3D 的各种模特

3. 图易服装 CAD

图易服装 CAD 是基于立体裁剪原理的 3D 服装设计软件。采用立体裁剪的方法,在 3D 人体上构建 3D 服装,设计结构原型,快速准确地获得服装的纸样,并模拟服装的 3D 效果,实现服装的个性化量身定制,为服装的创新设计与量身定制提供智能的解决方案(图 1-2-15、图 1-2-16)。

主要特点:①图易 CAD 的工作原理与服装的立体裁剪是一致的。软件的设计流程分为四个步骤:首先,读入 3D 人体模型;其次,在 3D 人体上生成 3D 服装模型;再次在 3D 服装模型表面绘制结构线,将服装表面分成多个区域,分别对应服装的各个纸样,将每个 3D 曲面纸样自动展平为 2D 纸样;最后,自动将设计好的纸样重新缝合成虚拟的 3D 服装并进行悬垂模拟,检验服装设计的合身性,从而设计出合体的服装。②图易软件采用 3D 技术实现了传统的立体裁剪方法,将人台实物和服装模型用虚拟的 3D 人体和服装表示。在软件中,除了预先设置好的一系列人体模型,用户可以输入尺寸,自定义人体模型。因此,图易 CAD 降低了立体裁剪对人体模型的依赖性。

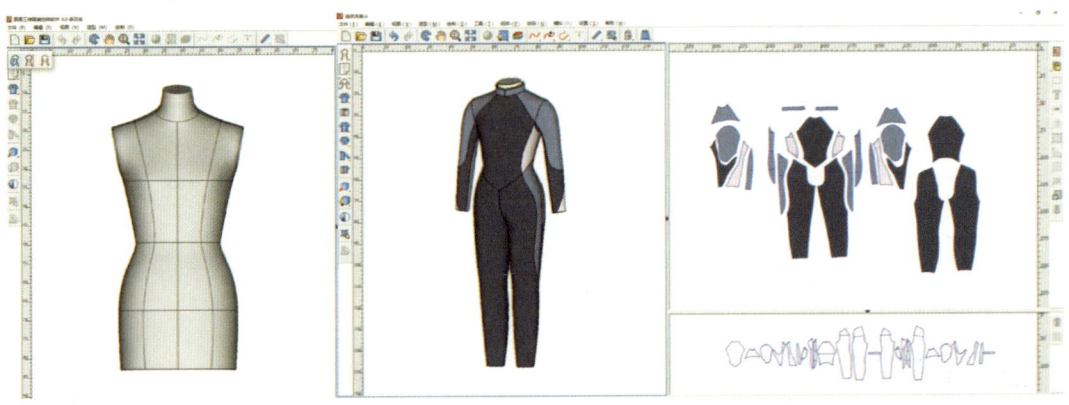

图 1-2-15 图易 CAD 界面

图 1-2-16 图易 CAD 渲染效果图

③图易 CAD 结合了立体裁剪方法与平面设计方法,既实现了立体设计方法,又实现了对"量"的把握。图易 CAD 的最大优势在于采用立体裁剪的方法,以 3D 人体为对象构建 3D 服装并设计结构原型,自动获取准确合体的服装纸样,适用于服装版型的创新设计与个性化量身定制。图易 CAD 设计过程直观、操作简单、设计速度快、纸样精度高,为服装设计师和版型设计师提供了一个快速、便利的设计工具。

4. 法国力克

力克打板软件界面介绍

　　1973 年,力克公司由琼(Jean)和伯纳德·埃切帕雷(Bernard Etcheparre)两位工程师在法国波尔多塞斯塔成立,目前是全球最大的服装设计、生产、制造软件系统供应商之一。

　　近年来,力克推出了最新版本制版软件 Modaris V8R2,旨在通过功能的增强和操作的优化帮助客户实现卓越运营。Modaris V8R2 可以帮助客户更快速和更精确地创建样板,同时更有效地与设计团队和合作伙伴沟通;Modaris Expert 是力克制版软件 Modaris 目前的最高阶版本,它让制版师轻松地管理、存储、检索和利用服装开发原型库的重要电子资料,帮助企业加快产品开发过程(图 1-2-17 至图 1-2-19)。

　　主要特点:①通过 3D 虚拟打样,可减少用来制作实体样本、手动分级和实体裁剪方面的时间和经济成本,从而缩短产品开发周期。②可以根据需要同时执行多个排料图任务,节省时间和人

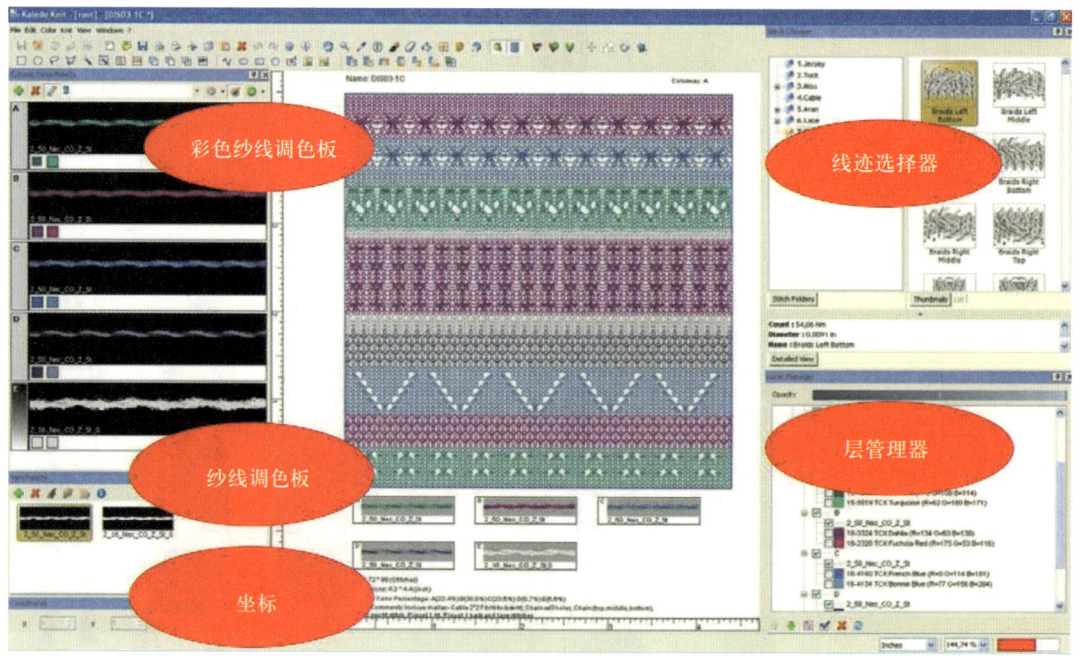

图 1-2-17　力克针织设计系统

图1-2-18 力克针织组织结构

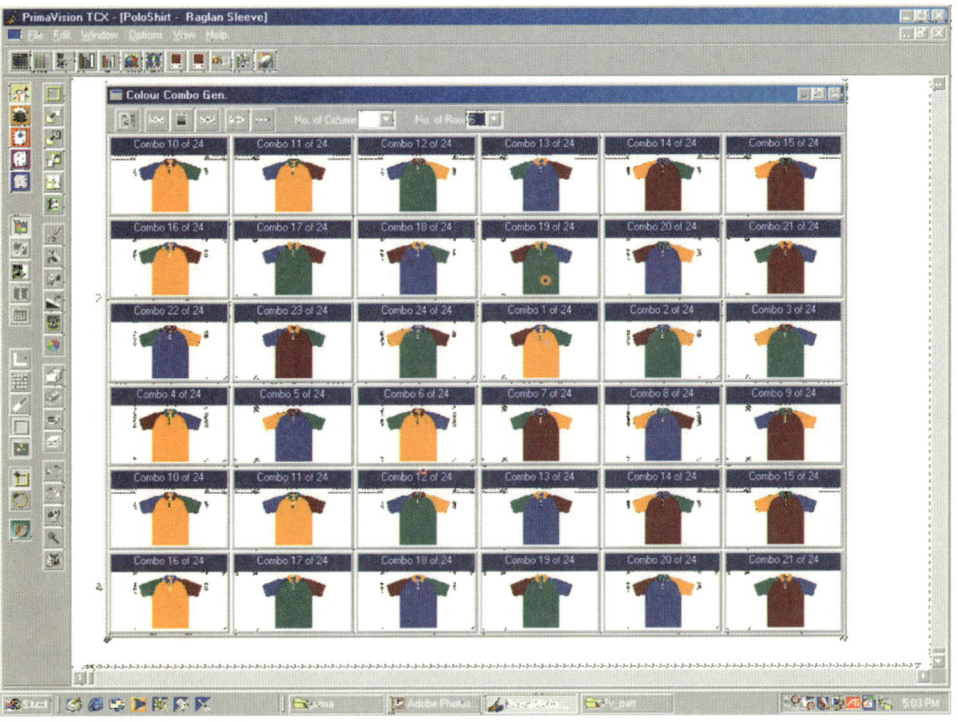

图1-2-19 力克T恤配色系统

工成本,提高灵活性;力克最新云端排料解决方案(Quick Nest)可以帮助企业在跨工厂及跨地域的情况下,实现排料部门协同工作,让云端自动化排料成为新常态。③根据端到端的个性化订单按需时尚的全面数字解决方案(Fashion On Demand by Lectra)可以实现小批量订单和按需生产订单的自动化,无缝链接的供应链可实现与标准产品相媲美的快速交货。④力克 Kubix Link 是一个集 PLM(产品生命周期管理)、PIM(产品信息管理)和 DAM(数字资产管理)等解决方案于一体的自演进生态系统,以超强适应性助力现有的 ERP(企业资源计划管理)、CMS(内容管理)、PCM(合作伙伴渠道管理)、WMS(仓储管理)和电商平台发挥更大功效。Kubix Link 一体化既整合了 PLM、PIM、DAM 等解决方案的自演进生态系统,又整合了从设计到店面陈列的所有内部和外部数据,对供应链所有参与者进行信息数据的互联,重新定义团队协作,打造产品体验管理。

5. 美国格柏

1967 年,约瑟夫·格柏(Joseph Gerber)推出格柏自动裁割系统 S-70,这是世界上第一代格柏自动裁割系统。现在该裁床在美国华盛顿博物馆永久性展示。美国格柏科技公司于 1968 年成立,于 1988 年推出面向服装市场的首个基于 PC 的电脑制版、放码和排料系统 AccuMark,于 2021 年 6 月被法国力克公司收购。

美国格柏系统是国际领先的服装 CAD/CAM 系统之一,由款式设计系统、纸样及推板排料系统、全自动铺布机、自动裁剪系统、吊挂线系统、生产资料管理系统等组成。

格柏先进的 CAD/CAM 系统在提高企业产品开发和生产的灵活性、提高生产力和效率以及提高产品质量稳定性等多个方面具有明显优势。它是软性材料制品工业自动化 CAD/CAM 和 PLM 系统解决方案的领导者,是缝制品工业和软性材料业制造商开发、制造世界领导品牌的软件和硬件自动化集成系统。

6. 加拿大派特

派特于 1988 年在加拿大蒙特利尔成立,处于 CAD/CAM 整合方案的领导地位。派特系统在服装、纺织、皮革等行业皆享负盛名,已经成为全球领先的服装 CAD 系统之一。

7. 西班牙艾维斯

艾维斯公司成立于 1980 年,起初艾维斯的直接销售和自主客户服务主要面向西班牙和意大利市场,于 2004 年被法国力克公司并购。艾维斯主要生产服装 CAD/CAM/CIM 系列产品,主要产品有服装款式设计、制版、推板、排料、生产工艺管理系统,自动裁剪系统,自动吊挂运输线,机器人仓库管理系统,自动绘图机系列,纸样切割机系列,其中服装 CAD 系统有五个功能模块:纸样设计模块、修板及推板模块、交互式及自动排版模块、多媒体生产数据模块和量身定做模块。

8. 美国 PGM

PGM 是唯一针对中国市场做针对性软件开发和升级的外国公司,其系统的突出特点表现在应用人工智能等尖端技术方面。PGM在全球首先推出全智能自动排版系统(自动排版的用布率可以和人工媲美),从顾客选定款式、面料,对顾客进行体型测量,经过自动样片设计、放码、排料、自动单件裁片机、单元生产系统,高速度、高质量地完成服装的制作,是一个高度自动化的面向顾客的服装制作系统,并开发了成本管理、缝制、仓库存储管理综合系统,即服装CIMS系统。

主要特点:①结合手工制版的习惯,全程记录手工制版的思路、顺序和步骤等,能依据成衣尺寸立即得到新的纸样。②分割后的纸样不论大小,迅速完成自动推板。

PGM MNC排料系统在传统的排料实践中积累了大量的经验,任何复杂的排料方式都可以在PGM MNC排料系统中轻松完成。高端的计算机技术使PGM MNC排料系统更科学、更精确、更灵活、更省料。PGM MNC排料系统可以设置单面、回折、圆筒等多种铺布方式,对应不同的铺布方式进行相应的快速排料(图1-2-20)。

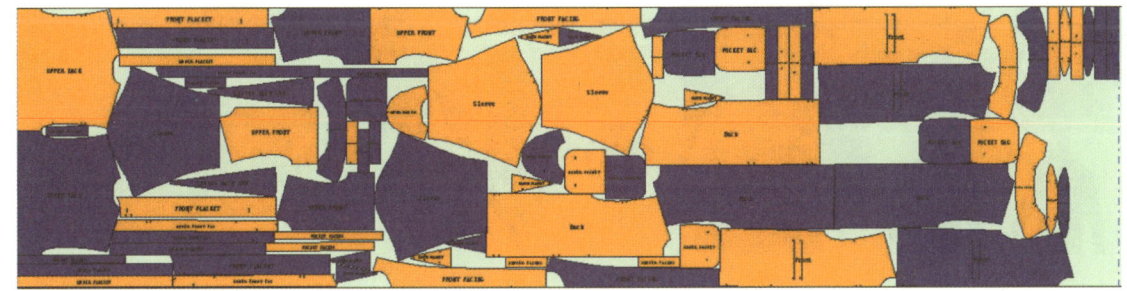

图 1-2-20 PGM MNC 排料系统

PGM已经研制成功真正的从2D衣片到3D人体穿着修改的软件——PGM 3D VITUAL虚拟试衣系统,实现了3D服装穿着、搭配设计并修改的功能,能反映用户穿着服装运动舒适性的动画效果,模拟不同布料的3D悬垂效果,实时地生成服装穿着效果图,实现360°旋转,用户可以从各个不同侧面观察模特着装(图1-2-21至图1-2-23)。

图 1-2-21 PGM 3D VITUAL 在服饰等的应用

图 1-2-22　PGM 3D VITUAL 试衣与成衣比较

图 1-2-23　PGM 3D VITUAL 贴图位置直观调整

9. 德国艾斯特

虽然艾斯特进入中国市场的时间不长,但它在欧美的服装企业享有盛誉,其主要产品有款式设计系统、工艺制造单系统、制版与推板及款式管理系统、成本管理与排料及自动排料系统、裁剪系统。

主要特点:①可以提供多种典型款式的工艺制造单。②提供 400 多种功能,包括横式菜单排料和竖式菜单排料。

10. 韩国 CLO 3D

CLO Standalone 是 CLD 3D 出品的一款 3D 服装设计软件,服装设计师与造型师可以设计自己理想的服装,给服装设计师带来方便的服装设计方案。CLO Standalone 能够与 Photoshop 或 Illustrator 等图形图像设计软件结合使用,自身也有强大的绘图工具,可以轻易地设计出 2D 的图形或者 3D 的服装模板。CLO Standalone 拥有模拟设计功能,可以为服装添加饰品、纽扣,可以通过动态的人物模拟服装的展示效果,直观的设计体验方便用户对作品进行修改(图 1-2-24 至图 1-2-26)。

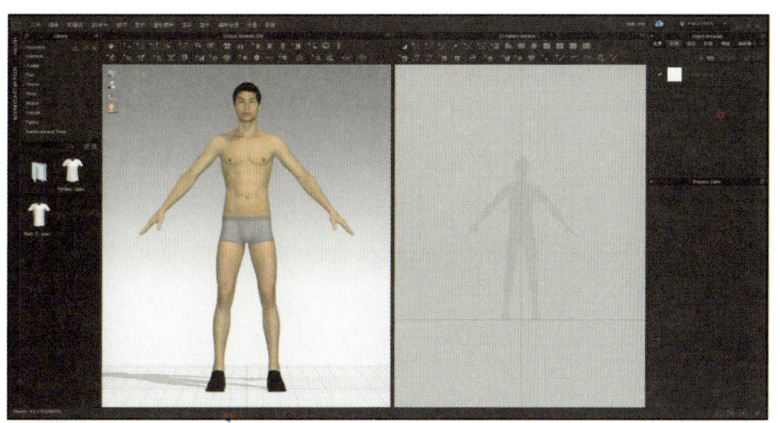

图 1-2-24　CLO 3D 男模特

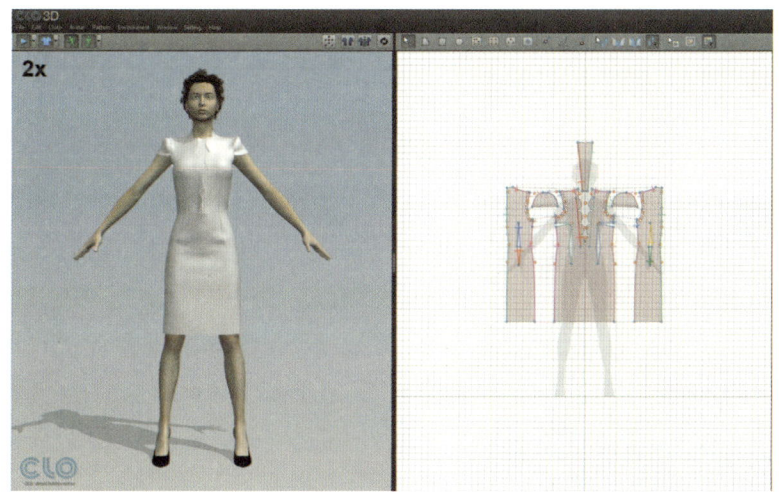

图 1-2-25　CLO 3D 操作界面

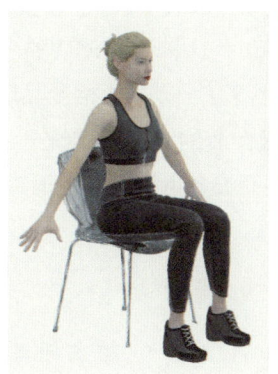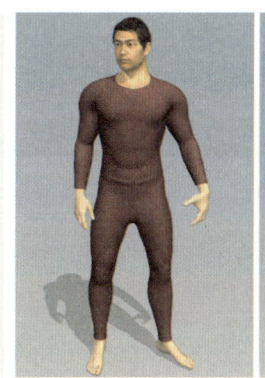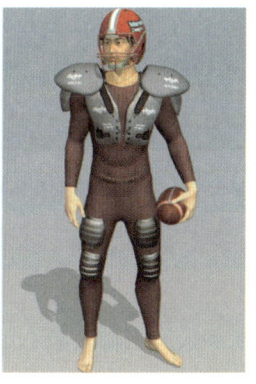

图 1-2-26　CLO 3D 不同环境渲染效果

主要特点：①支持设计帽子、箱包、内衣、泳衣等一切由面料制成的物品，实时进行 2D 与 3D 同步模拟，可以在开发过程中立即看到版片、颜色、纹理和细节等修改的效果，实时检查服装造型和合身性。②可创建多层和细节复杂的服装，从简单的上衣到含有复杂配饰和结构的外套，并通过复杂算法完全模拟织物的物理性质，可以精确地想象它们在现实生活中的样子。③可以直接在虚拟模特上快速地设计服装造型，减少设计所需的准备时间，并运用现有的模块进行组合设计，生成贴图、齐色样、对花对格以及进行排料等，以零成本的方式创造无限可能。

第三节 应用计算机辅助服装设计的国际流行时尚服装设计师

一、欧洲设计师

1. 卡尔·拉格斐——最著名的服装设计师

图 1-3-1 卡尔·拉格斐

卡尔·拉格斐（Karl Lagerfeld，1933—2019），被称为"老佛爷"，他以其标志性的银色马尾、深色墨镜和黑色套装，成为时尚界最醒目的男士（图 1-3-1）。

卡尔·拉格斐每年为香奈儿（CHANEL）制作 8 个系列的服装（图 1-3-2），包括成衣和高级时装，为芬迪（FENDI）制作 5 个系列，同时还为他自己的品牌做设计（图 1-3-3）。这种超强的设计能力令他在时尚界独步天下。

热爱设计的卡尔曾被认为"既有着钢铁般的意志，又有着丝绒般的技巧"。他醉心于时装、装潢、哲学等多个领域。虽然卡尔蜚声国际，但深居简出。或许正是这种看似矛盾的个性组合，才使他在时装上做了许多精彩的尝试。与诸多名牌合作时取得的经验使卡尔·拉格斐品牌有一条明确的思路：把握高级女装的成衣化倾向，把成衣的便利舒适与高级女装的绚丽优雅统一为一体，使其成为现代时尚人群的至爱品牌。卡尔影响着法国时尚业，法国拥有许多世界著名的时尚品牌，它们代表了高级时装、奢侈品和高品质的制造工艺。

2. 瓦伦蒂诺·加拉瓦尼——名流最爱的服装设计师

瓦伦蒂诺·加拉瓦尼（Valentino Garavani，1932— ），意大利时装设计师（图 1-3-4），于 1960 年在罗马成立了华伦天奴（Valentino）公司。他用与生俱来的艺术天赋，引导时尚界，演绎奢华的现代生活方式。富丽华贵、美艳灼人是其品牌的特色，瓦伦蒂诺喜欢用至纯的颜色，其中鲜艳的

图 1-3-2　卡尔操刀的最后一场香奈儿大秀　　　图 1-3-3　卡尔·拉格斐个人品牌

红色可以说是他的标准色（图 1-3-5）。

　　华伦天奴品牌每年总有意想不到的服装问世，它代表着一种华丽壮美的生活方式，体现着永恒的古罗马宫廷生活，代表着奇特的时尚潮流观点，概括起来就是对于永恒和原始的敏感把握（图1-3-6）。瓦伦蒂诺这位服装设计天才在经营上也是一把好手，除了女装与男装，自 1969 年起，他又相继开发推出了一系列的香水、皮鞋、太阳眼镜、室内装饰纺织品、礼品等产品，销往世界各大城市。

　　华伦天奴精美绝伦的剪裁，贴身的服装线条，从整体到每一个细节，都力求做得尽善尽美，进一步体现了服装版型设计的重要性。

图 1-3-4　瓦伦蒂诺·加拉瓦尼

图 1-3-5　华伦天奴经典红礼裙　　　　　　　　　　　图 1-3-6　华伦天奴品牌

3. 克里斯汀·迪奥——永远的女装时尚改革者

克里斯汀·迪奥(Christian Dior,1905—1957),他幼时随家人搬到巴黎,深受法国的美学影响(图 1-3-7)。1947 年,42 岁的他推出了"新风貌"时装,一举成名,在 20 世纪全球时装最辉煌的时期立下了汗马功劳。第二次世界大战时期,设计师们都很保守,但他摈弃战时的朴实风格,开始设计豪华服饰,收窄腰身,恢复到 20 世纪初的模样。这种风格轰动了巴黎乃至整个西方世界,给人留下深刻的印象,使迪奥在时装界名声大噪。迪奥的设计同时也打破了第二次世界大战前风靡一时的香奈儿式时装——迪奥半遮脸的宽边帽及沙沙作响的大摆长裙,让人们追忆到更古典的时代(图 1-3-8)。迪奥在第二期创作中大胆地运用了黑色,作品取名为"Dierame"(图 1-3-9)。随后,迪奥有计划地将他的事业发展到古巴、墨西哥、加拿大、澳大利亚、英国等国家。短短几年,迪奥在世界各地建立了庞大的商业网络。

图 1-3-7 克里斯汀·迪奥

图 1-3-8 迪奥礼服

图 1-3-9 迪奥礼服

迪奥手稿用简单的线条概括模特的肢体,对于比例的把握已达到完善的境界。细窄的胸线与丰盈的胸腔,紧缩的腰围与臀部的加垫设计缔造了迪奥女郎的专属曲线。迪奥对手稿设计艺术性的强调一直影响至今。

4. 乔治·阿玛尼——极具魅力的设计大师

乔治·阿玛尼(Giorgio Armani,1934—),意大利著名设计师(图 1-3-10),在国际时尚界是一个富有魅力的传奇人物。出身于医科专业的他,以世界均衡的理念为设计准则。其设计风格优雅含蓄,大方简洁,做工考究,集中代表了意大利的时尚风格。乔治·阿玛尼曾经在 14 年内包揽了世界各地 30 多项大奖,其中包括著名的柯蒂沙克奖(Cutty Sark),并且破纪录地连获 6 次男装设计师奖。他的同名品牌也因自身的良好

图 1-3-10 乔治·阿玛尼

表现,在大众心中成为事业有成和现代生活方式的象征。

在时装中性化的年代,乔治·阿玛尼打破阳刚与阴柔的界线,领导时尚迈向中性风格设计(图1-3-11、图1-3-12)。许多世界高级主管、好莱坞影星就是看上这种自我的创作风格,而成为乔治·阿玛尼的追随者。

乔治·阿玛尼高定系列的市场需求加速了计算机辅助个性化定制系统的开发和应用。

图1-3-11　阿玛尼女装系列

图1-3-12　阿玛尼男装系列

5. 范思哲——时装界的传奇人物

乔瓦尼·詹尼·范思哲(Giovanni Gianni Versace,1946—1997),意大利著名服装设计师(图1-3-13),范思哲品牌的创办人之一,曾获得美国国际时装设计师协会奖、最富创意设计师奖等多个奖项。

图 1-3-13 乔瓦尼·詹尼·范思哲

1978 年，范思哲推出他的首个女装成衣系列。不久，他的第一间时装店便筹备就绪，并邀请学习商业管理专业的长兄山图(Santo)和在佛罗伦萨读大学的妹妹多纳泰拉(Donatella)帮忙。至此，范思哲的时装王国开始成形。范思哲帝国的标志是古希腊神话中的蛇发女妖玛杜莎，她以美貌诱人，见到她的人即刻化为石头，这种致命的吸引力，正是范思哲所追求的。范思哲除时装外(图 1-3-14)，还经营香水、眼镜、丝巾、领带、内衣、包袋、皮件、床单、台布、瓷器、玻璃器皿、羽绒制品、家居产品(图 1-3-15)等，他的时尚产品已遍及生活的各个领域。

从充满创意的设计到精益求精的品质标准，从倡导个性的品牌文化到充满活力的品牌推广策略，正是这种独特的品牌魅力让范思哲在时尚界独树一帜，促进服装设计生产信息化的进程，以达到服装信息快速共享的效果。

图 1-3-14 范思哲品牌服装

图 1-3-15 范思哲居家服

6. 亚历山大·麦昆——时尚圈里的"坏孩子"

图 1-3-16 亚历山大·麦昆

亚历山大·麦昆(Alexander McQueen，1969—2010)，英国著名服装设计师(图 1-3-16)，于 1992 年从伦敦中央圣马丁学院毕业。他的设计风格前期有着极端的叛逆和浪漫的复古，后期多以赤裸的社会现象和环境破坏等现实问题为主，以颠覆传统的设计手法表现自身的精神世界，对服装设计领域产生了深远的影响。在 1999 年春夏秀场中，舞台中央模特莎洛姆·哈罗(Shalom Harlow)身穿白色 A 字形连衣裙，伴随着《天鹅之死》的音乐旋转，两台机器臂在舞台两侧对裙子进行喷绘，喷绘出来的黑色和黄绿色的荧光油漆在白色的裙子上形成独特的肌理，变化万千(图 1-3-17)。机器臂由设计师运用计算机操控,设计师将工艺、科技有力地结合起来,具有前瞻性的艺术创作给观众带来了视觉上的震撼,也传递了一种创新精神。

在麦昆的 2006 年秋冬系列品牌秀场中,使用 3D 全息影像展示,将穿着飘逸华服的凯特·莫丝(Kate Moss)投影在半空,使技术与艺术相结合(图 1-3-18)。

图 1-3-17　机器臂喷绘服装

图 1-3-18　3D 投影设计

7. 艾里斯·范·荷本——计算机领域的服装设计师

艾里斯·范·荷本(Iris van Herpen,1984—)毕业于荷兰艺术学院时装设计专业,荷兰服装设计师(图 1-3-19),在 2007 年创立同名独立设计师品牌。荷本善于利用计算机辅助服装设计,通过3D 打印技术使服装充满科技感与未来感(图 1-3-20)。2011 年 7月,荷本打造出"腾飞"系列,将 3D 打印技术与传统缝纫技术相结合,设计出来一系列充满未来科技感与人体线条美感的造型服装,打破服装的传统定义(图 1-3-21)。

此后,荷本不断将计算机与时装进行创新性结合,在每一季的

图 1-3-19　艾里斯·范·荷本

图 1-3-20 艾里斯·范·荷本高定品牌

图 1-3-21 艾里斯·范·荷本 2011 高定泼水裙

高定时装周中,其充满未来感与科技感的服装都非常引人注目。3D 服装需要利用计算机绘制出图案造型,通过 3D 打印机制作,对打印出来的材料进行缝纫、粘贴,从而完成服装设计的整个过程。为了让服装显现出绝佳的流动感,荷本跨界跟麻省理工学院合作,专门为 3D 打印创造了一种全新的柔性材料。

8. 侯塞因·卡拉扬——装置艺术服装设计师

侯塞因·卡拉扬(Hussein Chalayan,1970—),英国著名设计师(图 1-3-22),1993 年毕业于中央圣马丁艺术学院。他擅长使用装置艺术和雕塑性时装表达自身对于未来的理解(图 1-3-23),利用服装和秀场的展示讨论人类生存、历史偏见等社会问题。通过利用计算机辅助服装设计,利用电子控制折叠服装,可以带给观众无限的遐想,拓宽服装的深度。卡拉扬称自己为"各个学科领域的移民",在科技还并不发达的 20 世纪 90 年代,他能巧妙地透过人体,从科学、艺术、建筑、哲学等更多视角展示服装。

图 1-3-22 侯塞因·卡拉扬

卡拉扬于 2007 年发布的由 LED 发光管制成的"Video Dress"系列可称得上是其经典之作(图 1-3-24)。上万个 LED 发光管被隐藏于面料之下,随着模特身体的摇摆,裙子呈现出流动的光影。这些透过 LED 所发出的光芒就像试图向人们展现自我光彩的灵魂。

图 1-3-23 侯塞因·卡拉扬装置艺术和雕塑性时装 　　图 1-3-24 "Video Dress"系列

▶▶ 二、亚洲设计师

1. 三宅一生——面料魔术师

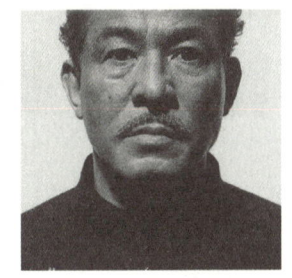

三宅一生(Issey Miyake,1938—2022),日本著名服装设计师(图 1-3-25)。他的设计理念是探求衣物与身体之间的关系,在服装面料和工艺上进行创新。他以极富工艺创新的服饰设计与展览而闻名于世。三宅一生最具代表性的是"一生褶"与"一块布(A POC)"的革新理念,两者分别代表三宅一生对服装折叠的探索和环保理念的实践(图 1-3-26、图 1-3-27)。

图 1-3-25 三宅一生

图 1-3-26 三宅一生 1999 年服装作品　图 1-3-27 三宅一生 2020 年
服装作品

　　三宅一生在2010年推出的"132 5."系列充分地诠释了他的设计理念(图1-3-28)。此系列是一个环保布料折纸衣项目,兼具服装实用性和功能性的同时,又有无限的创意。"132 5."系列依靠的是先进的计算机科学技术,通过计算机的实验与编程,结合纸板模型和热压机等机器,在延续折纸理念的同时不断创新,包括结构造型形态、布料肌理纹样以及后续对实用性和功能性的优化改良。

图1-3-28　三宅一生132 5.系列

2. 川久保玲——时尚圈的另一种姿态

　　川久保玲(Rei Kawakubo,1942—),日本服装设计师(图1-3-29),毕业于庆应义塾大学。1973年,她在东京建立了自己的公司,创立品牌 Comme des Garçons(简称为 CdG,翻译成中文是"像男孩一样"),体现出品牌活泼的特点。她从此开始为服装实验而奋斗,创造了大量比时装界流行超前得多的原型和概念服装。

　　川久保玲凭借黑色、不对称、曲面形态等特征的前卫服饰闻名全球。20世纪80年代早期,CdG革命性的发布会使原来仅限于晨礼服和燕尾服的黑色成为流行(图1-3-30),黑色也成为最时尚女人的永恒形象。川久保玲说:"我的目标是每一位女性能够有自己的生活并自我满足。"她将自己的服装描述为:"女人不用为了取悦男人而装扮得性感,强调她们的身段,然后从男人的满意中确定自我的幸福,而是用她们自己的思想去吸引他们。"

　　随着计算机的普及,参数化设计思想极大地解放了设计师的创新思维,通过调节相关参数即可生成迥然不同的各种曲面形态的服装,给现代服装设计注入了新鲜的活力且提供了新颖的设计方式,同时能够创造更多有趣、充满变化、夸张怪诞的独特造型,满足了现代人对服装的审美要求。

图 1-3-29　川久保玲　　　　　图 1-3-30　CdG 品牌服装

3. 高田贤三——第一个闯荡巴黎的亚洲设计师

高田贤三（Takada Kenzo，1939—2020），日本时尚设计师（图 1-3-31），著名时尚品牌 Kenzo 的创始人。

1958 年，高田贤三进入当时刚刚开始招收男性学生的东京文化服装学院就读。他毕业后于 1964 年移居巴黎，通过参加时装发布会，与媒体建立联系以及出售设计稿，开始尝试在时尚界发展。巴黎美妙的景色、富于艺术气息的建筑，赋予他灵感，在这里他找到了东西方文化交融的最佳平衡点。巴黎很快接纳了这位来自东方的时尚骄子，整个时尚界也很快向他敞开了怀抱。

图 1-3-31　高田贤三

高田贤三是第一位采用传统和服式的直身剪裁技巧，不需打褶，不用硬身质料，却又能保持衣服挺直外形的时装设计师。高田贤三处理服装面料空间与动态的方法，给计算机辅助服装结构形态设计带来了崭新的设计思考（图 1-3-32、图 1-3-33）。

图 1-3-32　Kenzo 标志性虎头卫衣　　图 1-3-33　Kenzo 提花连衣裙

高田贤三的精神遨游在东方和西方之间,他的原创精神在流行服饰中代表了一个美丽的典范,是一种"多种文化的,快乐又简单的和谐"。高田贤三的设计满足了 20 世纪 70 年代年轻人对求同存异和多元文化彼此融合的渴望,在西方获得了巨大的成功。

4. 山本耀司——世界时装日本浪潮的新掌门人

山本耀司(Yohji Yamamoto,1943—),20 世纪 80 年代闯入巴黎时装舞台的先锋派设计师之一

(图 1-3-34),创立品牌 Yhoji Yamamoto。他与三宅一生、川久保玲一起,把西方式的建筑风格设计与日本服饰传统结合起来,使服装不仅仅是躯体的覆盖物,而是成为着装者、身体与设计师精神意韵三者交流的纽带(图 1-3-35)。西方设计师多在人体模型上进行从上至下的立体裁剪,山本则是从 2D 的直线出发,形成一种非对称的外观造型,这种别致的理念是日本传统服饰文化中的精髓,这些不规则的形式一点也不矫揉造作,反而显得自然流畅。在山本耀司的服饰中,不对称的领型与下摆等屡见不鲜,而该品牌的服装穿在身上后也会跟随人体动作呈现出不同的风貌(图 1-3-36)。这种与西方主流背道而驰的新着装理念,不但在时装界站稳了脚跟,还反过来影响了西方的设计师。

图 1-3-34 山本耀司

图 1-3-35 山本耀司品牌服装作品　　图 1-3-36 山本耀司品牌服装作品

山本耀司的服装创意设计不再局限在平面(裁剪)的设计思维中,他开始从平面(裁剪)向立体(裁剪)转化,再向多维发展。计算机辅助服装设计从中得到了启发,直观且快速地将创意设计展现出来,并且可以在 3D 虚拟人台上不断完善作品,提高了创意设计与实际操作的思维转换,可更好地激发设计师的创意思维。

第二章

计算机辅助服装设计与训练

第一节　训练一——服装艺术基本要素设计

▶ 一、课程概述

1. 课程内容

在熟练掌握计算机辅助设计软件(如 Photoshop、Illustrator 等)功能、应用技巧的基础上,结合服装面料知识等,完成系列服装艺术基本要素的设计与制作。

2. 训练目的

在选题及市场调研过程中,引导学生树立正确的世界观与价值观,培养学生自主品牌创新的意识,并树立信心;通过掌握服装艺术基本要素的设计流程及多种设计表达技能、设计研究工具,提高学生发现问题、设计研究、设计表达的综合设计能力;提高学生灵活运用专业基础知识的创新设计和团队合作的能力;提高学生软件使用的动手能力和实际解决问题的能力;提升设计成果展示、汇报及信息传播能力。

3. 重点和难点

重点:服装艺术基本要素的表达方式,计算机辅助设计软件的各种工具、菜单功能的灵活运用。

难点:各种服装面料质感细节的表达方法,使用不同软件进行四方连续纹样的设计方法等。

4. 作业要求

题材自定,要求服装面料设计、服饰图案创意设计的表达具有艺术性和时尚感。设计前,需要对同类案例进行文献学习,在此基础上进行设计表达,要求提交以下设计成果:

(1) A4(29.7×21 cm)设计文本一套,对定稿设计方案的正式设计表达。

(2) 展板一块,尺寸为 A2(42×59.4 cm),内容选择 A4 文本中的精彩部分,按比赛要求排版设计,突出重点。

(3) 电子文档一套,PS(CC 版)软件的文件存储格式为 PSD(图层未合并格式,300 DPI);AI(CC 版)软件的文件存储格式为 AI。

(4) 电子文档一套(中国大学 MOOC 成绩资料归档,需要学生自行上传),文件存储格式为 JPG。

本训练个人作业或 2~3 人的小组作业均可,小组作业的完成度应高于个人作业。

▶ 二、设计案例

综合考虑创意设计的艺术性和时尚感,以及学生对软件的熟练运用程度,特选取近几年江南大学学生优秀课程作品进行案例展示。

1. 面料设计案例（图 2-1-1 至图 2-1-4）

图 2-1-1　面料设计（江南大学　　　图 2-1-2　面料设计（江南大学
罗新怡）　　　　　　　　　　　　赵元甫）

图 2-1-3　面料设计（江南大学　季彦玲、王慧、李鲁廷、满玉洁）

图 2-1-4 面料设计(江南大学 黄海姣、胡舒雯)

2. 图案设计案例(图 2-1-5 至图 2-1-10)

图 2-1-5 图案设计(江南大学 蔡鸿燊)

图 2-1-6 图案设计(江南大学 唐京媛)

图 2-1-7 图案设计(江南大学 龚楚)

图 2-1-8 图案设计(江南大学 朱歆涟)

图 2-1-9 图案设计（江南大学 罗尧） 图 2-1-10 图案设计（江南大学 宋嘉泽）

三、知识点

1. 纺织面料的分类

用于服装的纺织面料可分为三大类：梭织（机织）面料、针织面料与非织面料。前两种是由纱线或长丝经过织造工艺织成的，后一种是由纺织纤维经黏合、熔合或其他机械、化学方法加工而成的。

梭织物是经纱与纬纱相互垂直交织在一起形成的织物，其基本组织有平纹、斜纹、缎纹，梭织面料即由这三种基本组织及其交相变化的组织构成。

针织物是用织针将纱线或长丝构成线圈，再把线圈相互串套而成的织物，由于针织物的线圈结构特征，单位长度内储纱量较多，因此大多有很好的弹性。

(1) 梭织物的分类

按组成梭织物的纤维种类分为纯纺织物、混纺织物和交织织物。

纯纺织物指经纬用同种纤维纯纺纱线织成的织物，此种织物的性能主要体现了纤维的特点。如纯棉织物的经纬纱都是棉纱（线），粘胶纤维织物的经纬纱都是粘胶纤维纱线。

混纺织物指两种或两种以上不同品种的纤维混纺的纱线织成的织物，如棉麻混纺、涤棉混纺、毛涤等，它们的最大特征是在纺纱过程中将纤维混合在一起。

交织织物指经纬向使用不同纤维的纱线或长丝织成的织物，比如经向用锦纶长丝、纬向用粘胶的锦粘交织面料或经向用真丝、纬向用毛纱的丝毛交织物等。

按组成梭织物的组织结构分为平纹、斜纹、缎纹与其他组织。

(2) 针织物的分类

针织物主要分为两类：纬编针织物和经编针织物。其中，纬编针织物所占比重最大。

纬编针织物是将纱线由纬向喂入，同一根纱线按顺序弯曲成圈并相互串套。我们最常见的毛衣即为纬编针织物。纬编针织物主要有基本纬编针织物（平针织物又称纬平、罗纹织物、双反面针织物）、特殊纬编针织物（双罗纹针织物、双面针织物、长毛绒、针织毛圈、针织天鹅绒等）。

经编针织物线圈的串套方向正好与纬编相反，是将一组或几组平行排列的纱线按经向喂入，弯曲成圈并相互串套。经编针织物主要有经平、经绒与经平绒之分。

2. 服饰图案的概念

服饰图案是服饰艺术设计的重要基础，其所涉及的内容很广，有面料图案设计、服装印花图案设计、装饰品图案设计等。广义的服饰图案是指适用于服饰的装饰图形。图案在服装中主要是起装饰作用，是对服装款式、色彩、材质等美感的补充，图案的纹样、组织、色彩必须与具体的服装相适应，即与具体服装的款式、色彩、材料相适应。

3. 服饰图案的类别

从取材来看，装饰图案分为植物图案、动物图案、几何图案、人物图案、风景图案、抽象图案和吉祥图案。从组织形式来看，装饰图案分为单独图案、适合图案、边饰图案、二方连续图案、四方连续图案、角隅图案。

吉祥图案是传统装饰纹样的一种，是通过某种自然事物的寓意、谐音或附加文字等形式表达人们的愿望、理想的图案，比如民间多流行以喜鹊、梅花代表"喜上眉梢"，以莲花、鲤鱼代表"年年有余"等。

单独图案是与四周无联系、独立、完整的纹样，是图案组织的基本单位。

适合图案是指将一种纹样适当地组织在某一特定的形状（如三角形、多角形、圆形、方形、菱形等）范围之内，使之适合于某种装饰的要求。

边饰图案亦称"边缘图案"，民间又叫"花边"，是装饰于物品边缘的纹样。服装、书籍封面、商品包装上常用这种装饰。

二方连续图案亦称"带状图案"，是一个图案单位向左右连续或上下连续成一条带子的图案。排列连续的方法很多，如均齐的排列、平衡的排列或混合式的排列等。二方连续图案的应用面很广，通常的花边均用这种组织法。

四方连续图案是图案中的一种组织方法，是一个纹样单位向四周重复地连续和延伸扩展所形成的图案,又可分为梯形连续、菱形连续、四切(方形)连续等样式。印花布、壁纸的图案多用这种组织法。

角隅图案亦称"角花",是装饰在物品一角或对角、四角的图案,如枕套、围裙、床单、台布、镜框的边角装饰。

Illustrator
服装面料绘
制技法

四、实践程序

(一) 格纹面料的制作(使用软件:Photoshop CC)

格纹面料是服装设计元素中的一个重要构成要素,格纹面料的材质有很多种,如全棉、涤纶、雪纺、亚麻,不同的格纹面料有不同的特点。格纹是以两组平行经纬线相交成"田"字的结构,向四周延展组成网状,形成方形的空栏或框子。通过改变"田"字结构线条的宽窄、疏密、角度、色彩等,形成多种多样的田字形骨架结构格纹。从格纹构成的基本元素角度来说,格纹可分为三类:线性格纹、块面格纹、线面结合格纹。线性格纹,即格纹以线条作为图案构成的基本元素而产生的格纹。块面格纹,即格纹以块面作为图案构成的基本元素而产生的格纹。线面结合格纹,即以线条和块面共同作为图案构成的基本元素而产生的格纹(图 2-1-11)。在西方,常见的著名方形格纹有威尔士亲王格纹、苏格兰格纹(图 2-1-12)、维希格纹、棋盘窗格纹等。一些欧美高端品

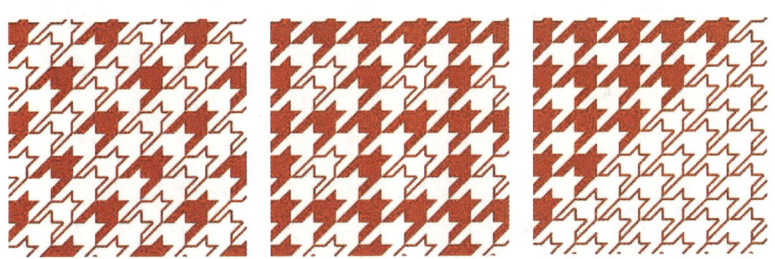

图 2-1-11 线面结合千鸟格纹

图 2-1-12 苏格兰格纹

牌,如博伯利(Burberry)、雅格诗丹(Aquascutum)、普林格(Pringle of Scotland)、汤米·希尔费格(Tommy Hilfiger)、拉夫劳伦(Ralph Lauren)等将格纹作为品牌的一个标志性时尚元素,并不断地改进完善,每一季都推出相关的"创新格纹"单品。尤其是博伯利品牌的格纹样式极其丰富,涵盖各种色系,并且运用到各种意想不到的面料上。

1. 步骤一:自定义"斜线"画笔

新建文件并设定适合的尺寸,创建六个新图层,分别命名为"底色""色块""短白线条""红线条""长白线条""超短白线条"。自定义"斜线"画笔:绘制矩形(W:0.3 cm;H:1.5 cm),同时拉动矩形上方两个锚点,右移 0.8 cm,将该斜向矩形定义为"斜线"画笔;同理,自定义"长斜线"画笔:绘制矩形(W:0.3 cm;H:2.5 cm),同时拉动矩形上方两个锚点,右移 2.0 cm,将该斜向矩形定义为"长斜线"画笔;按F5键,弹出"画笔面板",设置参数如图 2-1-13 至图 2-1-15 所示。

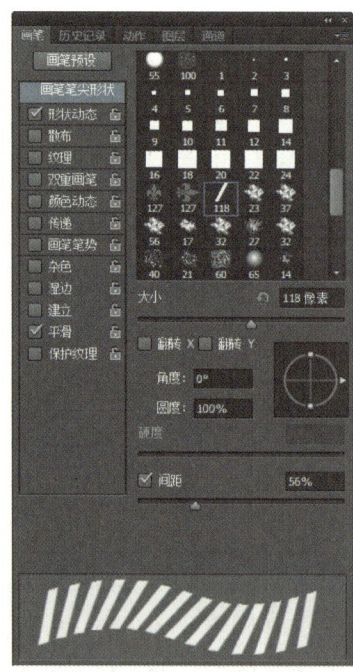

图 2-1-13 "斜线"画笔参数设置

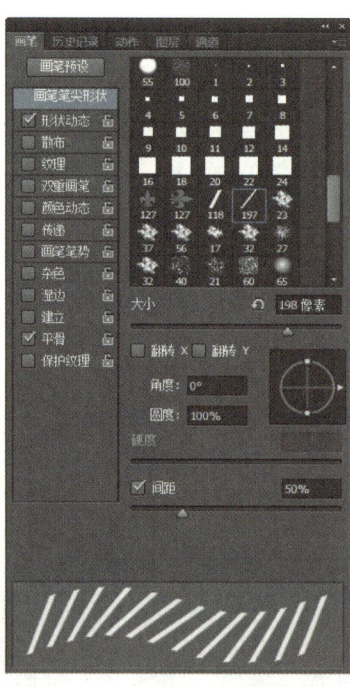

图 2-1-14 "长斜线"画笔参数设置

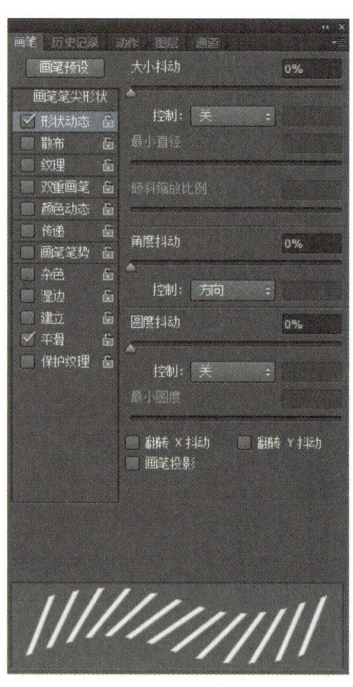

图 2-1-15 画笔角度控制方向参数设置

2. 步骤二:经纬向白色、红色斜纹绘制

在"短白线条"图层结合"Shift"键绘制横向直线,复制图层,使用自由变换(Ctrl+T)顺时针旋转 90°进行"短白线条"复制;同理,在"红线条"图层绘制经纬向"红线条"斜纹;在"长白线条"图层绘制经纬向"长白线条"斜纹,效果如图 2-1-16、图 2-1-17 所示。

图 2-1-16 经纬向白色斜纹 图 2-1-17 经纬向红色斜纹绘制
绘制

3. 步骤三:"线条交叉"方格绘制

在"色块"图层,分别填充白色和红色色块,效果如图 2-1-18 所示。

4. 步骤四:经纬向超短白色斜纹绘制

单击"超短白线条"图层,结合"Shift"键绘制横竖四条"超短白线条"斜纹,全选(Ctrl+A)所有对象,"定义图案"为"格子面料单元",效果如图 2-1-19 所示。

图 2-1-18 "线条交叉" 图 2-1-19 斜纹方格绘制
方格绘制

5. 步骤五:定义"格子面料"

选中所有图层并合并图层(Ctrl+E),修改图层名称为"格子面料"。新建图层,选择"图层式样"→"图案叠加",缩小参数为 50%,图案变为 4 个上下连续的"格子面料单元";缩小参数为 25%,图案变为 16 个上下连续的"格子面料单元",使用自由变换(Ctrl+T)顺时针旋转 90°,结合"Shift"键建立正方形选区,"定义图案"设置名称为"格子面料",效果如图 2-1-20 所示。将文件名设置为"格子面料",存储文件(JPG 格式)至目标文件夹备用。

图 2-1-20 "图层式样"→"图案叠加"缩小参数效果

（二）网眼镂空蕾丝面料的制作（使用软件：Photoshop CC）

蕾丝面料分为有弹蕾丝面料和无弹蕾丝面料，统称为花边面料。蕾丝面料因质地轻薄通透，具有优雅而浪漫的艺术效果，被广泛地运用于女性服饰。蕾丝面料的用途非常广，以其多变的风格和富有特色的花纹排列等特点，越来越多地出现于婚纱、外套、家居服、美体内衣等多种服装形式之中。蕾丝面料花型丰富的空间层次感和立体的外观效果，充分体现了女性柔美的气质并起到服饰装饰的作用（图 2-1-21）。蕾丝网状组织的材质特点使其成为现代服装设计中的一个典型装饰元素。

图 2-1-21 典型蕾丝面料

1. 步骤一：蕾丝图案线稿的绘制

新建文件并设定适合的尺寸,创建三个新图层,分别命名为"线稿""小网眼""大网眼"。在"线稿"图层使用"钢笔工具",选择"形状"→"描边"→"4 点像素"→"无填充",绘制单位蕾丝花型,将单位蕾丝花型进行左右、上下对称复制和对齐,形成由四个对称的单位蕾丝花型组成的蕾丝图案线稿,如图 2-1-22 至图 2-1-24 所示。

图 2-1-22 单位
蕾丝花型的绘制

图 2-1-23 对称复制的蕾丝
花型

图 2-1-24 左右、上下对称复制
的蕾丝图案线稿

2. 步骤二：蕾丝图案"小网眼"元素的绘制

选中"小网眼"图层,创建网眼纱面料的填充图案,将前景色和背景色设置为默认的黑色和白色,执行"滤镜"→"纹理"→"染色玻璃","染色玻璃"参数设置如图 2-1-25 所示。全选(Ctrl+A)所有对象,"定义图案"为"小网眼"图案,用"魔棒工具"选择蕾丝图案图形中的每一个空白图形,使用"小网眼"图案进行填充。

3. 步骤三：蕾丝图案"大网眼"元素的绘制

选中"大网眼"图层,步骤同上。"染色玻璃"参数设置如图 2-1-26 所示,"定义图案"为"大

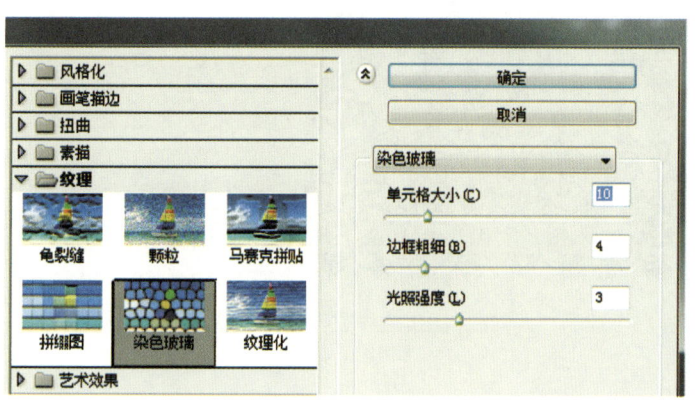

图 2-1-25 "小网眼"设置参数及填充效果

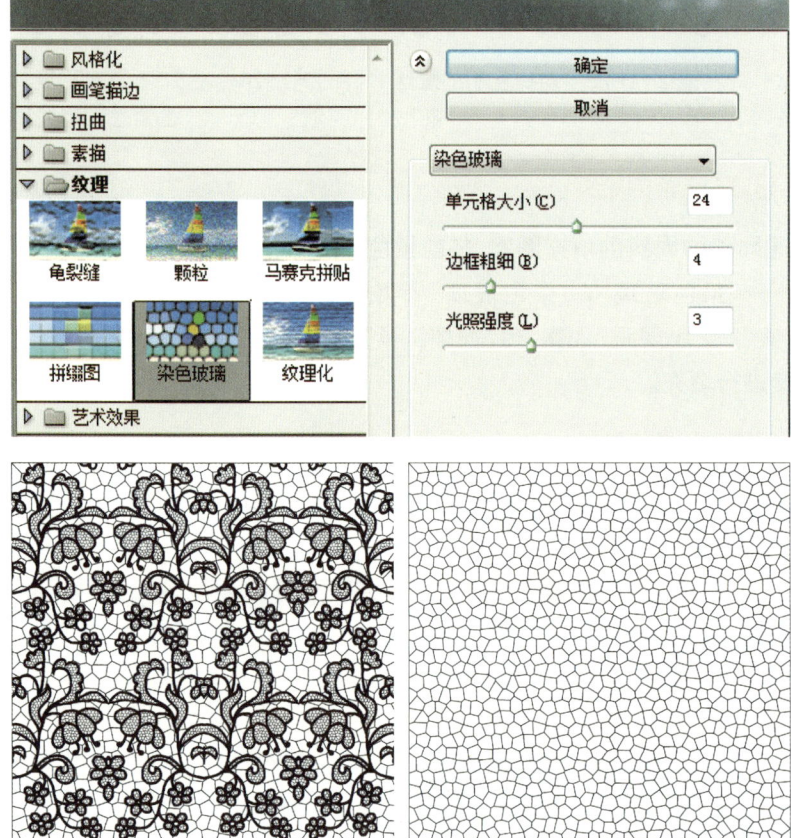

图 2-1-26 "大网眼"图案底纹进行填充的蕾丝面料整体效果

网眼"图案,用"魔棒工具"选择蕾丝图案图形中的每一个空白图形,使用"大网眼"图案进行填充。

(三) 针织提花面料绘制(使用软件:Photoshop CC)

1. 步骤一:针织单位图形的绘制

新建文件并设定适合的尺寸,创建四个新图层,分别命名为"底色""深蓝色提花""浅蓝色提花""白色提花"。在"底色"图层填充黑色,完成背景色的填充;在"深蓝色提花"图层使用"钢笔工具",绘制"针织单位图形",将"针织单位图形"进行左右、上下对称复制和对齐,形成满地"深蓝色提花",如图 2-1-27 所示。

图 2-1-27　满地"深蓝色提花"图案

2. 步骤二:"浅蓝色提花"图形的绘制

将绘制好的针织单位图形复制至"浅蓝色提花"图层,将颜色填充为浅蓝色,将需要复制的"浅蓝色提花"菱形针织提花图案复制到所需位置,形成菱形"浅蓝色提花"图案,如图 2-1-28 所示。

3. 步骤三:"白色提花"图形的绘制

将绘制好的针织单位图形复制至"白色提花"图层,将颜色填充为白色,将需要复制的"白色提花"菱形针织提花图案复制到所需位置,形成菱形"白色提花"图案。在菱形针织提花图案所在图层,按"Ctrl+T"键选择对象,将需要复制的菱形针织提花图案复制到所需位置,按回车键确认,再按"Ctrl+Shift+Alt+T"组合快捷键等距离水平、垂直复制菱形针织提花图案,如图2-1-29 所示。

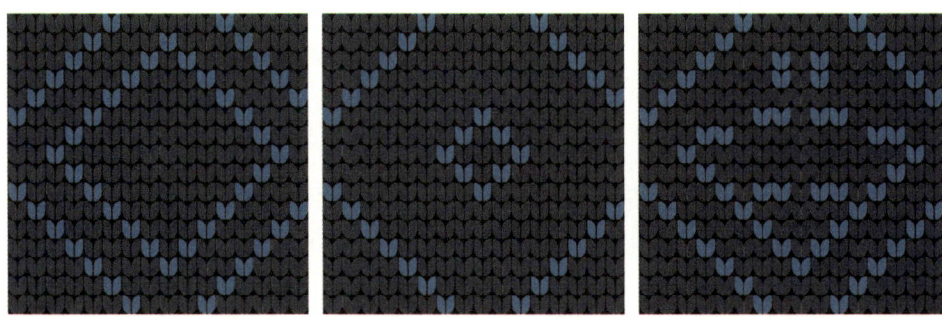

图 2-1-28　菱形"浅蓝色提花"图案

图 2-1-29　菱形针织提花图案

　　以此类推，结合"Ctrl+Shift+Alt+T"组合快捷键等距离水平、垂直复制菱形针织提花图案，得到组合变化的各种针织提花图案，如图 2-1-30、图 2-1-31 所示。

（四）四方连续图案绘制技法——大花卉图案（使用软件：Illustrator CC）

四方连续图案绘制技法——大花卉图案

　　1. 步骤一：绘制图案中的元素

　　（1）绘制轮廓。新建文件并设定适合的尺寸，可找一个合适的花卉图案作为素材。将花卉图案置于底层，锁定图层，利用"钢笔工具"勾勒出花朵的轮廓，将每个花瓣都画出来，花瓣里面其他颜色的部分也可直接勾勒出来，并使路径闭合，边画边调整，如图 2-1-32 所示。

　　（2）填充颜色。使用"实时上色工具"进行填充。先选定需要填色的区域，单击菜单栏中的"对象"→"实时上色"→"建立"，然后使用"实时上色工具"对各个部分进行填充上色，如图 2-1-33 所示。可以给画好的图案"描边"设置为细一点的黑色，这样方便查看路径。

　　（3）填色时，注意花朵不同部位颜色的深浅，将花朵绘制得更加细致。全部画好后，可以将"描边"设置为"无"，查看整体效果。补充完善没有填到色的部位，如图 2-1-34 所示。

　　（4）花朵绘制好后绘制叶片，方法和花朵一样。为了避免叶子抢花主体的视觉效果，可选择单色填充，并将其置于花朵图案的底层，如图 2-1-35 所示。

图 2-1-30 组合变化的各种针织提花图案（一）

图 2-1-31 组合变化的各种针织提花图案（二）

图 2-1-32　"钢笔工具"勾勒出花朵的轮廓

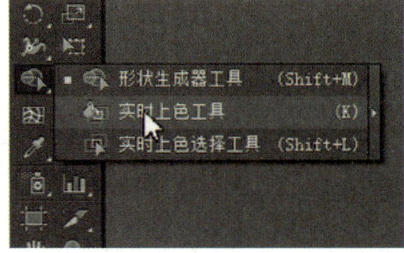

图 2-1-33　使用"实时上色工具"

图 2-1-34　花朵不同部位填充颜色

图 2-1-35　绘制叶片

2. 步骤二:调整位置排列

(1) 元素排列组合。将花朵和叶片元素进行调整,尝试多种排列组合方式,以得到一个相对和谐的画面。可对单个图案使用放大、缩小、旋转或"镜像工具"等方法增加元素,丰富画面。在搭配时注意穿插关系,元素与元素之间不能一味地堆叠在一起,要留有空隙,整个图案要透气、协调,如图 2-1-36 所示。

(2) 调整结束后,选中排列组合好的图案,单击菜单栏中"对象"→"图案"→"建立",这时会弹出"图案画板",此时已经自动将图案复制到"色板"里了,设定好数值后备用。在"图案选项"面板中,将拼贴类型选择为"砖形排列",再使用"图案拼贴工具"将图案调整得更紧凑,可将预览调为 7×7,让四方连续图案穿插得更自然,从而看到更完整的大体效果。调整好后,单击上方的"完成",图案保存到"色板"中,如图 2-1-37 所示。

图 2-1-36　元素排列组合

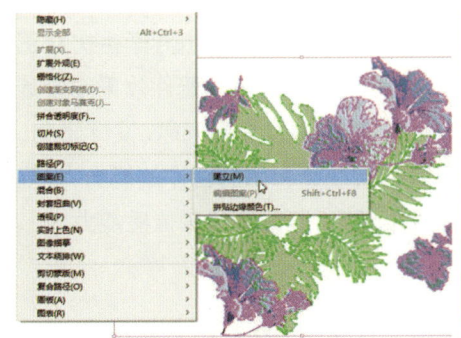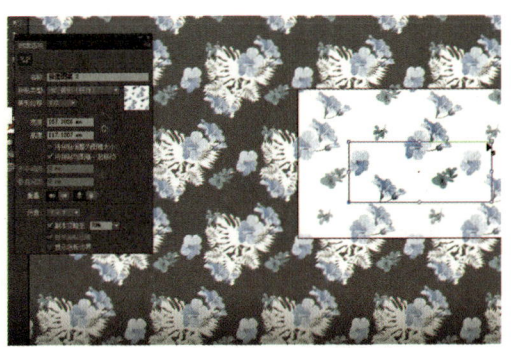

图 2-1-37　定义四方连续图案

3. 步骤三:背景色填充

保存好的图案可以作为"填色"使用。使用"矩形工具"框出合适的大小,将背景色置于底层。图案中的颜色可进行替换,以达到不一样的效果。最后把四个边的图案调整好,保证它可以向四周重复地连续和延伸扩展。这样一幅大花卉图案的四方连续图案就制作完成了,完成效果如图 2-1-38 所示。

图 2-1-38　大花卉图案完成效果

五、参考阅读

王宏付:《Photoshop 辅助服装设计》,东华大学出版社 2017 年版。

第二节 训练二——服饰配件设计

一、课程概述

1. 课程内容

在熟练掌握计算机辅助设计软件(如 Photoshop、Illustrator 等)功能、应用技巧的基础上,结合市场调查、服饰配件流行趋势分析、服饰材料知识等,完成服饰配件设计——包袋设计效果图的设计与制作。

2. 训练目的

在品牌调研、市场调研以及服饰配件流行趋势分析的过程中,引导学生树立正确的世界观与价值观,培养学生自主品牌创新的意识并树立信心;通过掌握服饰配件效果图设计流程及多种设计表达的技能、设计研究工具,丰富服装设计效果,提高学生发现问题、设计研究、设计表达的综合设计能力;提高学生灵活运用专业基础知识的创新设计和团队合作的能力;提高学生软件使用的动手能力和实际解决问题的能力;提升设计成果展示、汇报及信息传播能力。

3. 重点和难点

重点:主题确定,设计思路的表达,计算机辅助设计软件的各种工具、菜单功能的灵活运用。

难点:包袋设计效果图的材料质感表现,包袋结构设计的准确表达。

4. 作业要求

目标品牌自定,包袋款式、色彩、材质、定价符合目标品牌需求,定位人群准确。要求设计前从市场调研、趋势预测、品牌定位、消费者画像细分定位开始分析,再进行包袋款式图、工艺图、细节图、尺寸图、套色说明、图案设计等,要求提交以下设计成果:

(1) 包袋设计一套,完成 3 款包袋设计(手稿),并选择 1 款用 Illustrastor 绘制完整设计图稿。包袋设计图稿包含 Illustrator 绘制的效果图、款式图(正面、背面、侧面、内袋设计等)、细节工艺图示(平面展开图等)、具体尺寸、着装效果等,其中着装效果可配合 Photoshop 表现。包袋套色、图案等有相应说明,色板需使用潘通(Pantone)色号。

（2）展示版面一套，有完整的设计方案呈现，从市场调研、趋势预测、消费者画像、品牌定位分析，到包袋款式图、工艺图、细节图、尺寸图、套色说明、图案设计等，内容详细明确。排版需简洁，并具有一定美观性，突出重点。

（3）电子文档一套：PS（CC版）软件的文件存储格式为PSD（图层未合并格式，300 DPI）+JPG；AI（CC版）软件的文件存储格式为AI+JPG；PPT软件的文件存储格式为PPT+PDF。

（4）电子文档一套（中国大学MOOC成绩资料归档，需要学生自行上传），文件存储格式为JPG。

本训练个人作业或2~3人的小组作业均可，小组作业的完成度应高于个人作业。

二、设计案例

综合考虑创意设计的艺术性和时尚感，以及学生对软件的熟练运用程度，特选取近几年江南大学学生优秀课程作品进行案例展示。

1. 案例一：休闲褶皱链条包包袋设计（图2-2-1）

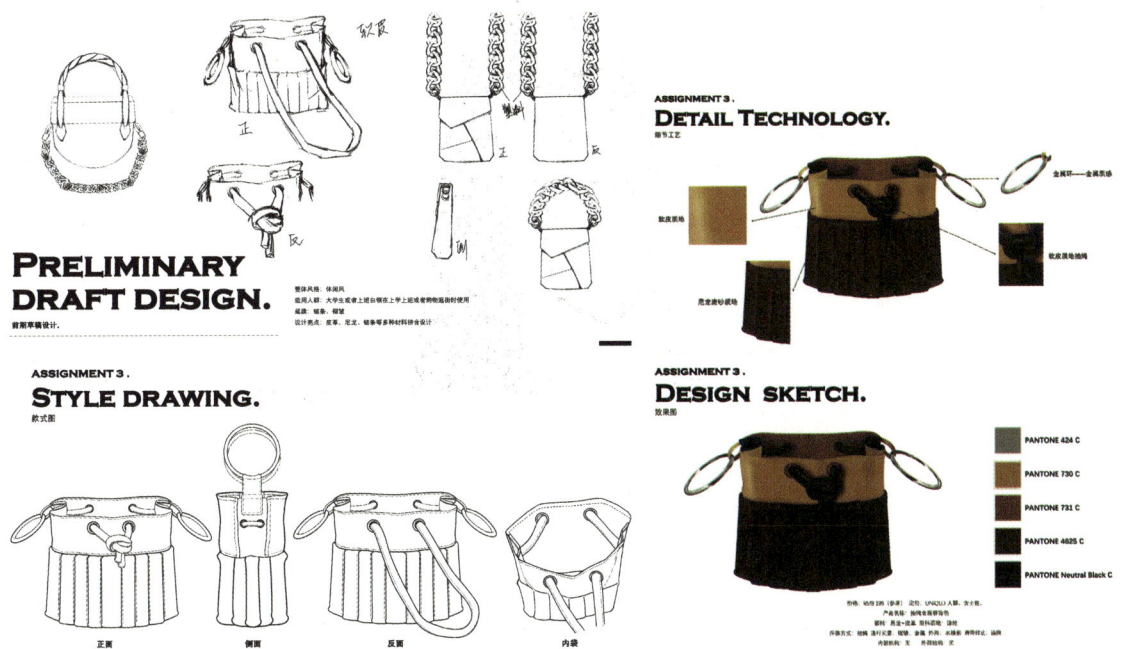

图2-2-1　休闲褶皱链条包包袋设计（江南大学　迟佳茵）

2. 案例二:牛仔裤包包袋设计(图 2-2-2)

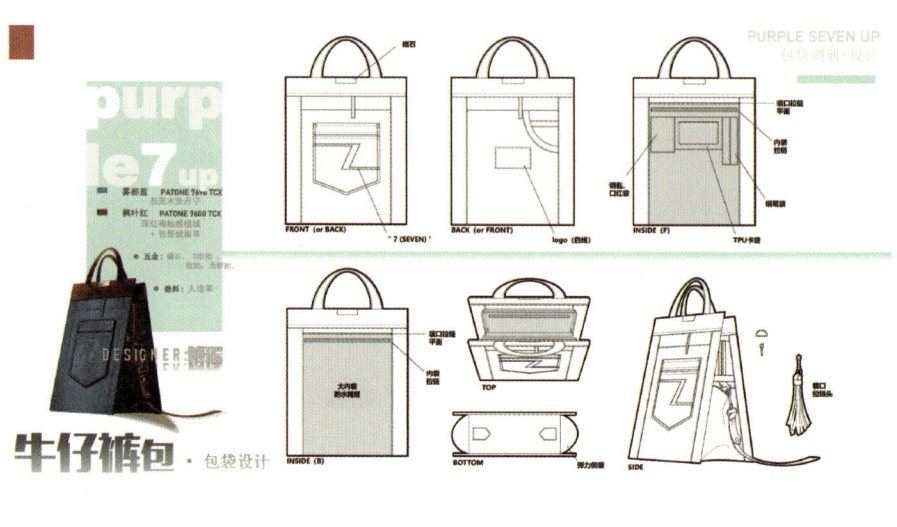

图 2-2-2 牛仔裤包包袋设计(江南大学 傅瑶)

3. 案例三:托特包包袋设计(图 2-2-3)

图 2-2-3　托特包包袋设计(江南大学　黄露)

4. 案例四:皮质折叠托特包包袋设计(图 2-2-4)

■ 设计草图

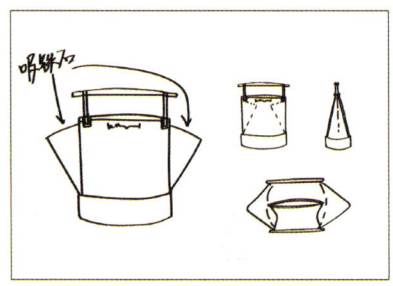

设计说明

以托特包为基础进行变化,在保证实用性基础上加入设计亮点,融入流行元素。

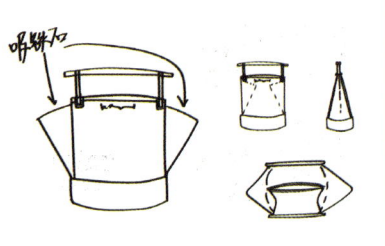

设计说明

以主要流行款式托特包为基础,融入相关设计元素,进行变化。

将把手作为一个亮点,加入金属元素,提升整体时尚性。

将托特包与聚会休闲包相结合,两侧侧翼可进行调节,以适应消费者的不同需求。侧翼打开时可增大使用空间,承担包袋的实用性功能。侧翼收起时,可作为聚会休闲包使用,实用性降低,装饰性增强。

同时,内部进行分割及内袋添加,以增强实用性。

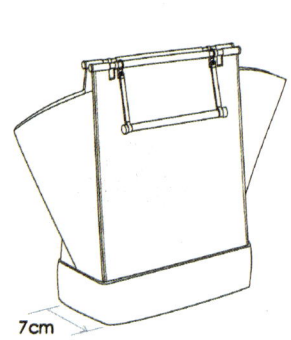

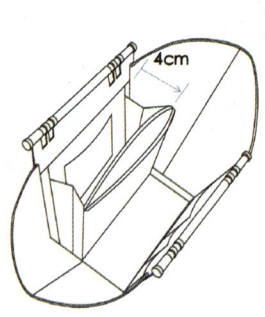

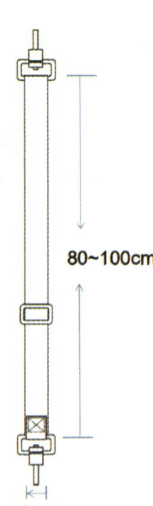

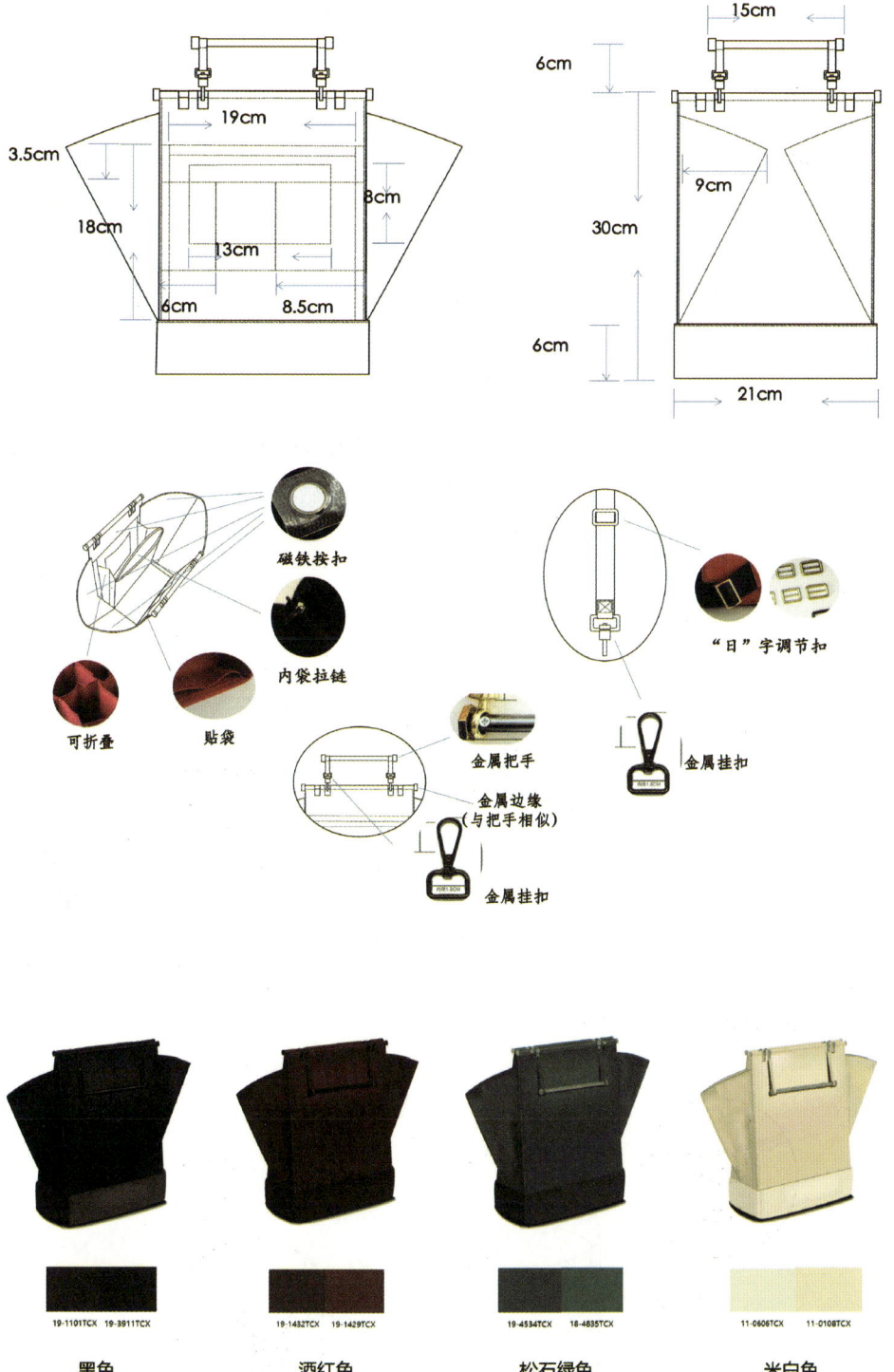

图 2-2-4 皮质折叠托特包包袋设计(江南大学 李泠沄)

5. 案例五:水桶拼色手提包包袋设计(图 2-2-5)

款式效果图

设计师：徐吉祥
名称：水桶拼色手提包
形状：水桶形
尺寸:中
开合方式：金属扣
质地面料：人造皮革
携带方式：手提/腋下跨包
箱包硬度：中，不可折叠
配色：蓝色 白色
亮点：大容量包包，可放置水杯。考虑消费人群实
用性需求，内置夹层证件袋，子母包设计，外置小
包装饰，可放置零钱、耳机等小物件。金属环设计
可拆卸，可手腕佩戴，可与其他小物件组合。压花
绗缝装饰。

款式结构图

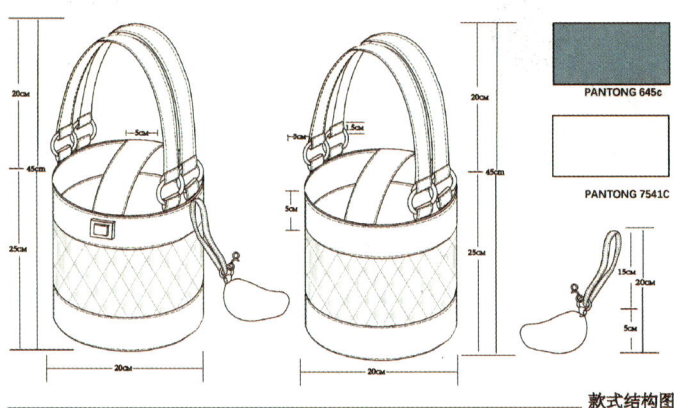

PANTONG 645c

PANTONG 7541C

款式结构图

细节与工艺

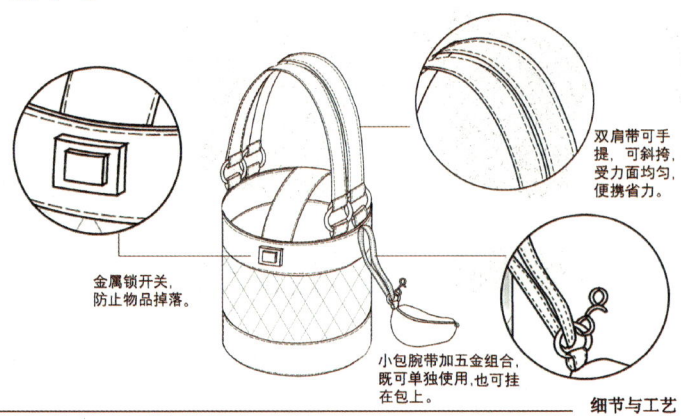

双肩带可手
提，可斜挎，
受力面均匀，
便携省力。

金属锁开关，
防止物品掉落。

小包腕带加五金组合，
既可单独使用，也可挂
在包上。

细节与工艺

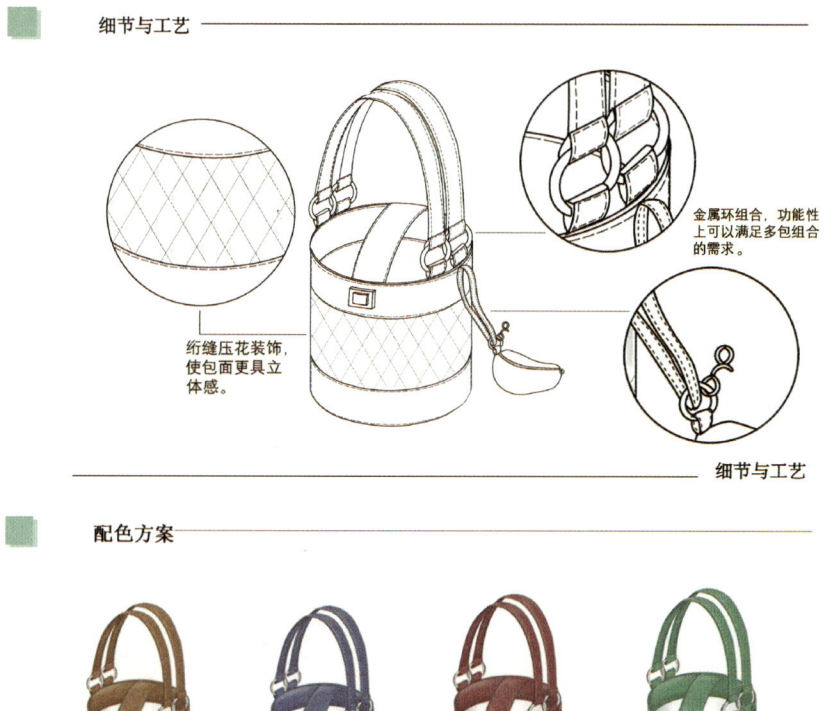

图2-2-5　水桶拼色手提包包袋设计（江南大学　徐吉祥）

▶▶ 三、知识点

1. 包袋的类别

包袋的类别多样，不同的标准有不同的分类方式。

按材质分类：可分为真皮包（头层皮革、二层皮革及再生皮革）、人造革包、布包、草编包、珠编包、塑料包等。

按用途分类：可分为时装包、化妆包、运动包、沙滩包、公文包、电脑包、相机包、书包、钱包等。

按使用者分类：可分为男装包、女装包、儿童包等。

按携带方式分类：可分为单肩包、双肩包、手提包、背包、腰包、胸包等。

按工艺分类：可分为刺绣包、珠绣包、压纹包、镂空包、拼接包等。

按结构组成分类：可分为车反驳角、埋反（分为埋底、埋横头、埋横围、连围、半连围）、折边夹车、折边搭车、黏合等。

2. 包袋的设计要点

在服装设计的发展中，包袋逐渐参与到服装设计搭配之中，并作为重要的配饰之一为服装的整体造型服务。包袋设计既要具备功能性、实用性，又要具备设计美感和创新性。而包袋的设计美感不单单体现在某一单一要素的运用上，更体现在包袋的形态结构、材质、色彩等多种造型设计要素的搭配是否和谐上。这些设计要素相互影响，缺一不可。

形态结构在包袋的整体设计表达中有着不可或缺的作用。包袋的形态结构设计是否合理直接关系到包袋是否可以实现实用性和功能性，也直接影响设计师设计理念的表达和创意理念的实现。包袋整体造型本就属于立体造型范畴，而立体造型的体现建立在包袋的结构设计之上，即如何将材料从平面状态转换成立体状态，从 2D 转换成 3D，形态结构设计起到了决定性作用。而具备艺术性的包袋设计，其形态结构也往往具备立体的设计美感。结构设计不仅仅要关注包袋外部形态结构，还要关注包袋内部形态结构以及局部的细节结构设计。大到包身，小到拉链，无论是结构实用性还是美观性，都需要设计师进行严谨而又不失个性的设计表达。

材质是包袋构成的基本要素，是所有设计点的物质承载。材质是否合适直接关系到设计理念能否实现。材质对于包袋的实用性、创意性都起着至关重要的作用。材质是人们能够感受到的唯一的客观设计对象，也是直接影响到人们使用感的直接接触对象。外部材质的触感、观感、厚度以及硬挺度关系着整个包袋的风格走向；内部材质以及其他的辅料在包袋的整体设计中起辅助作用，比如拉链、里衬、合扣、缝纫线等，在包袋中起到开合、连接、撑托等作用。辅料的美观性与主材质的搭配合理性有时也会成为人们判断包袋外观形象以及品质感的重要因素。

色彩与其他设计要素相结合会产生一定的表现力，可满足人们一定的心理需求以及视觉需求。色彩的使用更多的是受流行趋势以及设计整体和谐性的影响，选用不同的色彩会有不同的风格体现，所以色彩的选择对于包袋整体时尚性的体现有着至关重要的作用。

3. 包袋效果图绘制要点

包袋效果图是设计师表达设计理念最直接的呈现方式，需要清晰明确地表达出包袋的种类、款式、结构线、装饰线、颜色、图案以及包袋的材质设计。在绘制方面，设计师需要注意以下几个要点：

（1）选用合适的角度进行描绘，从最能展现设计重点以及整体款式结构的角度呈现。

（2）绘制包袋结构时，注意包袋立体感的表现。透视关系要合理，长、宽、高的比例表现需要清晰，要区分好包袋的结构线与装饰线，在需要交代清楚的地方可以进行文字标注。

（3）不同材质效果的绘制方式均有不同，需结合不同材质的特点，灵活运用绘画工具、绘画技巧。注意金属材质与包袋材质的区分，将包袋拉链、包带、装饰部件等细节表现清晰，必要时可以附加实物图在旁边进行标注。

（4）对包袋效果图无法全面展示的部分进行必要的补充说明，如包袋的内部结构设计可以用透视图或平面图的手法进行表现。

四、实践程序

（一）包袋的设计流程（使用软件：Illustrator CC）

1. 前期准备

在进行具体的设计之前，市场调查以及流行趋势分析以及资料收集都是设计流程中必不可少的环节（图 2-2-6 至图 2-2-8）。全面的资料收集、准确的市场调查以及流行趋势分析，有利于设计师了解现有的包袋趋势，更有助于设计师拟定符合当下市场的且具有一定流行度和接受度的包袋设计方案。

2. 灵感来源

在经过大量的、系统化的资料收集、市场调查、流行趋势分析之后，设计师以此为参考数据，在品牌形象的基础上，确定大概的主题和设计理念（图 2-2-9）。

图 2-2-6　市场调查

今年 2020 秋冬系列，以新机能美学为主，男装设计灵感来源于上世纪80年代流行于米兰的 "Paninari" 风格，结合了现代街头服装和运动元素，结合当代城市生活趣味的质感，辅剪，打造更为适合都市生活的实用机能风格。

单一色彩和材料的使用，旨在倡导享受简约的生活之美，以减少环境影响。随着极简主义的日益兴起，"终结反复" 的风潮将推动现代设计突破季节与潮流的局限。采用平滑皮革等高品质材料，并以中性色调呈现。同色调线缝和极简金属硬件主打现代派细节

图 2-2-7 流行趋势分析

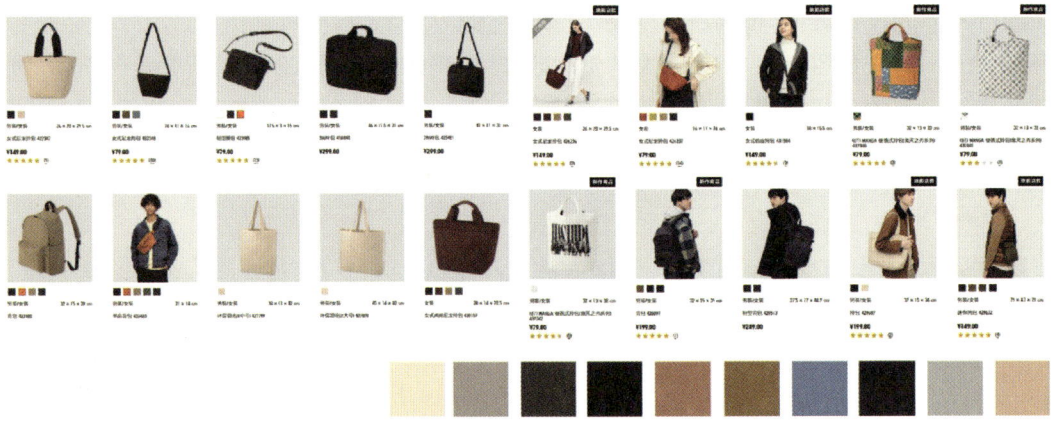

图 2-2-8 资料收集

当今社会是一个高度发展的社会。大多数人承担着自己的责任，在城市中日复一日地完成着自己的任务，"上班族" 是这个群体的统称。又有多少人想要跨越自己生活的边界，为着向往而去探险呢?每个人都可以是一名探险家，勇于探索，用自己对探险的热情和勇气去挑战自然，挑战困境。"上班族" 亦可以是一名 "城市探险家"。

图 2-2-9 灵感来源

3. 方案提取草图

确定好大致的主题和设计方案后,需要进行大量的草图绘制,要求既有流行趋势上的延续,又有创新的设计要点。设计草图需要展示出设计师的主要设计理念以及期待的造型效果,比较具体的草图往往可在图上附注一些设计说明,以及期待效果的细节图片(图2-2-10)。

趋势:
机能风 功能模块化

延续:
1. 简洁包型结构
2. 可拆卸皮肩带

设计点:
1. 多功能化设计
2. 皮革、尼龙、链条等多种材料拼接设计
3. 多样皮肩带设计

草稿尝试

内部功能化

图2-2-10 方案提取草图

4. 线描稿

线描稿对于包袋的整体设计有着决定性的作用,一般从具有一定倾斜感的角度入手绘制,尽量更全面地展示包袋的长、宽、高尺寸比例以及连接细节;尽可能清晰、简洁地表现整体结构设计,以方便之后的设计调整(图2-2-11)。

5. 彩色稿

色彩设计对于包袋的整体设计具有不可或缺的重要意义,色彩的选择需要以市场调查与流行趋势的分析为基础,拟定与品牌风格和灵感主题相符的色彩设计方案,并进行多种尝试,从中选取合适的色彩形象,增加包袋的整体设计视觉感(图2-2-12)。

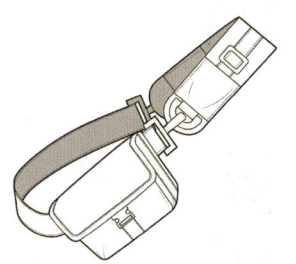

图2-2-11 线描稿

6. 细节调整与整体效果展示

在确定好线描稿以及色彩方案后,尽可能地刻画细节,将结构线、装饰线以及包带的连接方式表现清晰。通过局部拆分的方式,将包袋的内外结构设计、部件设计和面料设计等细节画图表现。

详细的细节效果展示,可以附加配件实物图以及用文字、尺寸等进行标注。最后,将完整的包袋设计效果图与品牌面向人群的图片进行结合,更有利于展示设计成品的着装效果(图2-2-13)。

7. 确定交付形式

确定设计图稿的交付形式,将设计稿保存为相应的格式并进行最终的交付。

色彩尝试

图2-2-12 彩色稿

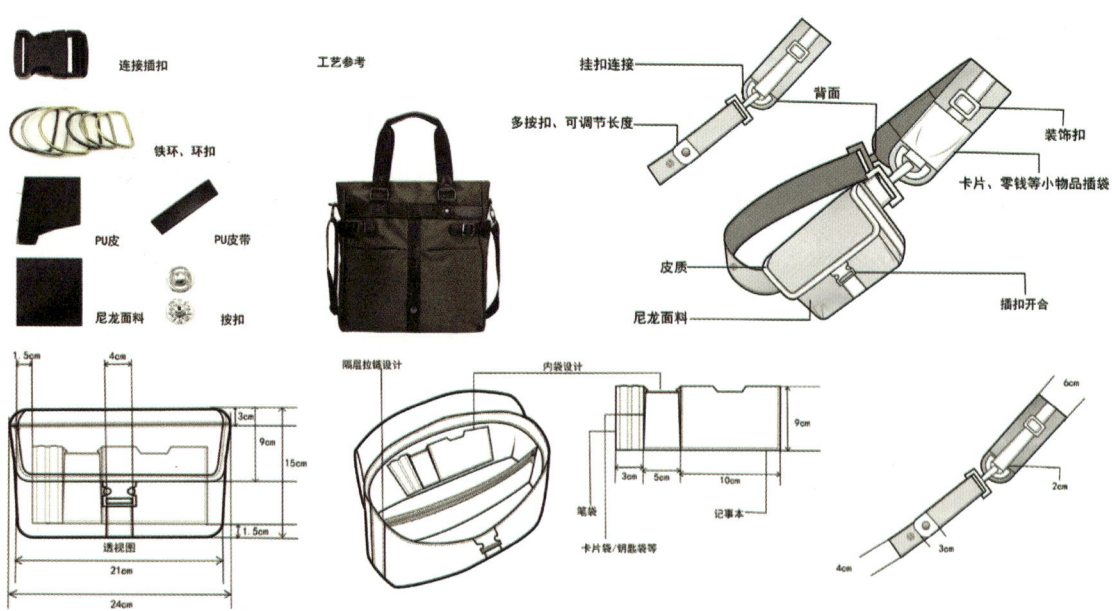

图 2-2-13　整体效果展示（江南大学　王思睿）

绘制菱形
包袋

（二）包袋的绘制流程

1. 绘制线稿

新建文件并设定适合的尺寸。新建图层，使用"钢笔工具"勾勒出轮廓，并将"描边"粗细调整为 1 pt，可以使用"直接选择工具"调整单独的锚点，将包袋大体勾勒完整（图 2-2-14）。

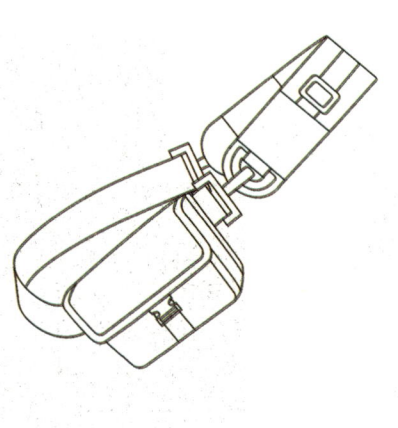

图 2-2-14　绘制线稿

2. 绘制缝迹线

使用"钢笔工具"在包袋需要缝制处勾勒完整,并将"描边"粗细调整为 0.5 pt,勾选"虚线",并将数值设置为 2 pt,将"间隙"处的数值设置为 1 pt(图 2-2-15)。

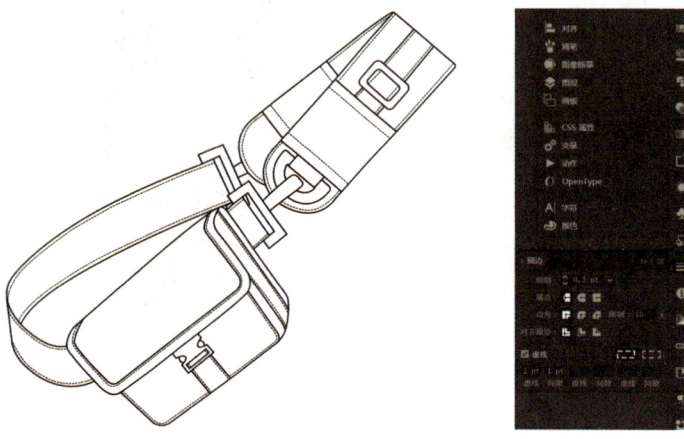

图 2-2-15　绘制缝迹线

3. 绘制阴影

使用"钢笔工具",根据包袋结构绘制阴影,"填色"选择为浅灰色,"透明度"模式设置为"正片叠底"。部分褶皱处的阴影体现同样使用"钢笔工具",将"描边"颜色设置为浅灰色,粗细为 1 pt,"配置文件"设置为宽度配置文件 1,"透明度"模式设置为"正片叠底"(图 2-2-16)。

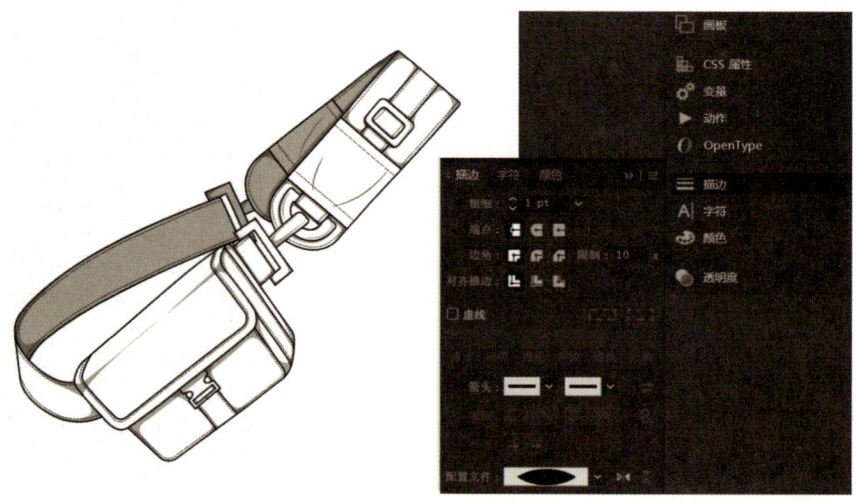

图 2-2-16　绘制阴影

4. 填充颜色

将前面绘制的图层锁定后新建图层,使用"钢笔工具"描绘需要填色的部分,形成封闭区域。在"填色"处选取要填充的颜色,"透明度"模式设置为"正片叠底"(图2-2-17)。

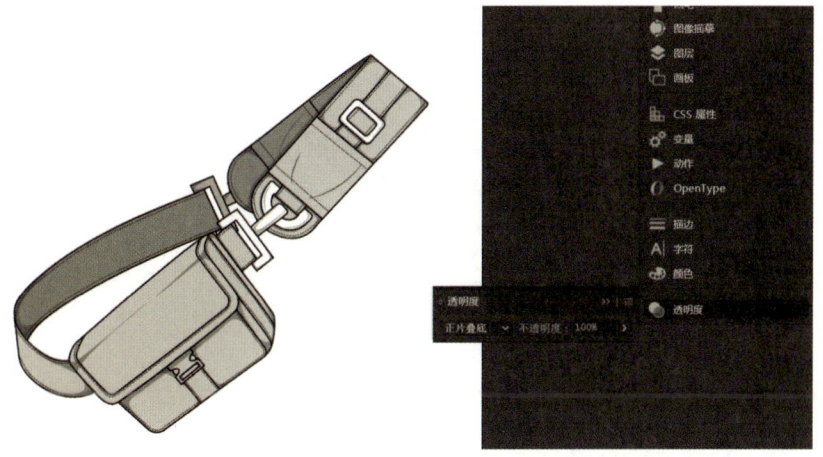

图 2-2-17 填充颜色

5. 填充面料

执行菜单栏中的"文件"→"置入"命令,置入若干面料肌理素材图,嵌入素材图,将素材图"透明度"模式设置为"正片叠底",调整到合适的透明度后,将其放置于需要填充的部分上方。使用"钢笔工具"描绘需要填充的部分,形成封闭图形,将其置于素材上方;同时选中素材以及填充图形,鼠标右击选择"建立剪切蒙版",以此方式将素材填充完毕(图2-2-18)。

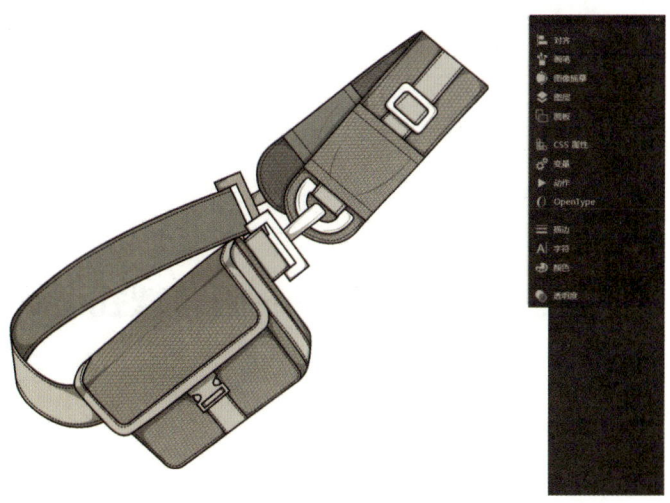

图 2-2-18 填充面料

6. 绘制高光

单击"填色",将颜色设置为白色,根据阴影位置和包袋结构确定光源方向,使用"钢笔工具"画出高光,完成包袋设计效果图,如图 2-2-19 所示。

图 2-2-19　绘制高光

▶▶ 五、参考阅读

[1] 王立新、李明辉:《硬体女包在 Rhino 中的建模及其 3D 效果的渲染》,北京服装学院学报(自然科学版)2011 年第 1 期。

[2] 严芮:《立体造型手法在包袋设计中的应用研究》,浙江理工大学 2018 年硕士论文。

[3] 曾琦:《流行包袋设计基础》,中国轻工业出版社 2011 年版。

▮ 第三节　训练三——服装款式设计

▶▶ 一、课程概述

1. 课程内容

在熟练掌握计算机辅助设计软件(如 Photoshop、Illustrator 等)功能、应用技巧的基础上,结合市场调查、服装流行趋势分析、服装面料知识等,完成系列服装款式图的设计与制作。

2. 训练目的

在选题及市场调研过程中,引导学生树立正确的世界观与价值观,培养学生自主品牌创新的意识并树立信心;通过掌握服装款式图的设计流程及多种设计表达技能、设计研究工具,提高学生发现问题、设计研究、设计表达的综合设计能力;提高学生灵活运用专业基础知识的创新设计和团队合作的能力;提高学生软件使用的动手能力和实际解决问题的能力;提升设计成果展示、汇报及信息传播能力。

3. 重点和难点

重点:主题确定,设计灵感来源的表达,计算机辅助设计软件的各种工具、菜单功能的灵活运用。

难点:服装外形及服装细节的比例关系、服装款式图线型、款式特点等的艺术表达。

4. 作业要求

题材自定,要求服装款式图的表达符合生产技术要求,具有艺术性和时尚感。设计前需要对同类案例进行文献学习,进行市场调查和分析,在此基础上进行思维导图的要素分析、草图设计、色彩设计、面料设计、细节设计,对定稿后的设计方案进行正式设计表达,要求提交以下设计成果:

(1) A4(29.7×21 cm)设计文本一套,包括设计草图和对定稿设计方案的正式设计表达。

(2) 展板一块,尺寸为 A2(42×59.4 cm),内容选择 A4 文本中的精彩部分,按比赛要求排版设计,突出重点。

(3) 电子文档一套,PS(CC 版)软件的文件存储格式为 PSD(图层未合并格式,300 DPI);AI(CC 版)软件的文件存储格式为 AI。

(4) 电子文档一套(中国大学 MOOC 成绩资料归档,需要学生自行上传),文件存储格式为JPG。

本训练个人作业或 2~3 人的小组作业均可,小组作业的完成度应高于个人作业。

▶▶ 二、设计案例

综合考虑创意设计的艺术性和时尚感,以及对软件的熟练运用程度,特选取近几年江南大学学生优秀课程作品进行案例展示。

1. 完整设计案例

灵感来源:本主题试图唤起人们对海洋液体污染和固体污染的关注。液体污染和破坏生态环境的渔网是该系列服装设计的灵感来源,希望可以将海洋表面看似蔚蓝平净,实际上被污染物深深折磨的一面展现于人前。流体画似的印染方法、编织以及结构性设计将是该系列的设计特点(图2-3-1)。

色彩灵感:大西洋蓝为主色调,搭配珠光白、奶油黄平衡色彩。

细节元素:编织、流体画、结构性设计。

款式元素:箱型截断式西服、挖空式西装。

图2-3-1 灵感来源(江南大学 张晨薇、位美琳)

(1) 面料再造——流体画制作

试验方法:将布片放置在木板上进行制作,尝试使用多种颜色、多种操作方法的流体画制作,以便观察颜色、服装主题与款式相配的美观性。

第一组试验:将不同分量的颜料依次倒入杯中,不用混匀,控制倒在布片上的颜料的量,再进行各个角度的晃动,让颜料流动呈一定的形状,铺平晾干。

不足:倒在杯中的颜料虽未混匀,但是在倒出来的过程会出现颜色覆盖的情况,不能很好地控制想要的颜色。所用的珠光白虽然流光溢彩,但干后呈淡淡的灰黄色,显脏(图2-3-2)。

图2-3-2 第一组试验结果

第二组试验：直接把不同颜色的颜料分别呈条状地倒在布片上，再进行流动。

不足：虽然可以控制颜色，但是流动方向单一。即使倒出曲线形状，但晃动的时候颜料会回流，影响美观，层次不够丰富。深色部分干后会更深，而鲜艳的颜色不会变灰，可以维持鲜艳度。白布还会渗色（图2-3-3）。

图2-3-3 第二组试验结果

第三组试验：在布片上先用纯白色颜料铺底，再用刮刀刮平整，最后倒上条状颜料，这样颜料更好流动，而且颜色的变化会更加丰富。白色起到一个调和的作用，而且会出现同一纬度粗细变化的颜色。在晃动的时候，辅以吹气进行细微的调整。

不足：特别费颜料，如果铺底的纯白颜料少的话，就没有流动的效果，即使加了水，效果也不理想。虽然有了粗细变化，但有的地方仍会出现大片的纯色（图2-3-4）。

图2-3-4 第三组试验结果

第四组试验：在倒颜料的时候，采用滴落和条状结合的方法，倒完颜料后，用木棒把颜料拉出更多的细条和类似咖啡拉花的形状，混进别的颜色再进行晃动。

不足：细条拉花会显得画面杂乱，没有完整的色块（图2-3-5）。

图 2-3-5 第四组试验结果

　　第五组试验：在除了白色颜料的其他颜料中加入硅油，搅拌后摇晃瓶身 2 分钟使其均匀。在倒完颜料之后，先用木棒轻轻刮出一个形状（只刮一部分颜料不刮到底），颜料中加了硅油后刮开会呈现海水气泡的感觉，细条拉花和刮片控制好位置，再根据变化晃动出形状。荧光的颜色和过深的颜色都依据色相原理进行调和（图 2-3-6）。

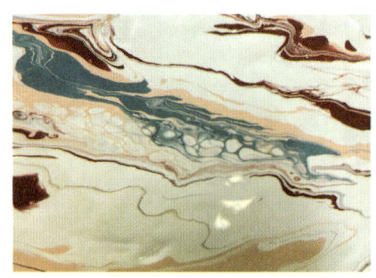

图 2-3-6 第五组试验结果

　　优点：有海洋效果，不会返底色，色彩融合较好，整体效果满意。

　　调整：将拉条全部转为滴落式。由于第一次的滴落难以控制，就选择以布片外为起点。滴落的时候，控制疏密，颜色交错纵横，先用木棒拉成线条，再进行调整。为了对应海洋被污染的感觉，在拉花和刮片的时候可以将二者结合，这样既有颜色的变化，又能有一些污染灰脏的感觉。在整体做完流动效果后，杂乱的地方用白色颜料覆盖，再辅以吹气进行小范围的调整。

　　优点：流动性强，有着极大的随机性，每次的成品都是独一无二的；不同于普通的油画水彩等传统手法，质感别样；有立体感、空间感、肌理感；可以运用不同的工具技法和材料做出不一样的效果。

　　不足：实验过程耗材量大；成品会变硬，不适于直接穿着；布片大时不易控制。

(2) 流体纽扣制作

　　方法一：将纽扣直接放在有多余颜料的木板上，选择的位置要有一定厚度的颜料，不能太薄，放置 20 s（这是经过试验后发现的最合适的放置时间），然后用镊子夹起纽扣并在纸巾上摁着擦几下,保留形状。但这样做出来的纽扣颜色没有纹理,显得糊、脏、灰。

方法二:先在木板上按照布片流体画的方法做一小片颜料,然后反复按照此方法操作。但这样会出现块面感。

方法三:在木板上倒一小片白色颜料,然后滴几滴颜料混合拉成曲线细条,白色为大面积,其他颜色为点缀,然后反复按照此方法操作。这样线条纹理清晰、色彩不灰,能够保留纽扣的布面质感,不足的地方可以用镊子蘸取颜料进行修整(图2-3-7)。

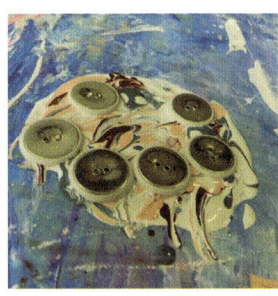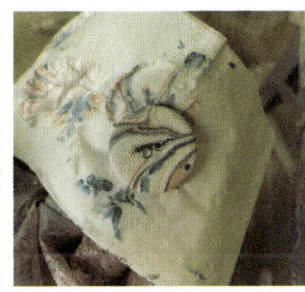

图2-3-7 流体纽扣制作(江南大学 张晨薇、位美琳)

服装款式设计草图、效果图和款式图如下所示(图2-3-8至图2-3-13)。

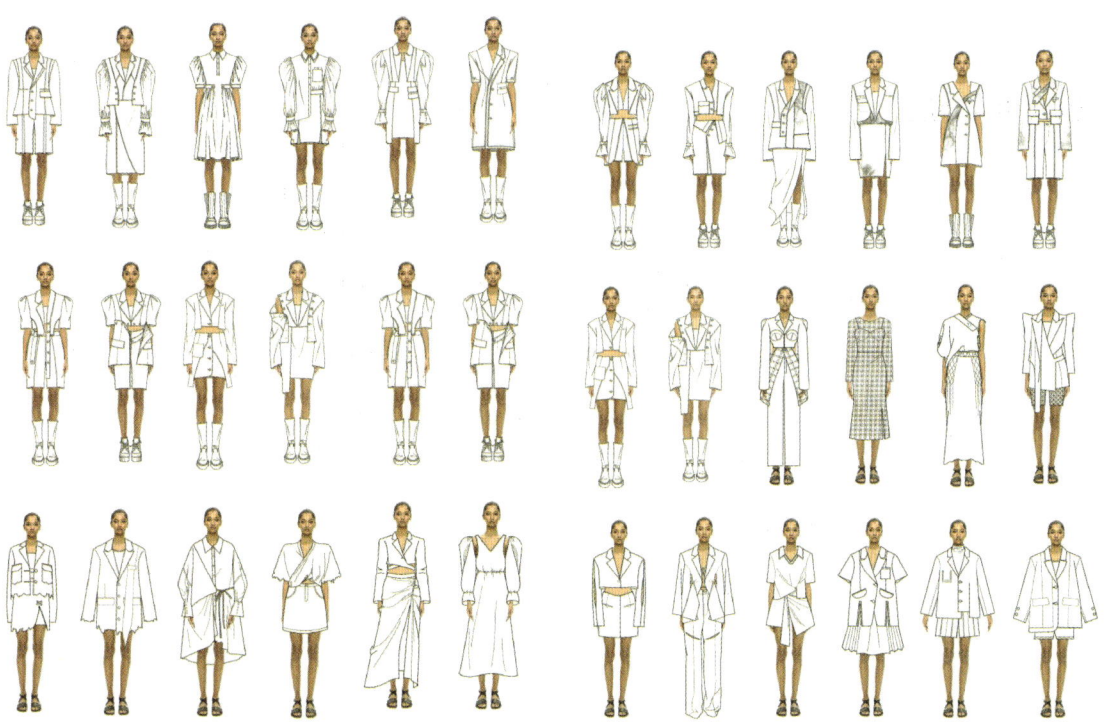

图2-3-8 草图一(江南大学 张晨薇、位美琳)　　　图2-3-9 草图二(江南大学 张晨薇、位美琳)

服装效果图
绘制

图 2-3-10 效果图(江南大学 张晨薇、位美琳)

LOOK-ONE

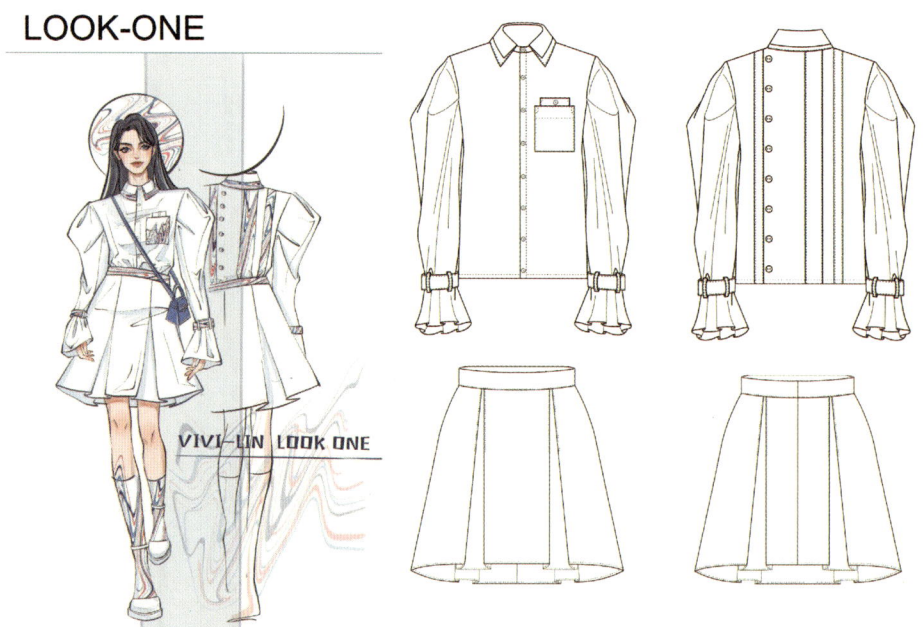

图 2-3-11 款式图一

LOOK-TWO

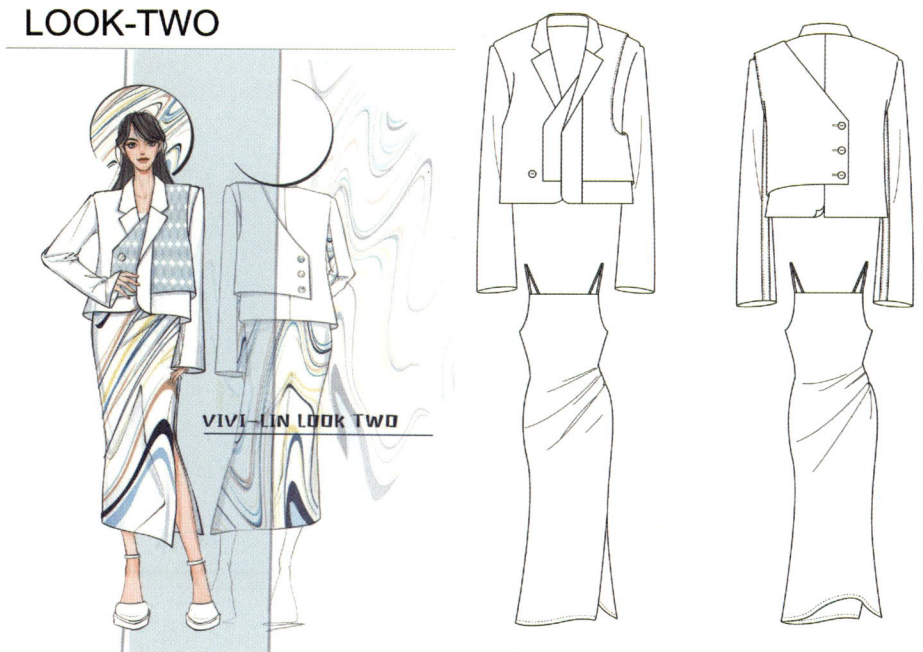

图 2-3-12 款式图二

LOOK-THREE

图 2-3-13 款式图三

2. 其他设计案例(图 2-3-14 至图 2-3-19)

图 2-3-14 学生设计案例(江南大学 俞天怡)

图 2-3-15 卫衣设计案例(江南大学 刘晓)

图 2-3-16 风衣设计案例(江南大学 白玮)

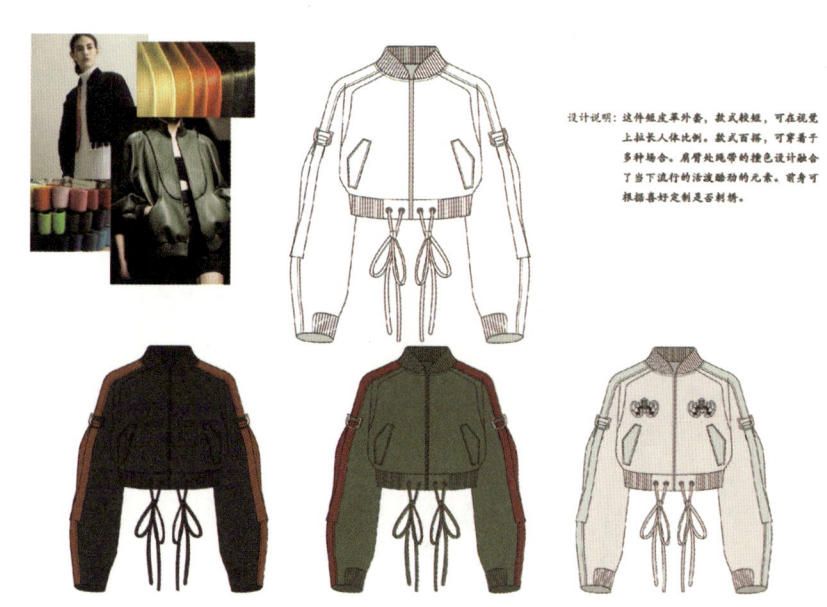

图 2-3-17 皮革外套设计案例(江南大学 白玮)

图 2-3-18 男士正装衬衫设计案例（江南大学 白玮）

图 2-3-19 套装设计案例（江南大学 易慧祺）

▶▶ 三、知识点

1. 服装款式图的设计要点

服装款式图是指体现服装款式造型的服装样式图稿,侧重表现服装的款式式样、结构、装饰线迹、面料质地和图案等,主要是方便服装设计师与版师的沟通与交流,细化设计风格,具有明确的工艺性,而不强调服装在人身上的着装效果。款式信息包括各部位详细比例、服装内部结构及装饰细节等,服装款式由服装成品的外形轮廓、内部分割结构及相关附件的形状与安置部位等多种因素综合决定。这种形式的设计图是服装设计师必须掌握的基本技能,是行业内表达服装样式的基本方法。款式信息还可以附带一些其他属性,如流行趋势、个性特点、服装风格、面料等。

服装款式图是服装设计的初级阶段,它作为辅助服装设计的有效技法,要求设计师了解人体的外形、比例,掌握不同款式图的绘图技巧,并且还要求设计师了解服装造型规律的原理,懂得结构设计及面料、图案的选择,善于选用适合表现不同款式的画法及线条,从而达到绘图的准确性、完整性、美感性,使其能更加准确地体现设计师的设计思想。服装款式图的绘制为服装的下一步打版和制作提供重要的参考依据。

(1) 比例关系

在服装款式图的绘制中,首先应注意服装轮廓及服装主要部位的比例关系。在绘制服装款式图之前,应对所画服装的所有比例有一个详尽的了解,因为不同的服装有不同的比例关系。在绘制服装比例时,设计师应注意"从整体到局部",绘制好服装的轮廓及主要部位之间的比例。例如服装的肩宽与衣身长度比例,裤子的腰宽和裤长的比例,领口和肩宽的比例等。把握好这些比例之后,还需要注意局部和局部、局部与整体之间的比例关系。

(2) 服装对称性

由于人体的左右两部分是相对对称的,所以服装的主体结构必然呈现出对称。"对称"不仅是服装的基本特点和规律,而且很多服装因对称而产生美感。所以,在用计算机软件绘制服装款式图时,设计师一般只需画出服装的一半,另外一半对称复制即可。

(3) 线条规范性

服装款式图一般是由线条绘制而成的,所以在绘制的过程中要注意线条的准确和清晰。

在绘制服装款式图的过程中,设计师不但要注意线条的规范,还要注意表现出线条的美感,要把轮廓线和结构线、缝迹线等线条区别表示。通常用五种线条绘制服装款式图,即粗线、中粗线、细线、虚线和点划线。粗线主要用来表现服装的外轮廓;中粗线主要用来表现服装大的内部结构;细线主要是用来刻画服装的细节部分和一些结构较复杂的部分;虚线主要用以表示服装的缝迹线部位,可以分为很多种类;点划线主要用以表示服装的对称折线。

(4) 文字说明和面辅料小样

在服装款式图绘制完成后,为了方便制版师更准确地完成服装的打版与制作,设计师应标出必要的文字说明,内容包括:服装的设计思想,成衣的具体尺寸(如衣长、袖长、袖口宽、肩斜、前领深和后领深等),工艺制作的要求(如缝迹线的位置和宽度、服装印花的位置和特殊工艺要求、纽扣位等),以及面料的搭配和款式图在绘制中无法表达的细节。

另外,一般在服装款式图上要附面辅料小样(包括纽扣、花边以及特殊的装饰材料等),这样可以使服装生产参与者更直观地了解设计师的设计意图,也为服装在生产过程中采购面辅料提供重要的参考依据(图 2-3-20)。

(5) 款式细节

服装款式图要求设计师把服装细节交代得一清二楚,一定要注意把握服装的细节刻画,可以用局部放大的方法展示服装的细节,也可以用文字说明的方法为服装款式图添加标注或说明,把细节交代清楚(图 2-3-21、图 2-3-22)。

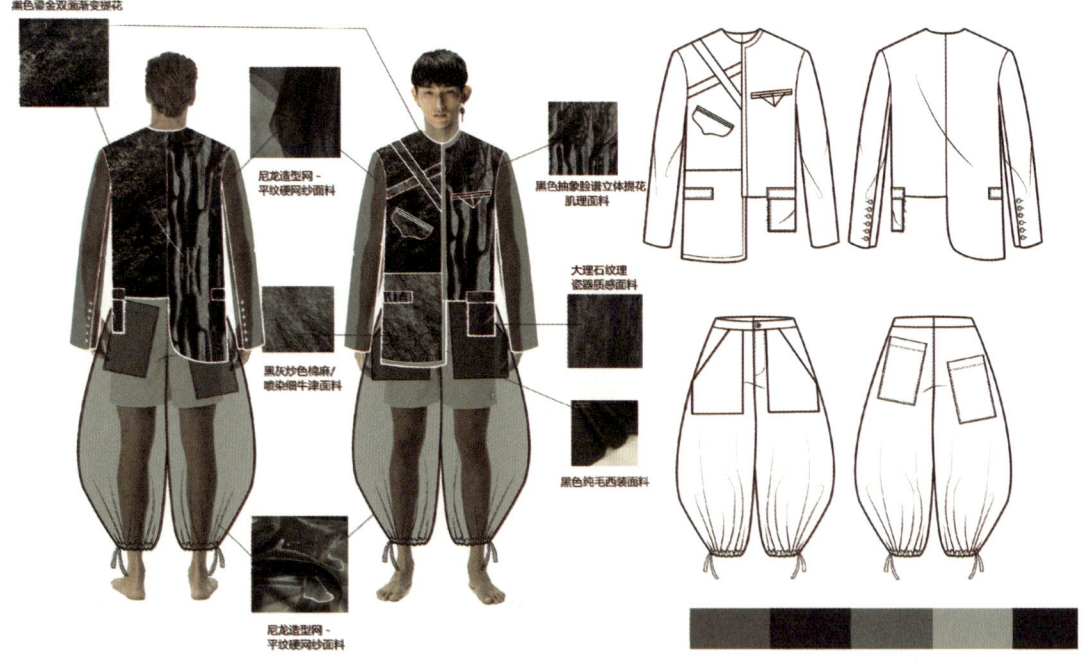

色彩运用

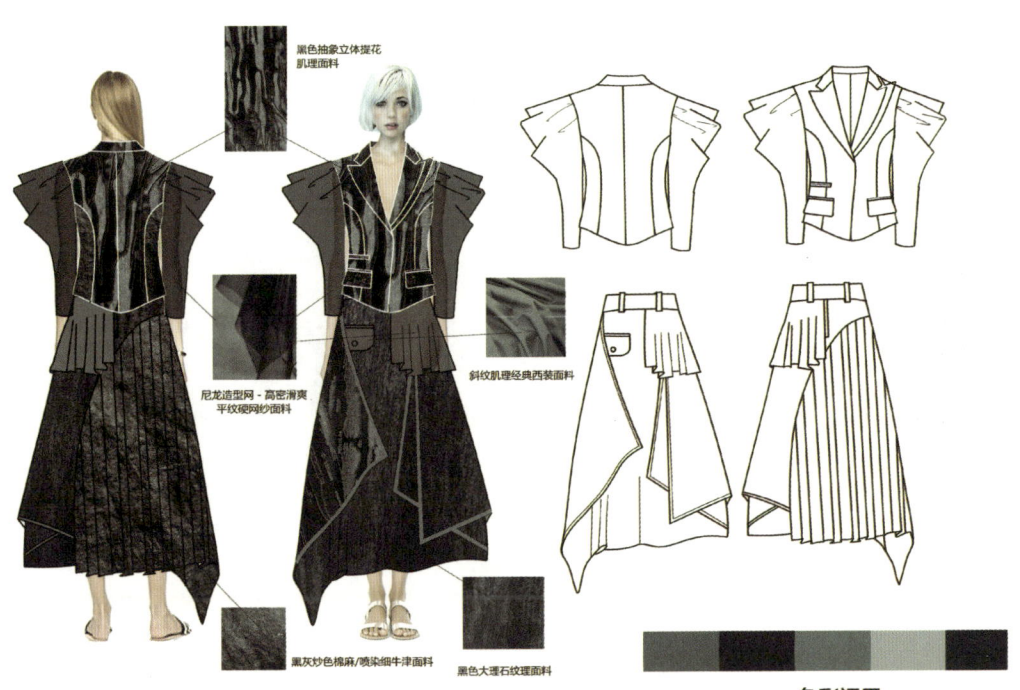

黑色抽象立体提花
肌理面料

尼龙造型网·高密滑爽
平纹硬网纱面料

斜纹肌理经典西装面料

黑灰炒色棉麻/喷染细牛津面料

黑色大理石纹理面料

色彩运用

不规则黑色树皮条纹
立体提花面料

黑色大理石纹理面料

黑灰炒色棉麻/喷染细牛津面料

黑色镏金双面渐变
提花面料

尼龙造型网·
平纹硬网纱面料

黑色抽象脸谱立体提花肌理面料

不规则黑色树皮条纹
立体提花面料

色彩运用

图2-3-20　设计案例（江南大学　乔嘉仪、倪倩妮、刘辉超）

图 2-3-21 款式细节设计(江南大学 陈茜贤)

图 2-3-22 款式细节设计(江南大学 刘雨琪)

2. 服装款式图的绘制要点

(1) 平铺式款式图绘制

平铺式款式图是指导服装生产的一种表现手法,表达清晰明了,一般省略人体模特绘制(往往是最后把人体模特隐藏),仅仅把服装的正背面、外轮廓线造型、内结构线与分割线等细节表达清楚,有时还会画出侧面造型或局部细节放大图。这种款式图要求绘画严谨、规范、清晰,绘制重点放在造型结构线的表现上。作为样衣打版制作的依据,这种方法能随意地进行各种配色变化,方便服装企业进行新产品的开发设计和同类产品的系列化开发设计(图2-3-23)。

(2) 人体缩略式款式图绘制

人体缩略式款式图是在缩略人体上绘制的款式图。绘制时,设计师需要"从整体到局部",注意服装的外形及主要部位之间的比例关系。缩略人体是以人台为基础,根据不同性别与年龄的比例特征绘制而成的。它不仅能将单件服装款式表现得具体细致,而且能够将整体衣着的效果较为直观地呈现出来(图2-3-24)。

图 2-3-23 设计案例(江南大学 宋戈)

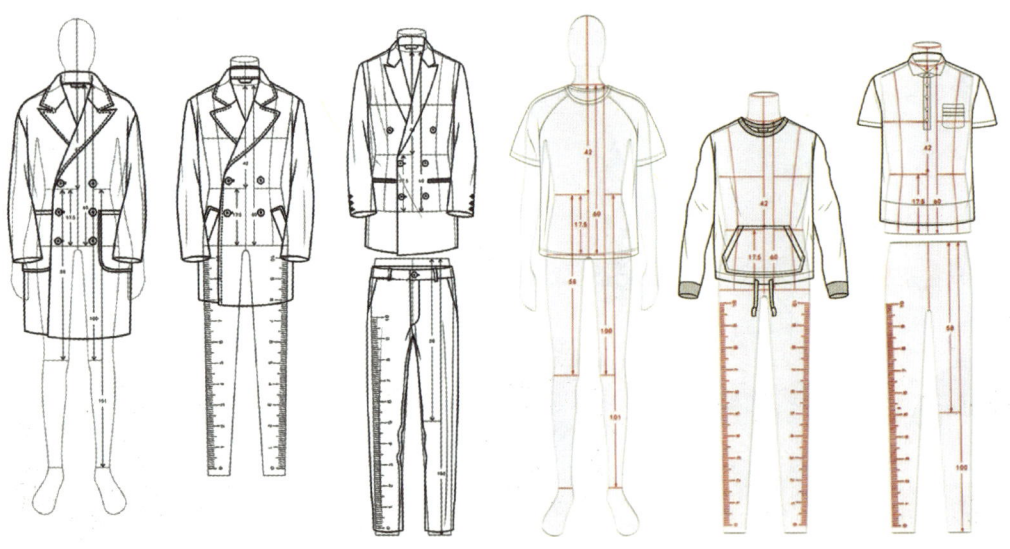

图 2-3-24 人体缩略式款式图

(3) 模拟人体动态式款式图绘制

模拟人体动态式款式图可以借助人体的姿态,将服装的穿着动态及服装的衣着搭配与风格特征表现出来。在款式图表现中,平铺式款式图和人体缩略式款式图都要注重服装款式的平面表现,而模拟人体动态式款式图在表现时除了刻画细节特点,还模拟了人体的动态姿势,从而能够把服装因人的动态而产生的衣纹及明暗关系等表现出来(图 2-3-25 至图 2-3-27)。

图 2-3-25 设计案例一（江南大学 许安琪、孙诗雨、徐帅）

图 2-3-26 设计案例二（江南大学 许安琪、孙诗雨、徐帅）

图 2-3-27 设计案例三(江南大学 许安琪、孙诗雨、徐帅)

3. 服装模块化设计、设计流程及原则

服装模块化设计是指将服装进行模块细分,分成多个独立部件。在设计服装前,设计师必须先立足整体,全面分析服装的功能,明确服装的独立部件及其应具备的子功能,再设计不同模块相互连接的通用接口,形成模块库,方便设计师从模块库中随时挑选符合自身需求的部件。服装穿着者可从个人需求视角出发,重新组合服装部件,形成功能齐全的系列性服装产品。这种通过通用接口连接模块形成的服装设计,即服装模块化设计。

模块化设计的组合方法是在提炼信息的基础上,应用重构手段重新优化组合的设计方式。其旨在依据不同规则排列组合设计元素,尽可能丰富设计成果,最大限度提高设计价值,模块化组合方法如图 2-3-28 所示。

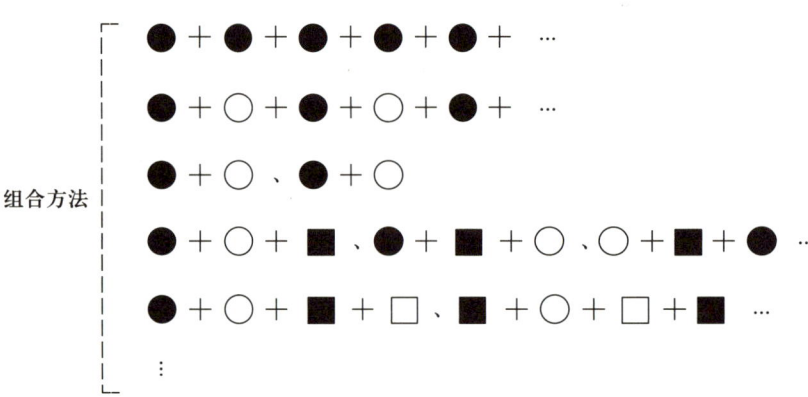

图 2-3-28 模块化设计组合方法

模块化设计的流程如图 2-3-29 所示,服装模块化设计的要点是细分、设计、重组服装模块,使不同部位的服装功能依照需求相互归纳。在某个服装功能不被需要时,服装穿着者可拆卸、更换、重组模块,并通过通用模块连接,满足服装在不同场景中的不同穿着需求。

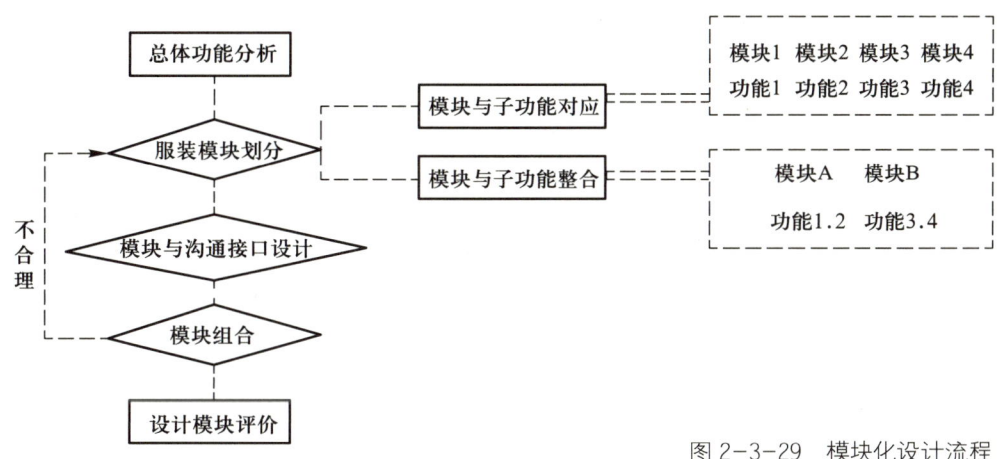

图 2-3-29 模块化设计流程

模块的细化,应将服装基本结构视为前提。过分细化服装模块会导致不同模块间的连接方式过于复杂;过分简单地细化服装模块,会使部分服装功能无法达到要求且无法整合。一般而言,可将模块细分成两种:

① 固定模块:任何服装设计中都存在的模块,保证服装对人体的包裹。

② 可选模块:即非固定模块。人群需求相异,在服装设计中,可以满足功能性或装饰性要求的模块不同,可选模块相互组合形成的针对性功能、装饰性作用也不同。

将模块化思路运用在服装的色彩搭配、面料选择、结构重设、款式设计中,可以利用现有服装的模块接口为启示将服装进行划分,将服装的整体功能细分为多个子功能,并将经划分的模块和子功能对应,之后进行模块间通用接口的设计以串联各个模块,并建立模块库,进行模块组合设计,最终构成完整的服装产品系列。

▶▶ 四、实践程序

(一)粗棒针针织衫款式图的绘制(使用软件:Illustrator CC)

Illustrator
款式图绘制
技法针织衫

这是一款粗棒针效果的针织衫,有明显的针织绞花等立体纹理(图 2-3-30)。

绘制针织衫款式图时需注意:针织衫通常比较宽松,不贴合人体,所以外轮廓起伏会比较大;针织衫的纹理通常有一个规律,即循环重复,可以使用 Illustrator 里面的工具来实现;针织衫上褶皱和阴影这些细节的表现可以让款式图看起来更加完整。

图 2-3-30 粗棒针针织衫款式图

1. 步骤一:置入模特

新建文件,为了使绘制的服装比例较为准确,先置入一个预先准备好的人体模特。在图层 1 上方新建一个图层 2,然后从图层面板右上角的下拉菜单里把图层 1 设置为模版,这时它会自动锁定图层,并降低透明度。最后,回到图层 2,把标尺打开,拉出一条纵向的参考线,置于人体正中心,作为对称绘图的参考线(图 2-3-31)。

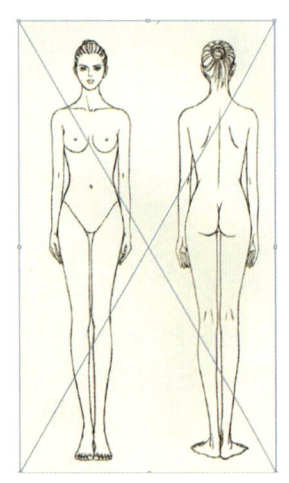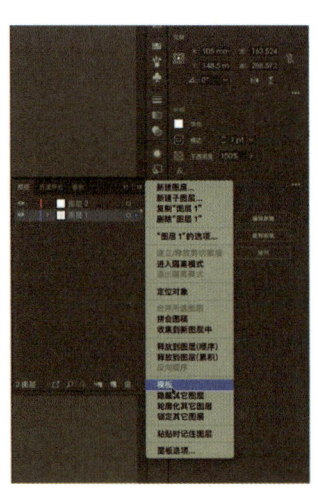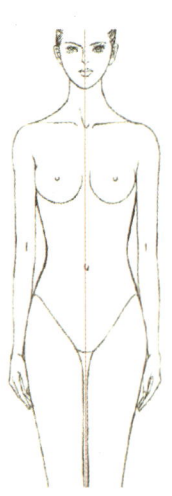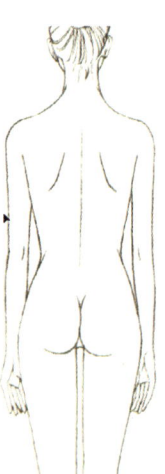

图 2-3-31 置入模特

2. 步骤二:轮廓、结构线绘制

(1)从衣领部开始绘制,使用"钢笔工具",将"填色"改为"无","描边"选用黑色,围绕人体模特绘制。针织衫的肩部是贴合人体的,绘制时基本依照人体肩部的线条。针织衫的袖子比较宽松,绘制时要注意表现服装的宽松感。袖口部位收紧,下摆线条绘制于人体的胯部。在勾完大概轮廓以后，按住"Option"或"Alt"键进行线条的调整，修改锚点和弧线，将其调整到比较合适的位置。这样就完成了这款针织衫的一半外轮廓（图2-3-32）。

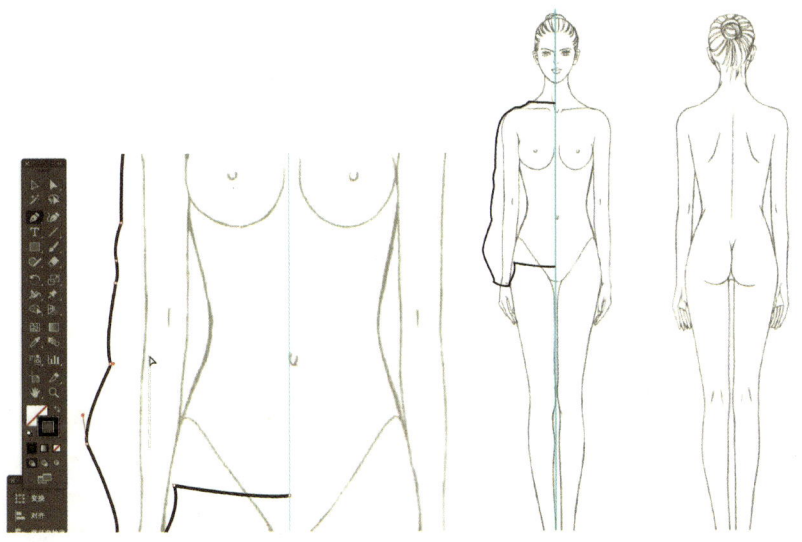

图2-3-32 轮廓、结构线绘制

（2）绘制款式图的内部结构线。先绘制前领口的线条，再用一条弧线表现领口罗纹的部位。这款针织衫是宽松休闲款式，它的肩线要低于正常的位置，有一点落肩的效果。内部结构线要比外轮廓线细一些，为绘制毛衣花纹做准备。选择"钢笔"工具，按住"Shift"键并拉动鼠标，这样可以画出笔直的线条，画几个线条表现粗棒针针织纹理的特点，然后再绘制几条前胸和袖子部位的装饰线。同时，把袖口部位和领子部位的罗纹位置也用线条描绘出来，然后继续丰富一下画面，为下面的花纹制作做好准备。画出框架线条是为了给花纹一个过渡，不至于让花纹和空白的地方太过突兀（图2-3-33）。

3. 步骤三：花纹制作

（1）在空白位置用"钢笔工具"描一个大概的形状，调出"画笔"版面，将这个图案拖到画笔里，这时候跳出来一个"新建画笔"的对话框，选择"散点画笔"。用"钢笔工具"在需要绘制纹理的地方画一条路径，点击"画笔工具"，再点刚刚制作的散点画笔，对它进行一个参数上的调整，修改距离大小，达到想要的效果，可以单击"预览"，边看边改。因为这是一幅粗棒针针织衫的款式图，所以画笔大小可以略大一点，把这个框占满（图2-3-34）。

（2）另一种花纹是麻花扭纹。先选择"钢笔工具"，"填色"为"无"，"描边"为黑色，调整粗细和最后呈现的麻花扭纹粗细一样，然后画出一个和纹路类似的，由多个六边形组成的图案。可

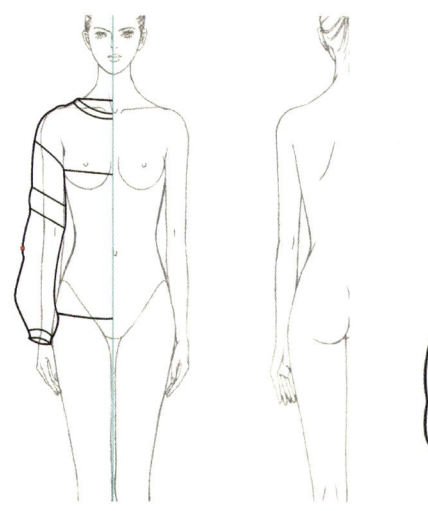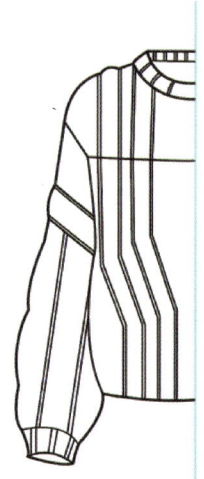

图 2-3-33　绘制内部结构线

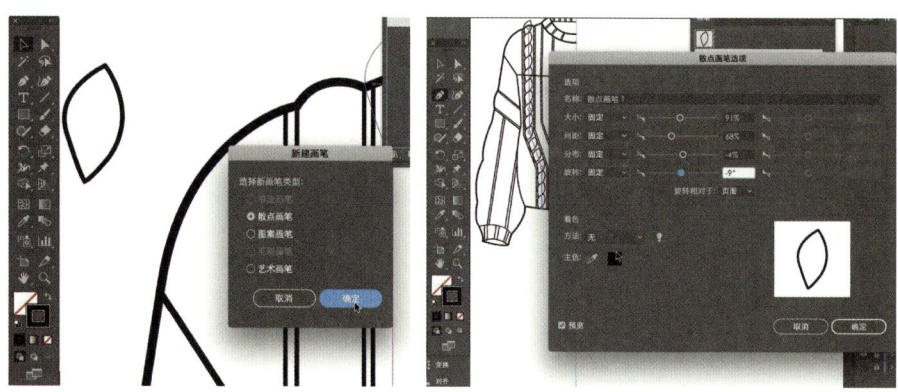

图 2-3-34　花纹制作

以先画一个六边形,然后通过"复制""粘贴"得到多个六边形。锁定这个图层,接着新建一个图层,再次使用"钢笔工具",沿下面的六边形图案进行勾边。可以先把钢笔的颜色换成黄色,明显的颜色便于观察画得是否准确,之后再调整回黑色。

描边的时候,需要注意纹理上下的遮挡关系是有规律的。描边完成以后,按住"Alt"键对线条进行调整,多出的线条可以使用"剪刀工具"进行清除,达到美观的目的。完成以后,删除下面的六边形图层,并且与之前的纹理合并(图 2-3-35)。

4. 步骤四:褶皱、阴影绘制

(1) 使用"钢笔工具",为了与轮廓线和结构线有一个区别,将颜色调成灰色。特别是遇到褶皱比较多的衣服,浅浅的灰色褶皱能让画面看起来更清爽,主要线条更突出。新建一个图层,放在线稿的下面,不让它遮盖住线稿。用"钢笔"画一根弧线,为了表现褶皱的效果需要调整它的参数,在描边版面的最下面,找到"配置文件"  ,选择"宽度配置文件2",这样这条线段就会有笔触的效果。在这种需要画一整条线的情况下,这个线条十分好用,然后调整线条粗细,在有褶皱的地方选择性加一些线条,比如手肘处等(图2-3-36)。

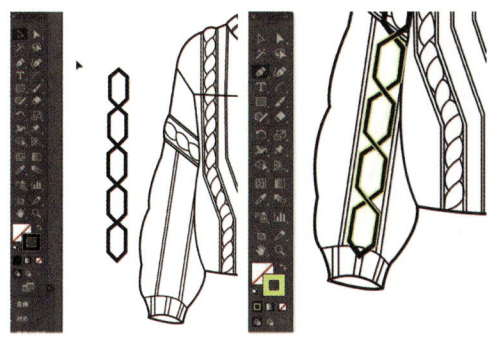

图2-3-35 麻花扭纹

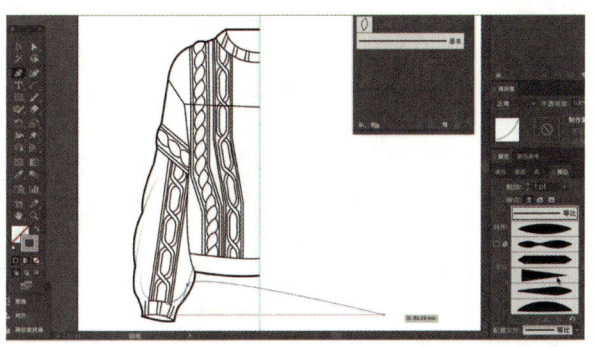

图2-3-36 绘制褶皱、阴影操作一

(2)画好左边这部分之后可以选中画好的部分单击鼠标右键"变换"→"对称"→"复制"→"粘贴",对整个图稿进行复制、粘贴。调整好位置,隐藏参考线,为了使款式图更加立体,可以在袖口、针织纹路的部分添加一些灰面。因为这个款式上半部分的颜色不同,所以分割线以上的部分也要进行灰面的填充。同时,后领部分需要有颜色上的区分来表现层次关系(图2-3-37)。

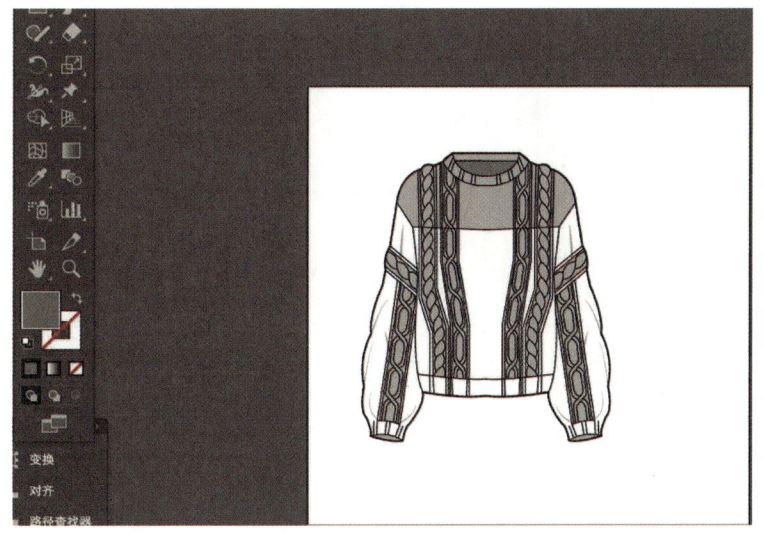

图2-3-37 绘制褶皱、阴影操作二

（3）完成正面款式图以后，按住"Shift"＋"Alt"键全选，对款式图进行复制，删除和正面有所不同的地方，比如前领部分在背面看不到，然后用"钢笔工具"把后领部分补全（图2-3-38）。

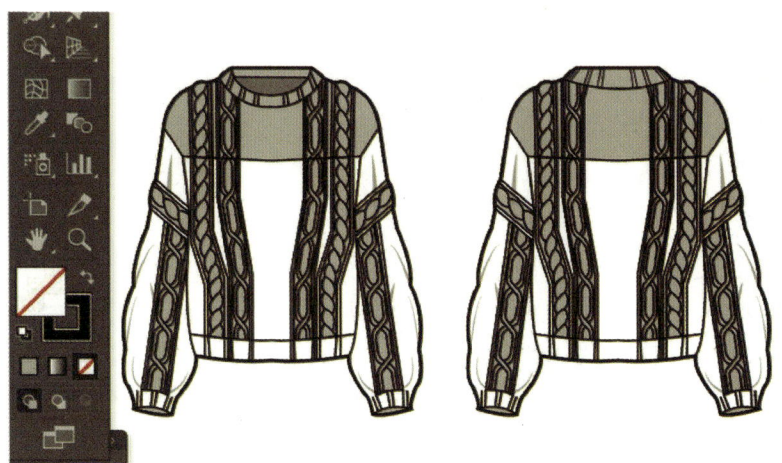

图2-3-38　绘制褶皱、阴影操作三

（4）画完以上内容后，为了使款式图看起来更加整洁统一，打开所有被锁的图层，使用"选择工具"，按住"Shift"键，将线条全部选择调整粗细，再次使用"选择工具"，按住"Shift"键选择外轮廓线，单独调整。一般来说，外轮廓线会比结构线粗。这样就完成了针织衫的款式图绘制（图2-3-39）。

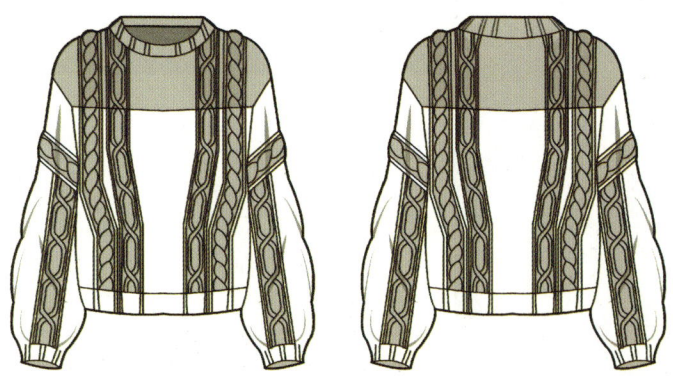

图2-3-39　粗棒针针织衫款式图绘制完成图

5. 确定交付形式

确定设计图稿的交付形式，将设计稿保存为相应的格式并进行最终的交付。

6. 类似款式延伸拓展系列针织服装设计,如图 2-3-40 所示。

图 2-3-40 其他款式设计

(二) 快递员功能服系列设计的款式图绘制(使用软件:Photoshop CC)

1. 设计方法筛选

在服装设计体系中,功能服设计是相对重要的子分类,且更强调服装的功能性。故而,在设计功能服时,要避免采用日常服装的设计方法,多参考借鉴其他功能性产品的设计思路,如参考派生家具常用的标准化设计方法,即模块化设计法设计功能服。同时,设计该类服装的过程中,设计师在采用产品设计时要考虑到标准化接口、独立模块设置以及任意组合方法。

2. 设计流程

(1) 市场调查、流行趋势分析、资料收集

在功能服设计的调研阶段,首先要了解行业概况,选择目标人群,进行实地调研并详细收集分析获取的信息。可以进行问卷调查,旨在获取快递员的详细工作任务、常用动作情况、最易受到来自环境的何种危害等,以及对现有工作服的评价、改进的意见和建议。

① 色彩的选择

快递员功能服的颜色应与复杂的作业场景色有区别,不能影响各种色光信号的判断,在一定程度上可以利用色彩的特性保护人身安全。目前,国内的快递员服装在色彩的选择上,一般从符号学的角度出发,选择本快递公司的文化色,很少从功能性和安全性的角度出发。快递员的工作环境复杂特殊,服装颜色应选择在大气中穿透力强、可视度高的色彩。在黄昏、黎明、雨雪、大雾等情况下,可视度高的颜色在大气中有更好的穿透力,能在较远距离被识别,以充分确保快递员的工作安全。

红色、橙色、黄色等色相的波长相对较长,能使人产生膨胀感和前进感;蓝色、绿色、紫色等色相的波长相对较短,能使人产生收缩感及后退感。此外,高明度色彩、高纯度色彩亦可使人产生前进膨胀感,低明度、低纯度色彩会使人产生后退收缩感。

② 色彩的模块化设计

目前,国内大部分快递公司的服装多是单一的黄色、橙色、蓝色,这类颜色的服装虽然可视度高,但吸收和预防紫外线能力差,在强光照射下会让人感到眼花缭乱,夏季穿着这类颜色的衣服在马路上行驶十分危险。

在色彩上运用模块化设计的思路,即服装并不一定要设计成单一色彩,例如肩膀、后背等部位,受紫外线影响较多,对应的衣片可以采用易吸收紫外线、防晒度好的黑色、藏青色、红色;领口、袖口以及帽子等接触裸露皮肤的部分,应避免使用吸引昆虫的黄色。整件服装的其他闭合性较好的主体躯干衣片可采用在大气中穿透力强、可视度高的黄色、橙色、蓝色或代表公司文化的颜色。

在整体服装色彩的分布上还需充分考虑色彩的收缩感与膨胀感,充分利用色彩特性,选择科学合理的颜色进行模块化设计,更好地提升快递员服装的安全性和功能性,如图 2-3-41 所示。

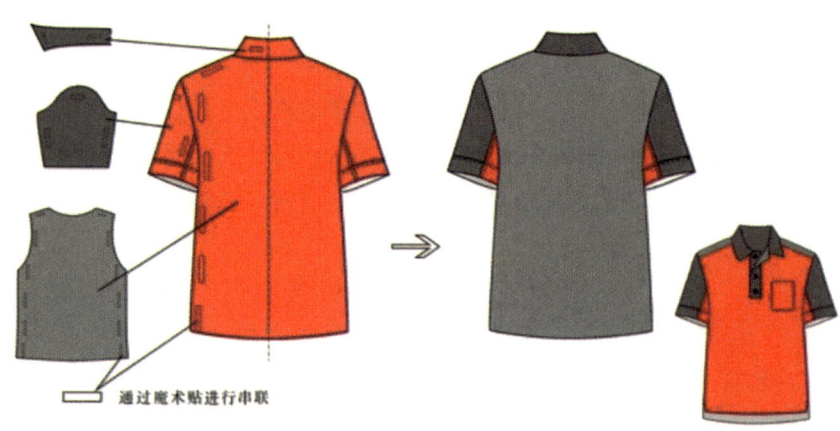

图 2-3-41　色彩的模块化设计

在快递员功能服色彩的选择中,既需要考虑实用性,颜色需耐脏,还需考虑美观性和时尚性。

③ 面料的选择

目前,快递员的服装分为三种:夏装、春秋装、冬装。通常情况下,在春秋装中套上配套的内胆,即为冬装。快递员在工作时,有大量的搬运和骑行动作,因此,在面料的选择上,既要保证舒适性,也要保证安全性。由于快递员工作时间较长,所以要保证夏装舒适、透气、耐洗、耐穿,保证春秋装和冬装保暖、轻便、方便活动以及保护人体安全。

在夏季服装面料的选择上,应选用柔软、舒适、结实,以及耐热性能良好的面料,如棉、麻、棉麻混纺,或具有良好透气性的较细密的平纹组织面料。在春秋季节面料的选择上,应选用具有较好保暖性、较强耐牢性的面料,尽可能选用涤棉织物或者棉织物,面料上可以选择比平纹组织厚实的斜纹组织。冬季服装因是在春秋季服装内塞入填充内里,因此内里为了防风保暖,可采用羽绒和棉等材料。面料还应具备良好的防水性能、防静电性能、阻燃性能。

④ 面料的模块化设计

运用模块化设计的思路,例如,夏季服装腋下等部位需要有良好的透气性,肩部、背部等部位需要有良好的防晒性。改变一件衣服使用同一种面料的思维方式,将服装进行模块划分,需要透气的局部使用如网眼面料等透气性好的面料,需要防晒的部位使用具有防紫外线效果的面料,这样可以提高服装整体的舒适性,如图 2-3-42 所示。膝盖、袖口以及肘部等容易被磨损的地方,也可采用模块化设计。具体部位的面料可替换,还可以降低服装成本,符合可持续发展的理念。

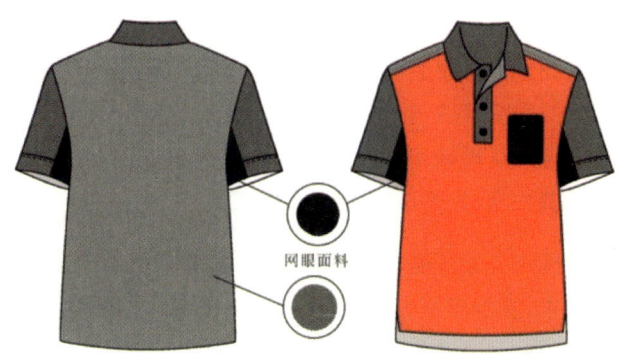

网眼面料

图 2-3-42　面料的模块化设计

⑤ 反光材料

工作服上的反光材料会影响服装的可视性。目前,反光服装材料多种多样,其中最常用的反光材料是反光织带、反光条,多被缝制在服装的醒目之处。

(2) 灵感来源

本系列快递员功能服的设计主题为"模块",目的是解决快递员工作服色彩、款式、面料不合理,时尚性差、功能性弱等问题。运用模块化设计可以提升服装的功能性和时尚性,打破夏季工作服设计过于简单,导致携带能力差等问题;实现工作服轻量化,解决冬季工作服不便于活动的问题。快递员功能服的灵感来源如图 2-3-43 所示。

图 2-3-43 灵感来源(江南大学 白玮)

3. 功能服模块化设计与模块划分

快递员服装模块化设计是指利用现有快递员服装的模块接口为启示,将快递员功能服进行模块细分。立足整体,全面分析快递员服装需具备的功能,将整体功能细分为多个子功能,并将划分的服装模块与子功能对应,再设计能将不同模块相互连接的通用接口,最终建立模块库。快递员可以从模块库中挑选符合自身需求的衣片、部件等进行模块组合设计,最终构成完整的工作服系列产品,如图 2-3-44 所示。

模块的划分基于服装款式造型,首要因素是确定服装廓形,然后针对快递员对服装的各种基本需求,在固定服装基本廓形后,将领部、袖部、腰身、下摆等设定为可变的模块。快递员功能服的模块种类共有两种,分别为固定模块和非固定模块,不同的模块对应不同的控制属性。从衣服使用者的穿戴需求出发,可任意将非固定模块与固定模块进行重新组合,形成可变形的多功能服装产品,如图 2-3-45 所示。

快递员服装应依据设计需求进行功能模块细分,再重新组合功能模块,实现多种需求的充分满足,如实现耐磨区域的可替换;实现服装款式多功能化和可更换;实现色彩可变换;实现防雨、防风部位的可拆卸。

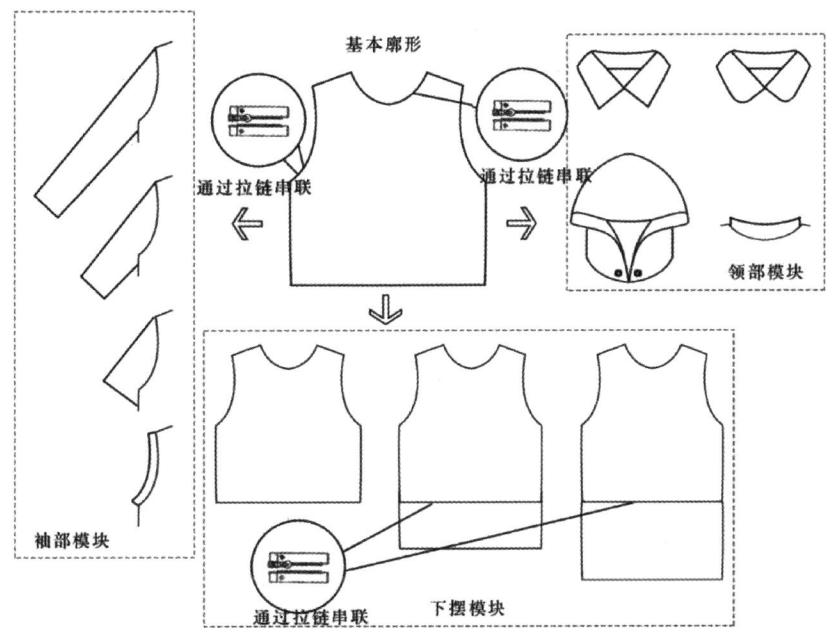

图 2-3-44 模块化设计

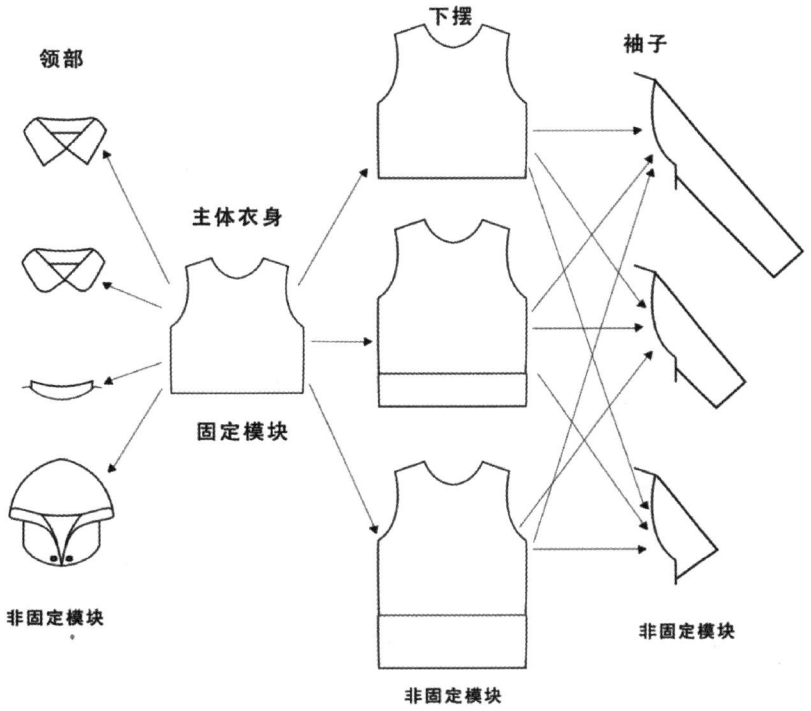

图 2-3-45 模块化划分

4. 设计说明与成衣效果展示

快递员功能服分为模块化设计部分和非模块化设计部分，即服装中划分的非固定模块和固定模块。

(1) 模块化设计部分

袖子：袖子为可拆卸设计，可拆卸为无袖、短袖、长袖等款式，并搭配护臂，衣身与袖身通过拉链连接。袖子的模块化设计可以满足快递员的不同需求，使之能自由搭配并满足他们的实际动作需要。此外，要注意易磨损的袖子肘部，若发现其破损，应立即着手更换，以便延长工作服的使用寿命。

裤腿：快递员功能服的裤腿外侧、膝盖内侧极易被磨损。因此，必须设计独立裤腿模块，并配以通用的拉链接口，以便该部位模块能与裤腰模块、裆部模块相互拼接组合，实现受损裤腿的快速更替，防止快递员因长期穿着破损工作服而受伤，或因裤腿被钩挂而频繁进行整体换新，从而有效解决服装浪费问题。此外，多模块拼接方式便于体型较特殊的快递员挑选符合自身腰部、手部、腿部尺寸的服装模块，形成最合适个人的工作服。

帽子：帽子为可拆卸设计，可拆卸为无帽、有帽、变形脖套的款式，并与领部通过拉链连接。在不同的雨、雪、大风天气下，快递员可自行搭配组合使得服装更方便保护自身。

(2) 非模块化设计部分

领部：领部采用拉链加按扣设计，拉开为翻领，拉上为高领，提高服装的封闭性能。

口袋：调研反馈表明，现有快递工作服的口袋数量少、尺寸小、无法满足快递员的携带要求且容易遗失物品，因此需要扩大原有口袋尺寸，增加口袋深度，增加袋盖。

反光条：在服装的正面、背面和侧面等部位设计反光条，工艺采用缝制和热贴两种方式。

袖口、裤口、下摆：袖口、裤口、下摆采用双层设计，里层为橡皮筋收口，符合三紧原则，可以达到更好的防风、防湿、保暖、防尘效果。

裤腰：采用松紧设计使裤腰更加合体。

5. 快递员功能服系列服装款式设计绘制流程

基于资料分析与实地调研，从功能性、舒适性、时尚性等方面，对快递员的功能服进行模块化创新设计。

(1) 步骤一：线描稿轮廓线绘制

新建文件，选择合适尺寸画布，分别建立"人体模特""线描稿""彩色稿"等图层。为了使绘制服装比例较为准确,先在"人体模特"图层复制一个预先准备好的人体模特,调整至合适大小,并把该图层锁住;选择"线描稿"图层,根据设计款式从衣领部开始绘制,使用"钢笔工具"设置"形状","填充"为"无","描边"为1 pt,"描边选项"为直线,绘制过程选择"直接选择工具",在各锚点上拉出调节杆,调到圆顺的效果,分别完成衣身、门襟、袖子、袖口;裤腰、裤片、裤门襟、裤脚口等主要轮廓线的绘制。

(2)步骤二:结构线绘制

在"线描稿"图层按模块化设计的设想,在轮廓线的基础上使用"钢笔工具"完成模块化设计的结构线绘制,选择"直接选择工具"调整单独的锚点位置和方向,直到款式表达准确、美观为止。

(3)步骤三:细节、整体效果调整

在"线描稿"图层使用"钢笔工具"完成口袋、省道等的绘制。调整各描边线型设置:轮廓"描边"为3 pt,结构线"描边"为2 pt,细节、口袋等"描边"为1 pt,缝迹线"描边"为1 pt、"描边选项"为虚线,完成缝迹线的绘制。最后,将绘制好的上衣与裤子进行组合、移动、排列,完成快递员功能服线描稿的绘制,具体设计细节及说明如图2-3-46所示。

(4)步骤四:"彩色稿"的绘制

将画好的款式黑白"线描稿"图层复制,得到"线描稿副本"图层,将该图层属性改为"正片叠底"模式,在"线描稿"图层用"魔棒工具""油漆桶工具"对快递员服装的不同位置填充合适的颜色,完成快递员服装的填色,最后合并图层,将绘制好的彩色上衣与裤子款式图进行组合、移动、排列,完成快递员功能服系列款式设计的绘制,具体设计细节及说明如下:

① 如图2-3-47所示的夏季系列功能服,主要体现了服装面料的模块化设计。

模块化设计部分:夏季系列功能服采用多种面料拼接设计,在易出汗部位采用网眼面料,增强透气性能。袖子、护臂、护腿、脖套等模块化设计的部位分别采用不同面料,提高服装功能性,并用纽扣及拉链进行串联。左袖上设计一个固定贴袋,可方便携带物品;护臂、护腿有防晒和保护人体的功能;脖套的设计可以遮挡口鼻、阻止灰尘、防晒和保护颈部。可依据个人的需求进行款式长短等方面的组合、拆卸或替换,上装可以组合出4种款式,下装可以组合出2种款式。

非模块化设计部分:功能服整体款式为短袖搭配短裤的设计,衣身固定模块为无袖T恤,裤身固定模块为短裤,适合气温最高的时候穿着。加入横向、竖向反光条,融入安全服设计元素。短裤上有两个固定的口袋,方便携带物品。

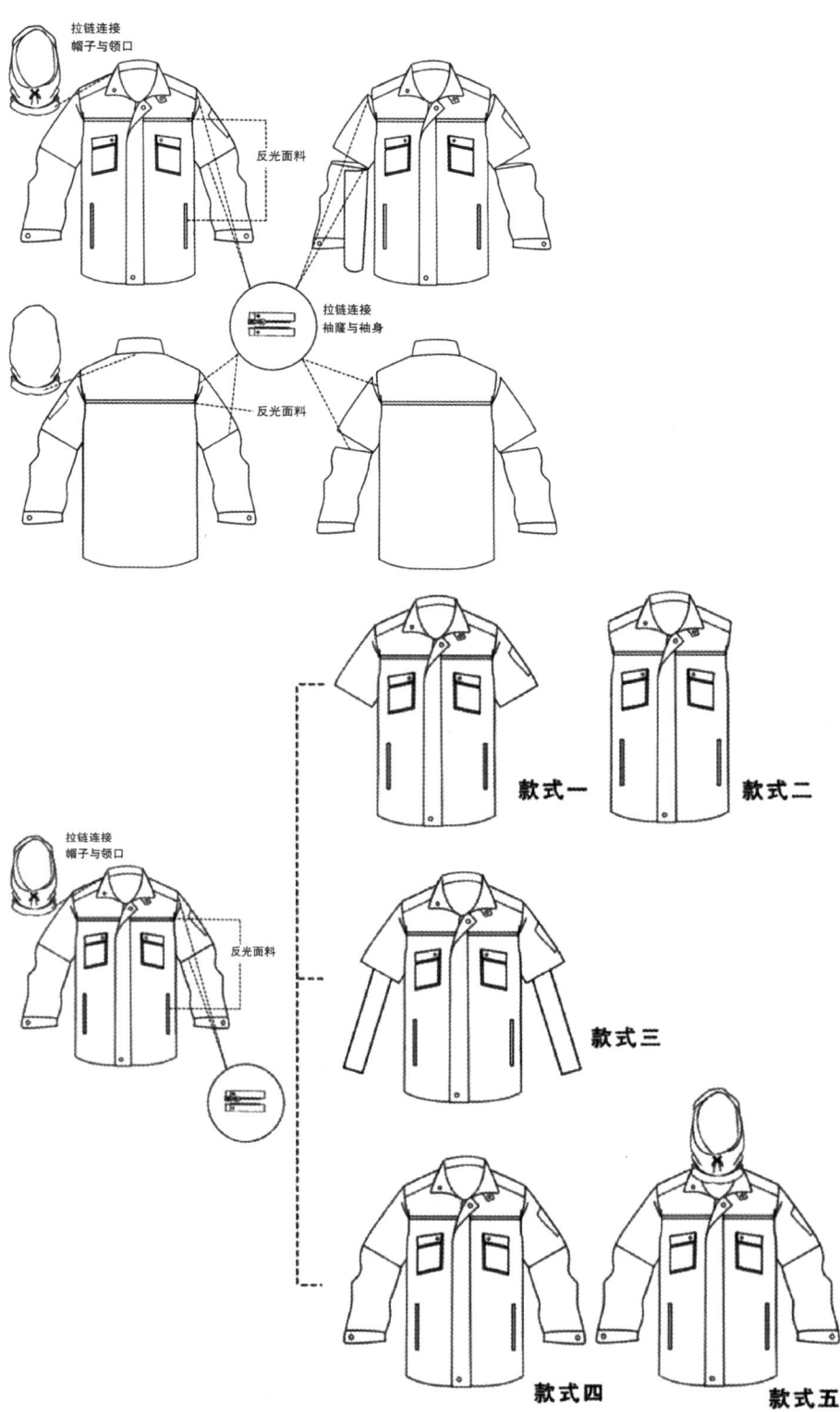

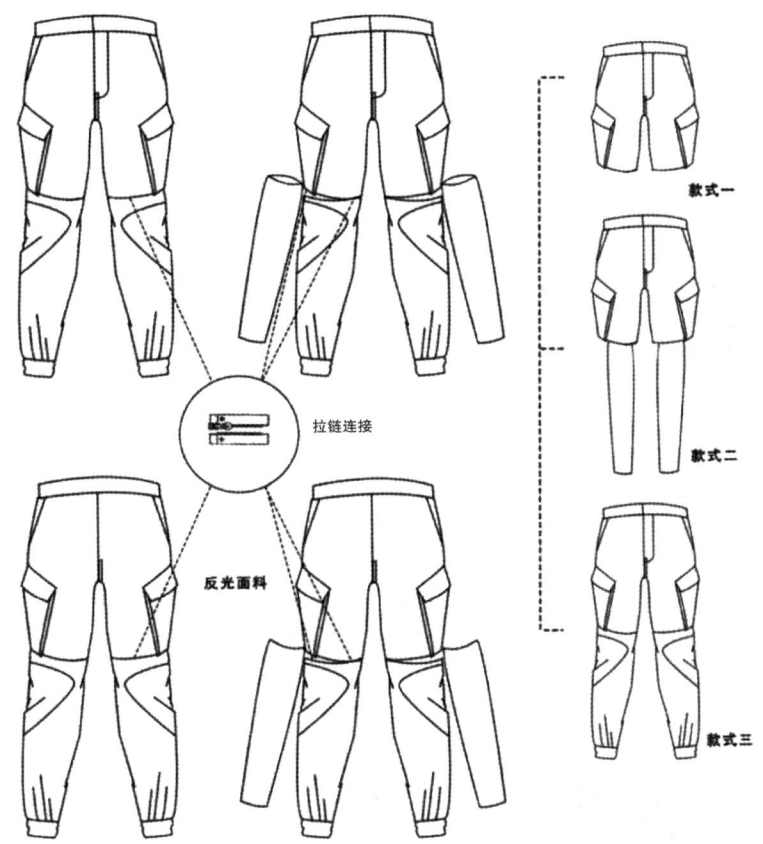

图 2-3-46 黑白线描稿绘制（江南大学 白玮）

② 如图 2-3-48 所示的春秋季系列—功能服：主要体现了服装结构的模块化设计。

模块化设计部分：模块化设计的部分与春秋季节的工作服结构相同。袖子、裤腿、帽子、手套等模块化设计的部位用纽扣或拉链进行串联，可依据个人的需求进行款式长短等方面的组合、拆卸或替换。上装可以组合出 4 种款式，下装可以组合出 3 种款式。

非模块化设计部分：衣身和裤身为固定模块，衣身有 4 个固定的口袋，上装中上部口袋为竖插袋，下部口袋为带盖的斜插袋，可以更好地携带物品，并防止物品掉落。裤装固定模块部分增加 2 个固定的口袋，设计和夏季系列功能服类似。

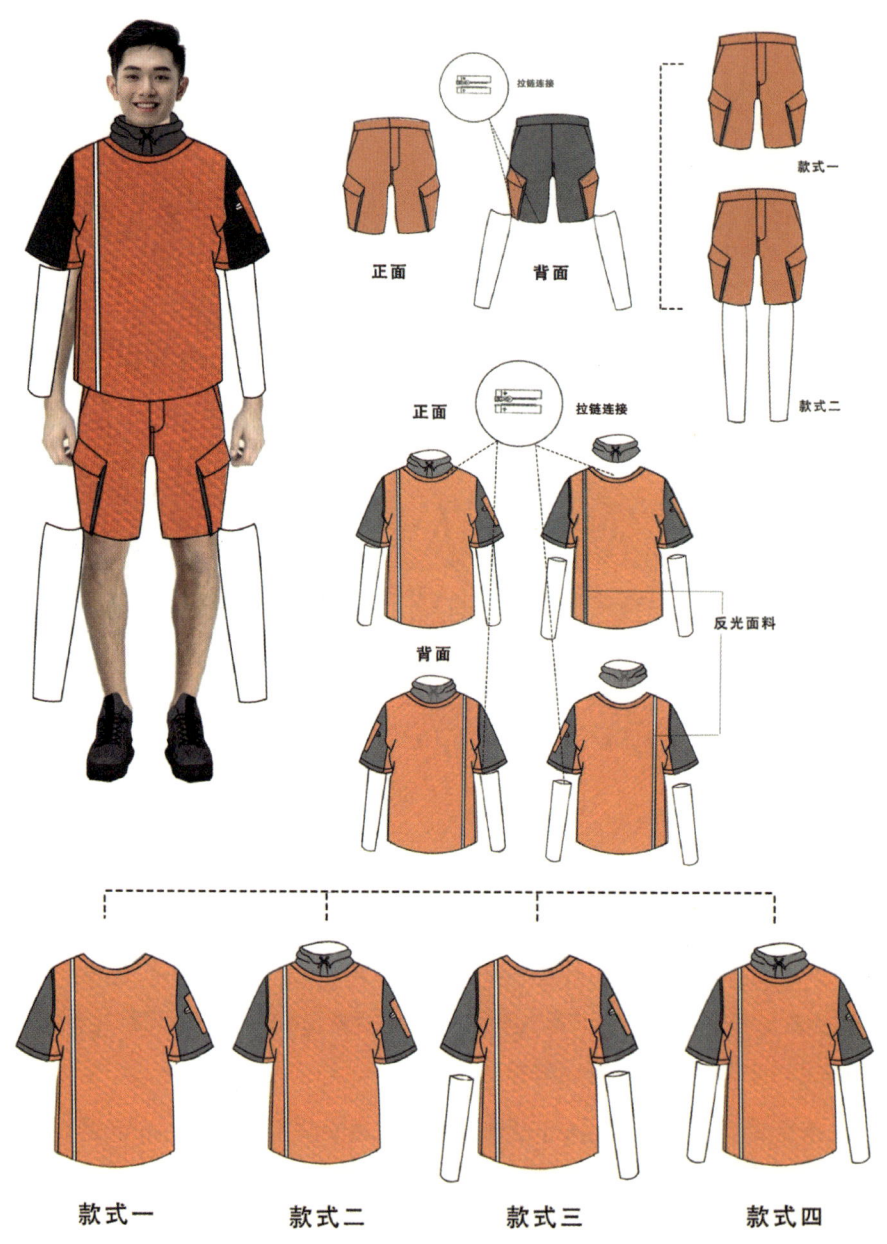

图 2-3-47　夏季系列功能服

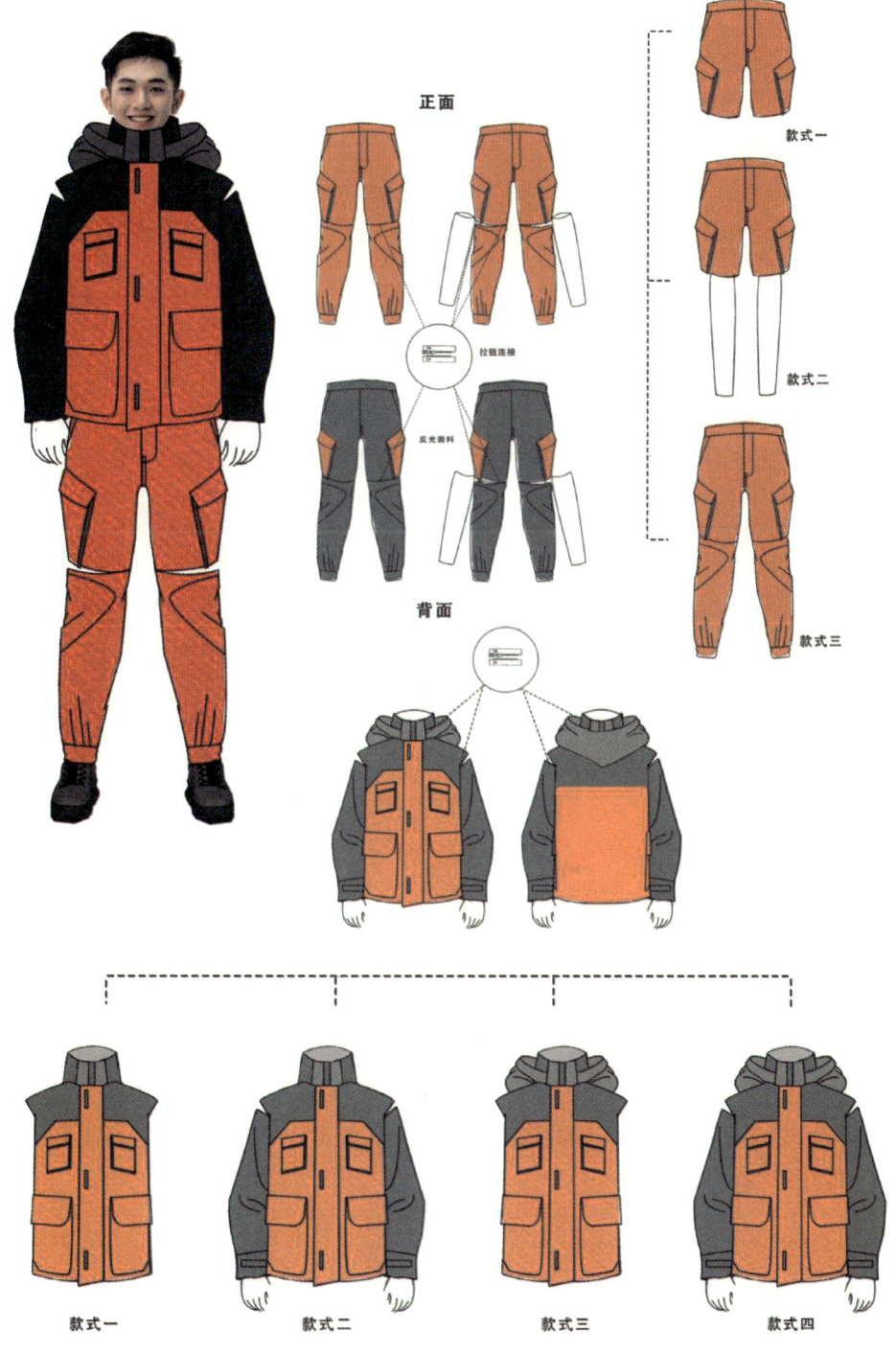

正面

背面

款式一

款式二

款式三

款式一　　款式二　　款式三　　款式四

图 2-3-48　春秋季系列设计一

③ 如图 2-3-49 所示的春秋季系列二功能服，主要体现了服装结构和服装色彩的模块化设计。

模块化设计部分：马甲、袖子、裤腿、帽子等模块化设计的部位用纽扣及拉链进行串联。马甲可依据个人的需求进行长短变化，变化为长款马甲时有 6 个固定口袋，可以方便携带各种物品，彻底解放双手。卫衣左袖有固定口袋设计，可变形成无袖、中袖、长袖以及有帽、无帽等多种款式。裤子可以变成长裤、短裤、短裤加护腿等款式。这款功能服上装可以组合出 11 种不同款式。

非模块化设计部分：功能服款式为卫衣和马甲，领口、袖口、下摆符合"三紧式"设计原则。增加纵向反光条、横向反光条等，丰富服装本身的安全元素。快递员脱去外套，仅着卫衣时，整体亦具备高可视性。卫衣衣身、裤身、短马甲为固定模块。采用卫衣的款式打破传统的快递员服装固定款给人带来的刻板印象，马甲借鉴环卫工和矿工防护服，口袋盖可掀起，可以装下各种工具的同时防止工具掉落。裤装固定模块部分增加 2 个固定的口袋，设计和夏秋季系列功能服类似。

④ 如图 2-3-50 所示的春季系列功能服，主要体现了服装结构和服装配件的模块化设计。

模块化设计部分：袖子、裤腿、可穿式护腰工具包等模块化设计的部位，用纽扣及拉链进行串联。上装与春秋系列二中的上装卫衣款式类似，与可穿式护腰工具包搭配可以组合出 7 种款式，下装可以组合出 2 种款式。

非模块化设计部分：服装款式为卫衣和可穿式护腰工具包，卫衣衣身、裤身为固定模块。卫衣领口、下摆以及袖口须严格遵循"三紧式"原则。增加横向反光条，丰富服装本身的安全元素。关于可穿式护腰工具包，可参考军人常用的可穿式背包，是将双肩式、前背挎式、腰带后部串联于一体的背包，以便分散和平衡重量，提高携带便利性。裤装设计和夏秋季系列功能服类似。

⑤ 如图 2-3-51 所示的冬季系列功能服，主要体现了服装结构和服装面料的模块化设计。

模块化设计部分：袖子、裤腿、帽子、手套等模块化设计的部位，用拉链进行串联，可依据个人的需求进行款式长短等方面的组合、拆卸或替换。冬季对手套的使用和损耗较多，将手套与袖子进行模块的串联，减少丢失的同时方便替换。这款工作服上装可以组合出 4 种不同款式，下装可以组合出 3 种不同款式。

非模块化设计部分：功能服整体款式为夹克外套配长裤的设计，保留现有快递员功能服款式中的固定模块衣身和裤身的设计，增加纵向反光条、横向反光条等，丰富服装本身的安全元素。衣身有 4 个固定的口袋，上装中下部口袋改为较大尺寸的插袋，带口袋盖的插袋可以容纳更多的物品，同时防止物品掉落。裤装款式和春秋季系列功能服类似，可选择加厚的面料。

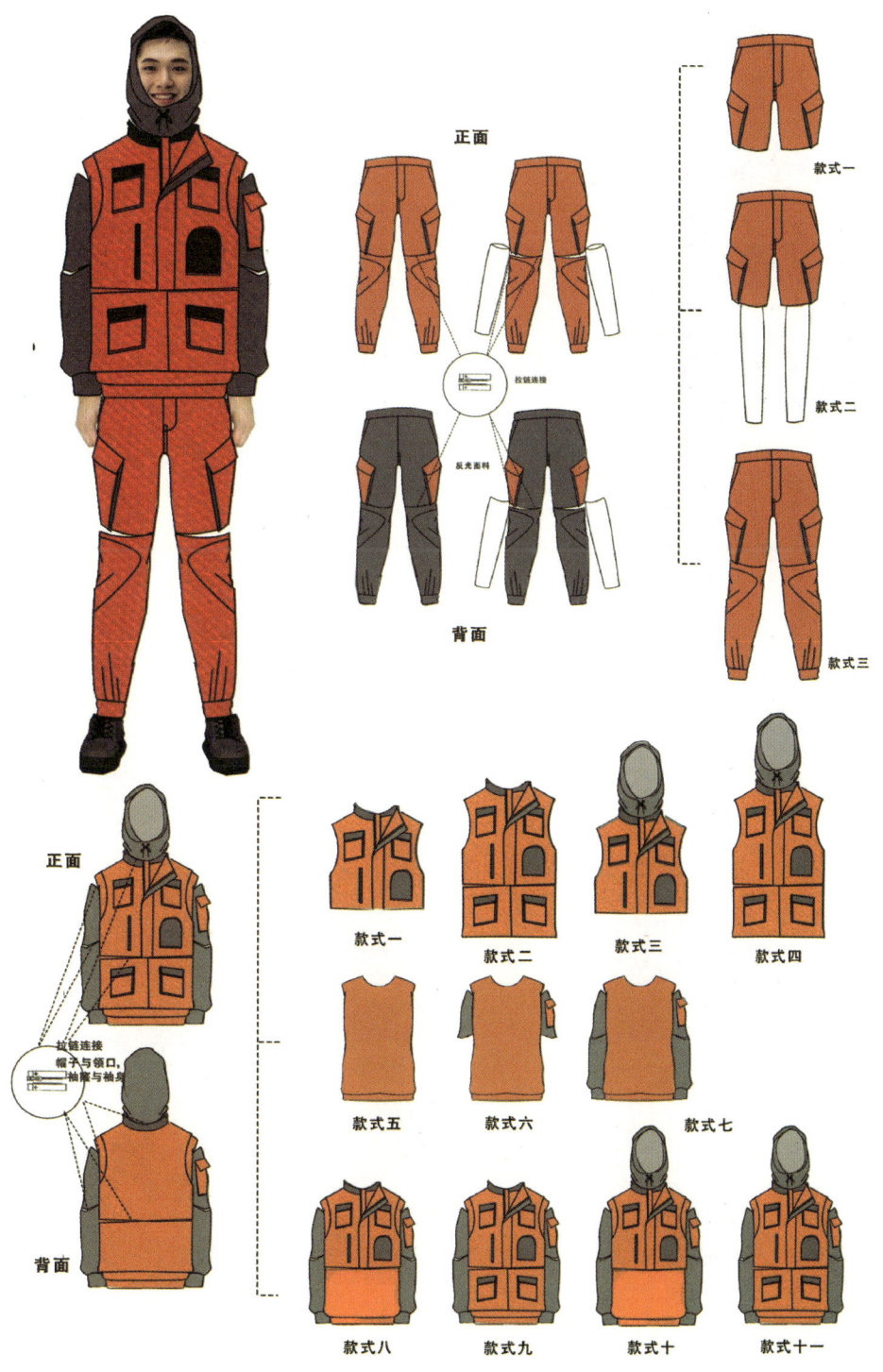

正面

背面

款式一

款式二

款式三

正面

背面

款式一 款式二 款式三 款式四

款式五 款式六 款式七

款式八 款式九 款式十 款式十一

图 2-3-49 春秋季系列设计二

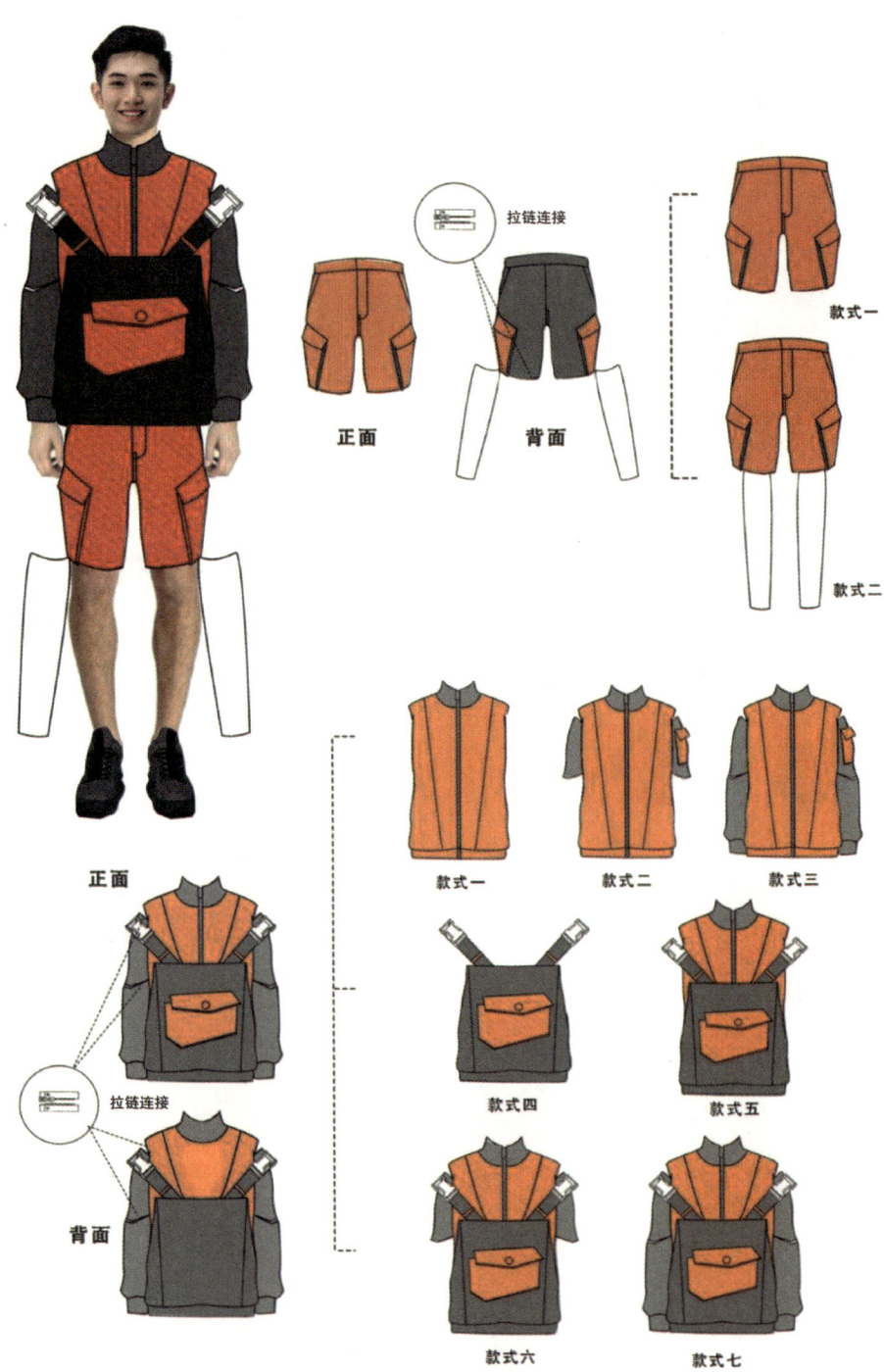

图 2-3-50 春季系列设计

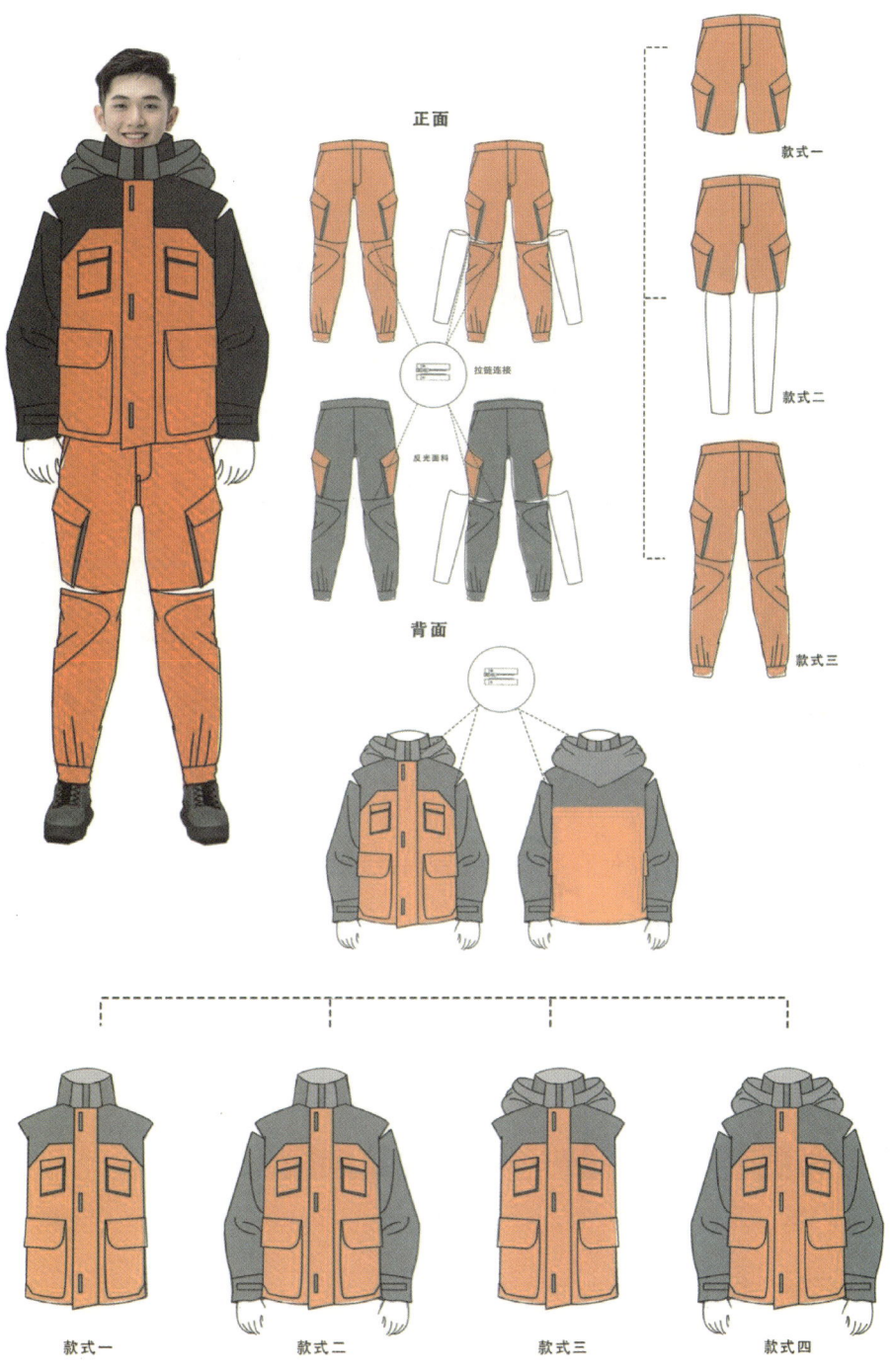

图 2-3-51 冬季系列设计（江南大学 白玮）

(5) 整体效果如图 2-3-52 所示。

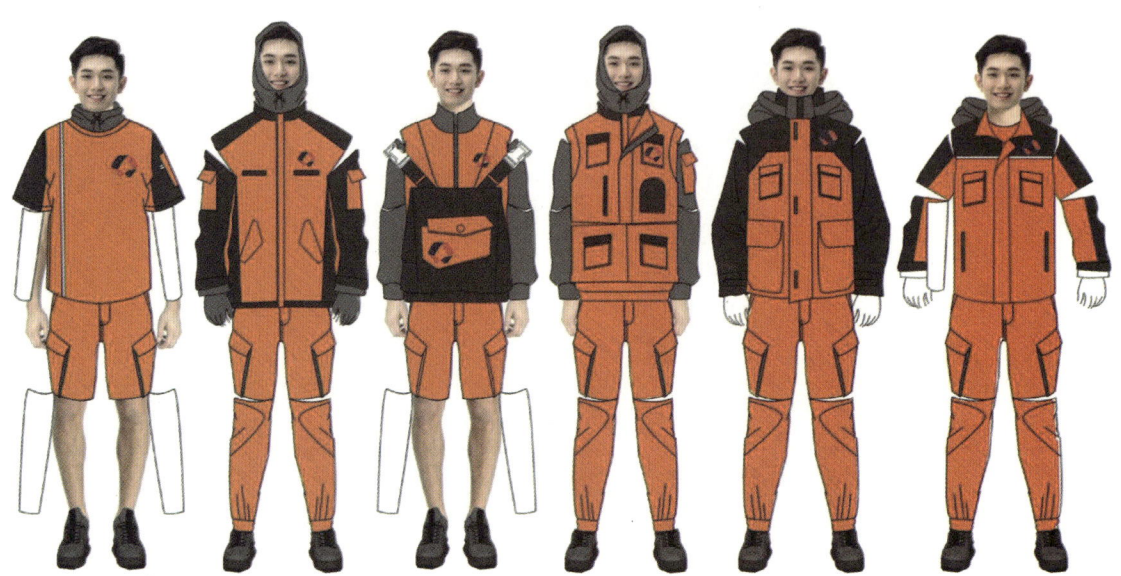

图 2-3-52　整体效果图(江南大学　白玮)

(6) 确定交付形式

确定设计图稿的交付形式,将设计稿保存为相应的格式并进行最终的交付。

▶▶ 五、参考阅读

王宏付:《CorelDRAW 辅助服装设计》,东华大学出版社 2017 年版。

▌ 第四节　训练四——服装效果图设计

▶▶ 一、课程概述

1. 课程内容

在熟练掌握计算机辅助设计软件(如 Photoshop、Illustrator 等)功能、应用技巧的基础上,结合市场调查、服装流行趋势分析、服装面料知识等,完成系列服装效果图的设计与制作。

2. 训练目的

在选题及市场调研过程中,引导学生树立正确的世界观与价值观,培养学生自主品牌创新的意识并树立信心;通过掌握效果图设计流程及多种设计表达技能、设计研究工具,提高学生发现问题、设计研究、设计表达的综合设计能力;提高学生灵活运用专业基础知识的创新设计和团队合作的能力;提高学生软件使用的动手能力和实际解决问题的能力;提升设计成果展示、汇报及信息传播能力。

3. 重点和难点

重点:主题的确定,设计灵感来源的表达,计算机辅助设计软件的各种工具、菜单功能的灵活运用。

难点:服装效果图面料质感的表现、服装褶皱的艺术表达。

4. 作业要求

题材自定,要求画面处理色彩丰富、构图层次分明,具有装饰性和时尚感。设计前需要对同类案例进行文献学习、市场调查和分析,在此基础上进行思维导图的要素分析、草图设计、色彩设计、面料设计、细节设计,对定稿后的设计方案进行正式设计表达,要求提交以下设计成果:

(1) A4(29.7×21 cm)设计文本一套,包括思维导图、灵感版面、设计草图、面料设计等,对定稿设计方案的正式设计表达。

(2) 展板一块,尺寸为 A2(42×59.4 cm),内容选择 A4 文本中的精彩部分,按比赛要求排版设计,突出重点。

(3) 电子文档一套,PS(CC 版)软件文件存储格式为 PSD(图层未合并格式,300 DPI);AI(CC 版)软件文件存储格式为 AI。

(4) 电子文档一套(中国大学 MOOC 成绩资料归档,需要学生自行上传),文件存储格式为 JPG。

Photoshop
制作比赛效
果图

本训练个人作业或 2~3 人的小组作业均可,小组作业的完成度应高于个人作业。

▶▶ 二、设计案例

(一)国内服装类比赛获奖设计案例

Photoshop
制作比赛效
果图——排版

国内服装类比赛主要有:"汉帛奖"中国国际青年设计师时装作品大赛、中国真维斯休闲装设计大赛、"乔丹杯"中国运动装备设计大赛、"大朗杯"毛织服装设计大赛等。此类服装大赛备受服装业界、各大院校师生和社会各界服装爱好者的关注,是竞争比较激烈的几大服装设计比赛。

国内大赛的服装设计效果图一般要突出服装的系列感,大赛效果图的人体模特可以找真人人体在上面进行绘图,这样画出来的效果图会更有代入感。设计师也可以画比较有特点的服装效果图,让人过目不忘。

1. "乔丹杯"第十五届中国运动装备设计大赛入围奖作品(图 2-4-1 至图 2-4-12)

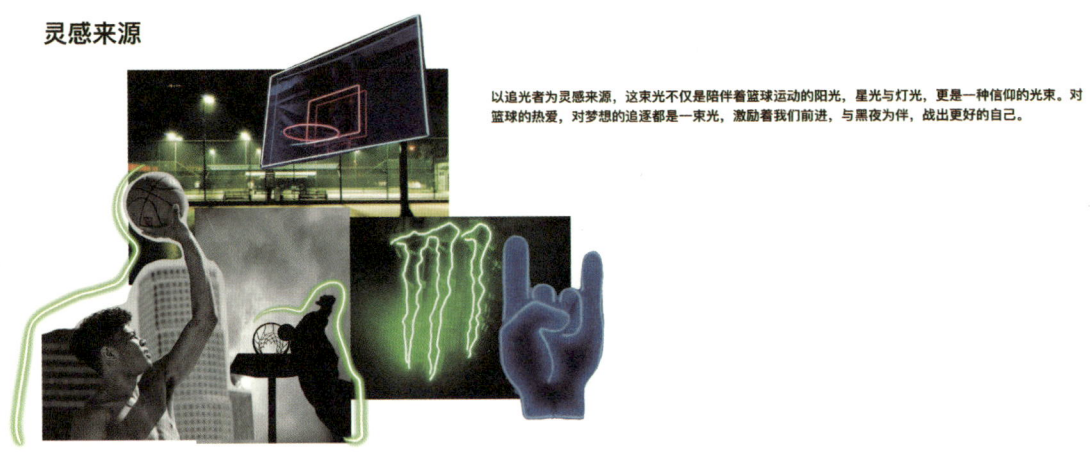

灵感来源

以追光者为灵感来源,这束光不仅是陪伴着篮球运动的阳光、星光与灯光,更是一种信仰的光束。对篮球的热爱,对梦想的追逐都是一束光,激励着我们前进,与黑夜为伴,战出更好的自己。

面料工艺

在面料上选择速干网眼面料与涤纶速干面料,提高透气,吸汗性能。运用高性能半透明面料呈现隐约感,增加防水,防撕裂等性能。搭配多种辅料,提高系列时尚感。

弹力透气网眼面料　涤纶速干面料　反光条　防水拉链

图 2-4-1　"追光者"系列灵感来源

图 2-4-2 "追光者"系列效果图

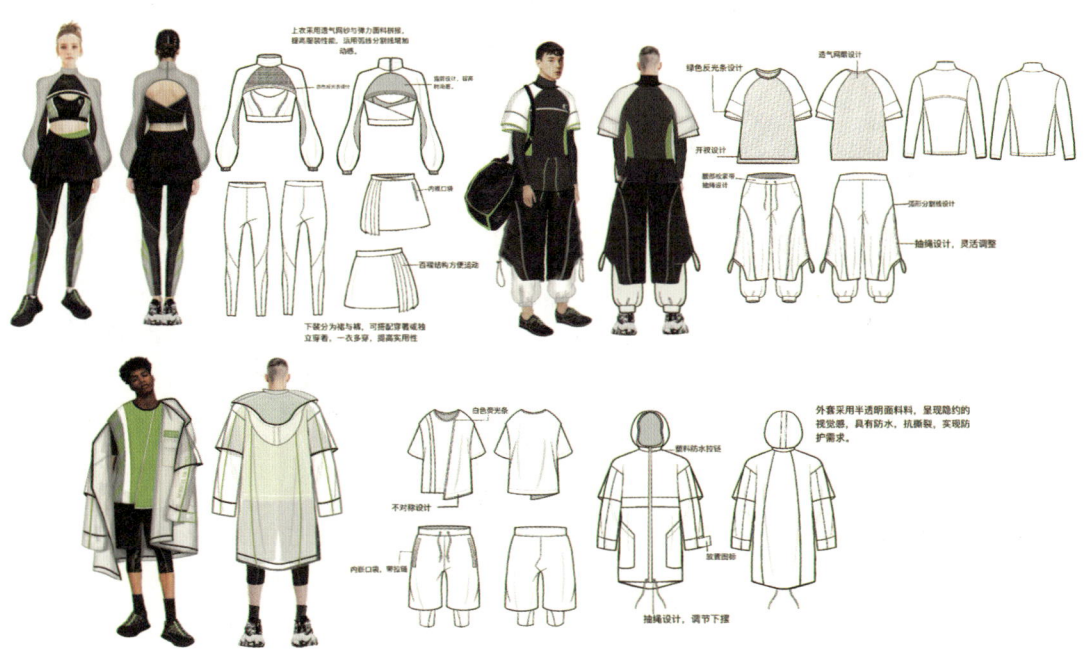

图 2-4-3 "追光者"系列款式图（一）

图 2-4-4　"追光者"系列款式图（二）（江南大学　戴志娟）

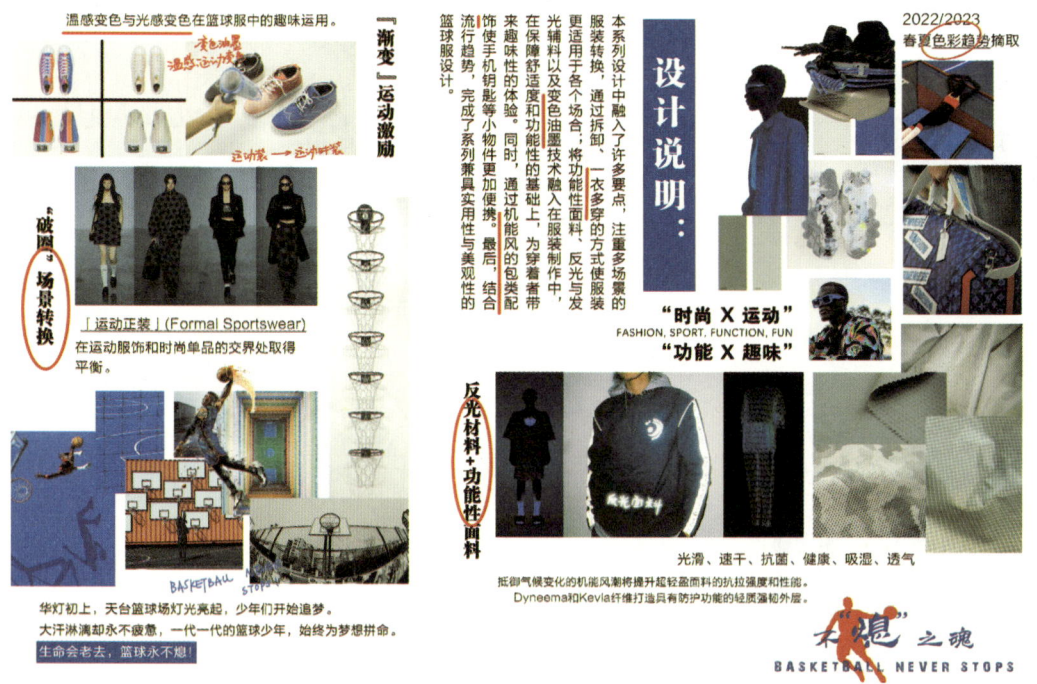

图 2-4-5　"不'熄'之魂"系列灵感来源

图 2-4-6 "不'熄'之魂"系列效果图

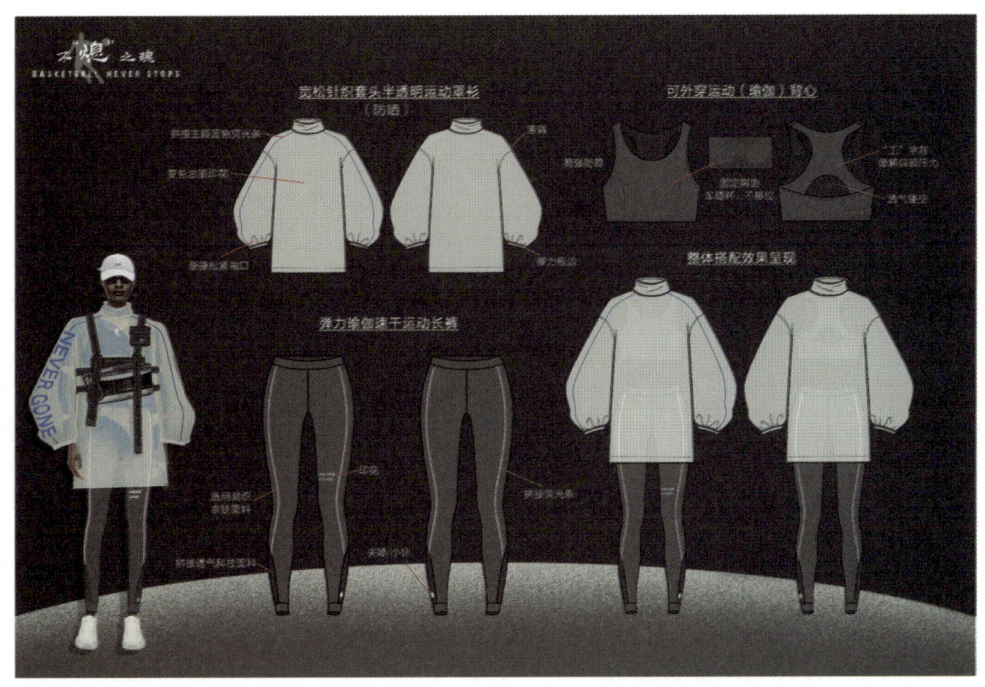

图 2-4-7 "不'熄'之魂"系列款式图(一)

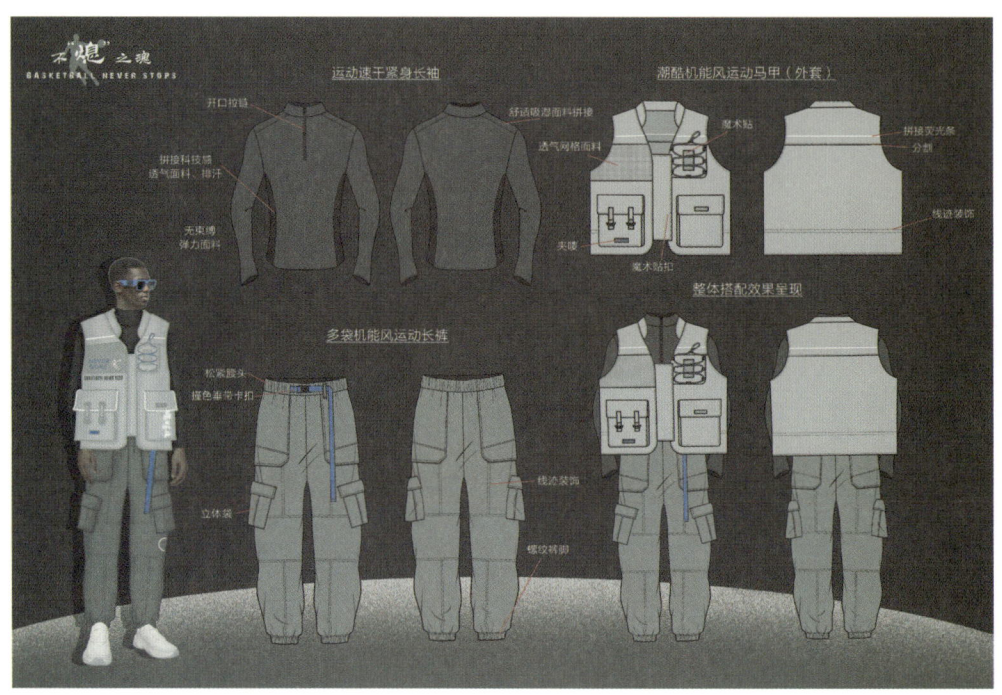

图 2-4-8 "不'熄'之魂"系列款式图（二）

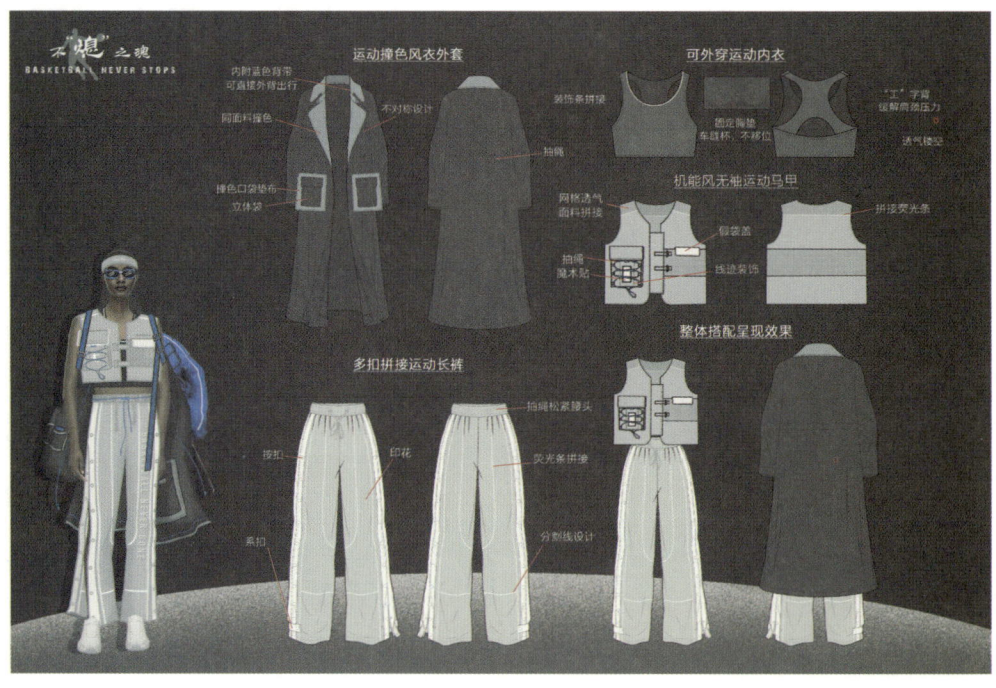

图 2-4-9 "不'熄'之魂"系列款式图（三）

图 2-4-10　"不'熄'之魂"系列款式图(四)

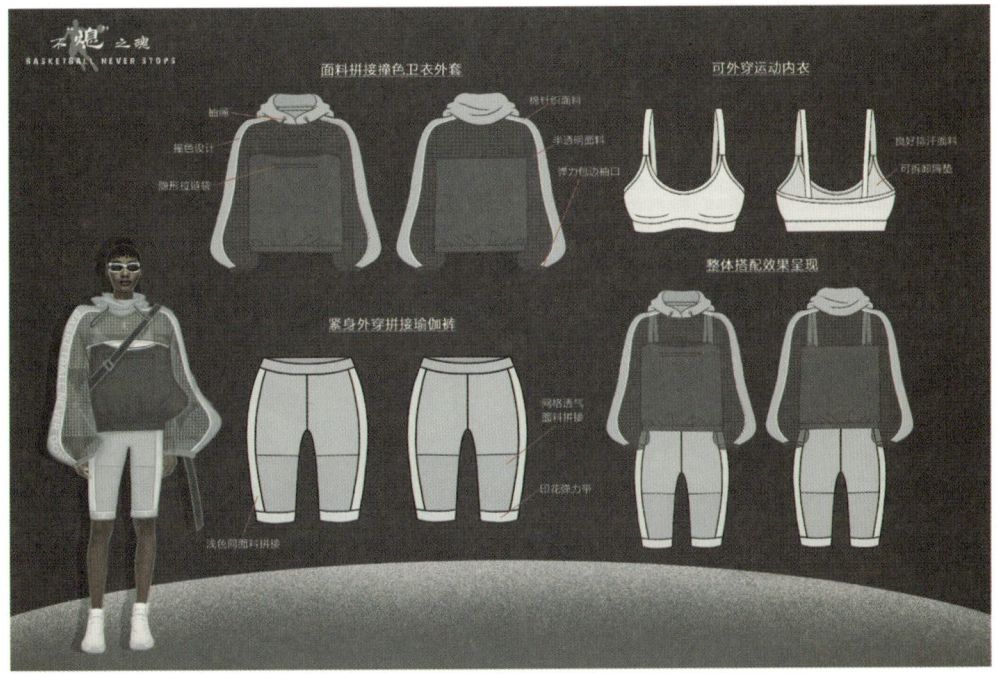

图 2-4-11　"不'熄'之魂"系列款式图(五)

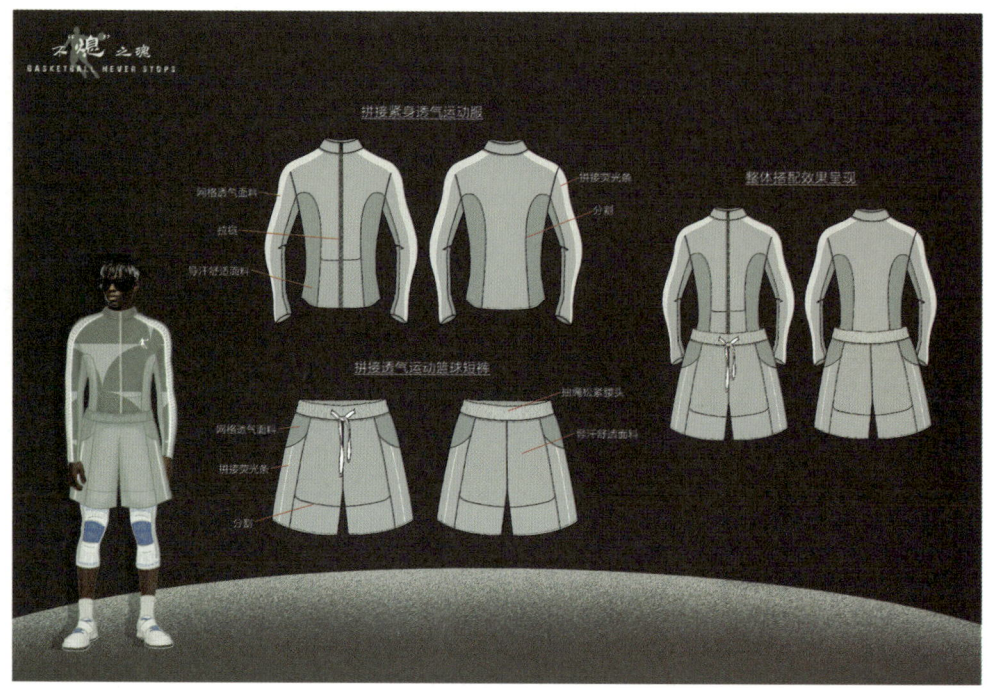

图 2-4-12 "不'熄'之魂"系列款式图（江南大学 许晗）

2. 真维斯杯休闲装设计大赛入围作品（图 2-4-13 至图 2-4-20）

图 2-4-13 "RECYCLING"系列灵感来源

RECYCLING 草稿&设计说明

真维斯杯休闲服装设计大赛
28TH JEANSWEST FASHION AWARD

设计说明：通过对废旧衣服和垃圾材料的筛选以及后处理，设计制作一系列具有解构主义风格的可持续环保休闲男装，多功能可拆卸。简单的是服装整体的块面；不简单的是服装每一个块面上的再造和工艺细节，以及对于废旧材料的复杂运用，还有每一个服装构成中对环保可持续的表达。例如袖窿的可拆卸以及部分块面之间的可调整再搭配都是可持续理念的表达方式之一。黑色和绿色的搭配是将环保和污染相对比，运用了多种再造工艺手法例如手工编织、面料堆砌等增加服装的不简单性。

配色：

图 2-4-14　"RECYCLING"系列设计草稿

RECYCLING 流行趋势

真维斯杯休闲服装设计大赛
28TH JEANSWEST FASHION AWARD

廓形：H型为主

解构款式

多层次叠穿

图 2-4-15　"RECYCLING"系列流行元素

RECYCLING 元素

2019中国真维斯杯休闲装设计大赛
28TH JEANSWEST FASHION AWARD

图 2-4-16 "RECYCLING"系列元素

RECYCLING 配饰版

2019中国真维斯杯休闲装设计大赛
28TH JEANSWEST FASHION AWARD

结合当下的流行趋势，给本次设计搭配了斜挎的小方包以及超大号斜挎背包，带有一定的运动机能感。另外大容量的托特包也是配饰的选择之一。

图 2-4-17 "RECYCLING"系列配饰元素

图 2-4-18 "RECYCLING"系列细节元素

图 2-4-19 "RECYCLING"系列效果图

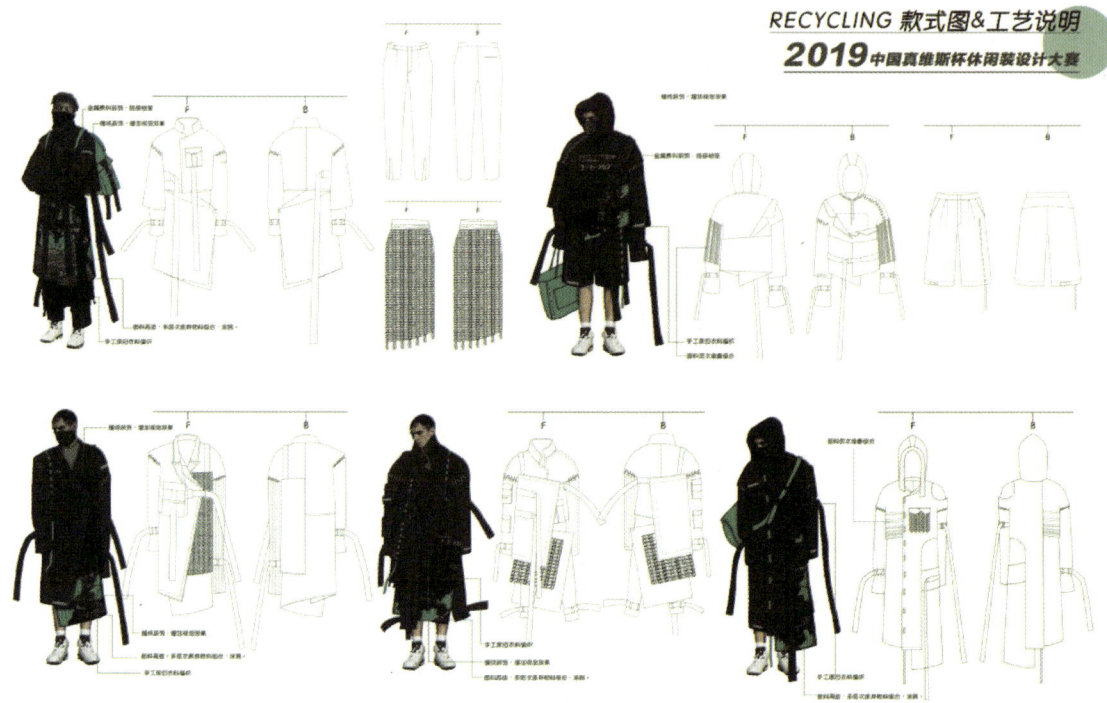

图2-4-20 "RECYCLING"系列作品(江南大学 刘晓)

3. 北京2022年冬奥会和冬残奥会颁奖服装设计应征设计方案(图2-4-21至图2-4-29)

(1) 应征设计方案设计说明

中心思想:京剧作为中国传统文化的精粹,具有深厚的文化底蕴和艺术内涵,而只有将其传承、展现,并让其走向世界,才能更好地延续,如同奥林匹克运动会的共享和可持续发展的理念。

风格定位:体现中国传统文化精髓之美,容易识别、青春活力之目标。

色彩设计:采用冬奥会色彩系统中的主色、间色以及辅助色相搭配,蓝色、银色和瑞雪白三个色系体现了和谐相处的可持续理念,同时也表达了对美好未来的期盼。

款式设计:女款采用京剧服装中的云肩、传统服装中的旗袍元素,凸显女性之美;男款采用云肩、中山装以及西裤的款式,刚强又不缺柔和之感。

纹样设计:采用京剧脸谱中不规则图形设计,利用其纹样,将其打散重新组合,形成新的图案;采用京剧服装中常见的海水江崖纹。

(2) 颁奖服装整体形象设计

凸显女性美的旗袍　　　　汉民族服饰：云肩　　　　丰富多彩的京剧脸谱图案

中山装　　　　中国传统服饰纹样：海水江崖纹

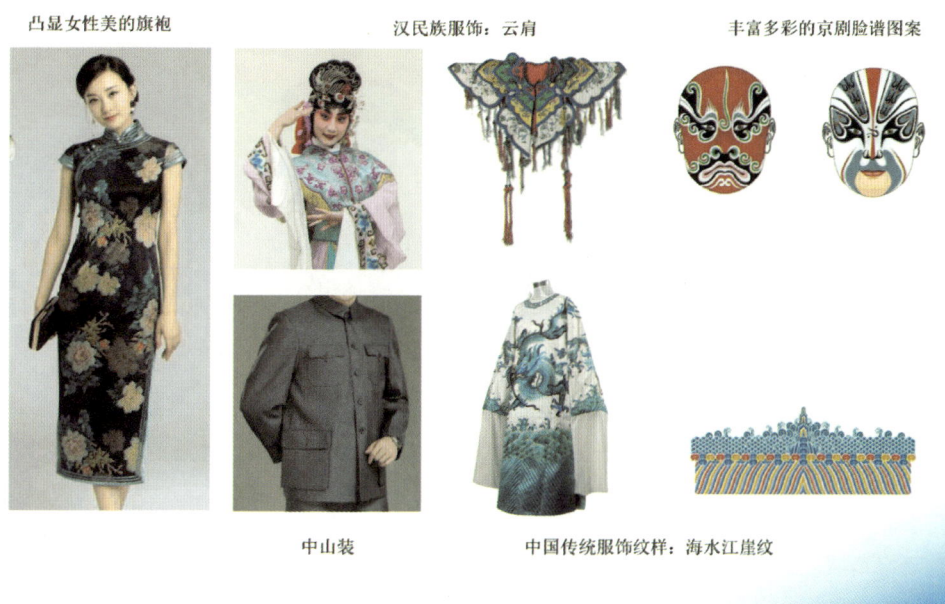

图 2-4-21　颁奖服装设计灵感来源（江南大学　谢嘉、徐小盼、周茜雅）

托盘员男装　　　　托盘员女装　　　　运动员/嘉宾引导员男装　　　　运动员/嘉宾引导员女装

图 2-4-22　颁奖服装整体形象组合正面效果图（一）（江南大学　谢嘉、徐小盼、周茜雅）

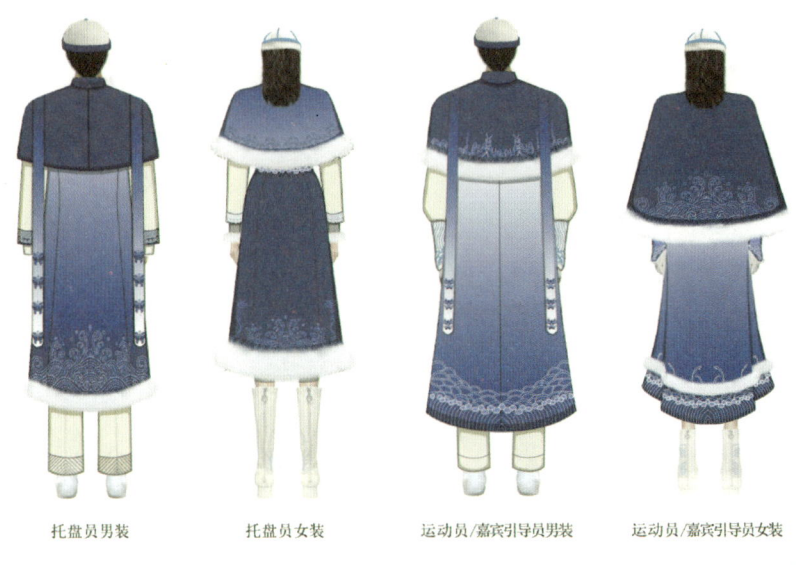

托盘员男装　　托盘员女装　　运动员/嘉宾引导员男装　　运动员/嘉宾引导员女装

图 2-4-23　颁奖服装整体形象组合背面效果图（一）（江南大学　谢嘉、徐小盼、周茜雅）

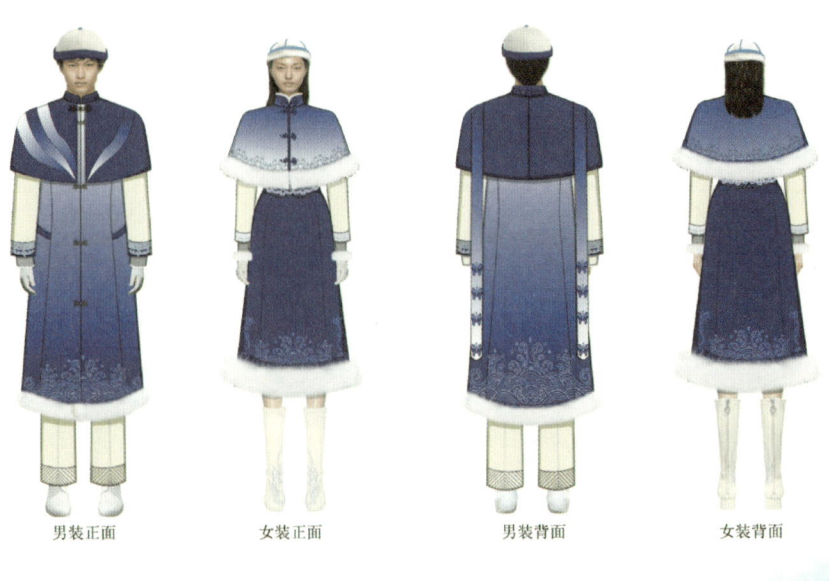

男装正面　　女装正面　　男装背面　　女装背面

图 2-4-24　托盘员服装正、背面效果图（一）（江南大学　谢嘉、徐小盼、周茜雅）

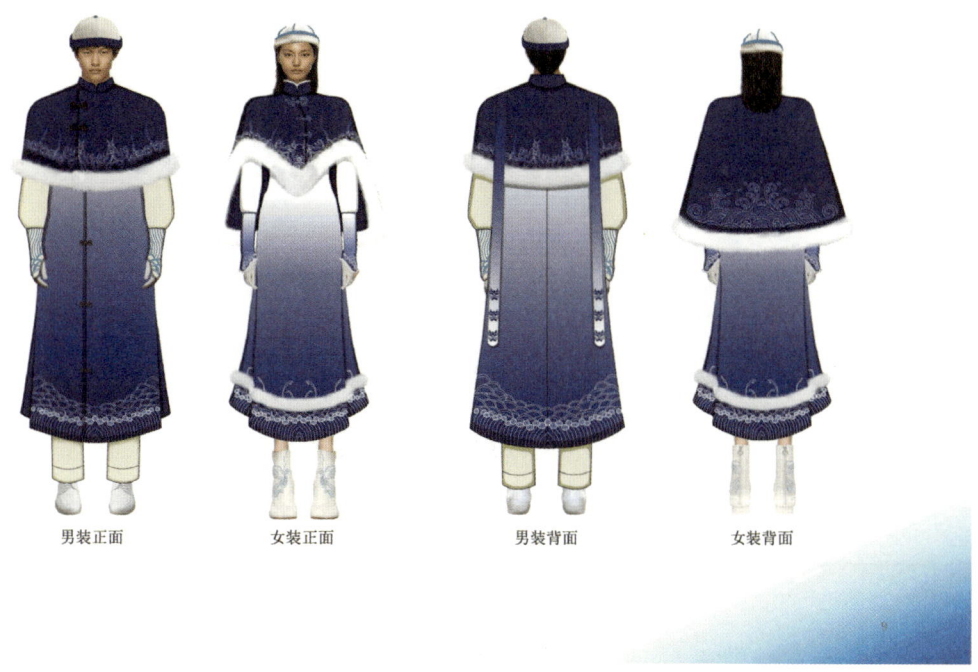

男装正面　　　　女装正面　　　　　　男装背面　　　　女装背面

图 2-4-25　运动员、嘉宾引导员服装正、背面效果图(一)(江南大学　谢嘉、徐小盼、周茜雅)

图 2-4-26　颁奖服装整体形象组合正面效果图(二)(江南大学　许晗)

图 2-4-27 颁奖服装整体形象背面效果图（二）（江南大学 许晗）

图 2-4-28 托盘员服装正、背效果图（二）（江南大学 许晗）

图 2-4-29　运动员、嘉宾引导员服装正、背面效果图(二)(江南大学　许晗)

4. 第二十四届 2021 "真皮标志" 中国国际皮革裘皮时装设计大赛铜奖作品(图 2-4-30 至图 2-4-33)

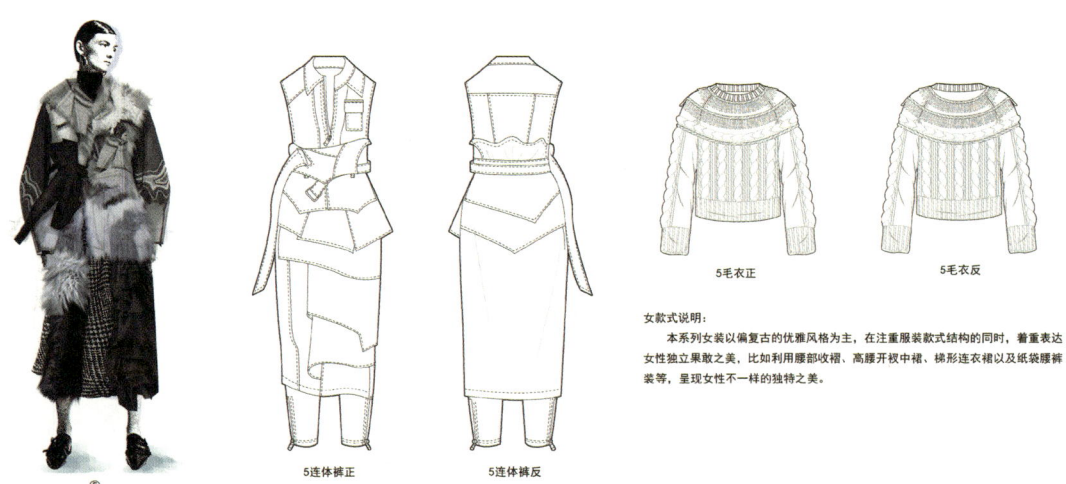

图 2-4-30 "徒·归蓝"系列作品(江南大学 任若安、贾鸿英)

图 2-4-31 "WILD SAVE"系列作品(江南大学 薛柏杉)

图 2-4-32 "无意"系列作品(江南大学 卿源)

图 2-4-33　"No Exit"系列作品（江南大学　蒲璨）

（二）插画类服装效果图案例（图 2-4-34）

图 2-4-34　插画类服装效果图（江南大学　张晨薇、位美琳）

▶▶ 三、知识点

1. 数码服装效果图的内容

服装效果图是指表现人体在特定时间、特殊场所穿着服装效果的图示。服装效果图是设计师展示创意思维和设计理念的重要方法和途径,是衡量服装设计从业人员专业综合素质的核心指标之一。服装效果图通常包括人体着装图、设计构思说明、灵感来源、面料分析、色彩分析、款式分析等。根据其用途的不同,服装效果图分为以实用性为主与以艺术性为主。以实用性为主的服装效果图用于表达服装艺术构思和工艺构思的效果与要求,强调设计新意,注重服装着装的具体形态以及细节描写,便于在制作中准确把握,以保证成衣在艺术和工艺上都能完美地体现设计意图。以艺术性为主的服装效果图强调绘画技巧,突出整体的艺术气氛与视觉效果。

随着手绘板和压力感应笔等硬件性能的提升以及设计软件如 Photoshop 和 Illustrator 等功能的升级,使得手绘板和计算机联用绘制的服装效果图的色彩更加丰富,图案更加精美,效果更具艺术感染力。数码服装效果图要善于灵活利用不同软件、不同工具的特殊表现力,表现变化多样、质感丰富的服装面料和服饰效果,充分体现设计师的设计意图,给人以艺术的感染力。

2. 数码服装效果图绘制要点

(1) 模特造型

服装效果图的绘制首先要确定模特的姿态造型。如果是通过图片获得的人物模特,需要对源图片进行处理,将背景去除干净,比例适当调整,最大限度地满足审美。如果是利用软件直接绘制,则需要设计师具有人物绘画的基本功,技巧上需要注意线条粗细的选择,根据制作的需要选择画笔工具,在随意中突出美感和艺术感。

(2) 服装廓形

服装廓形是指服装的外轮廓和外形线,它是服装款式造型的第一要素。廓形的数量是有限的,而款式的数量是无限的。表达服装权威感、气势感,可在肩部的设计下功夫;表达女性的性感,可从收紧腰部着手;表达休闲感,那就弱化肩部、放松腰部,使轮廓宽松。

(3) 服装色彩和面料的质感

服装效果图需要突出服装的质感,一方面是色彩质感,另一方面是服装面料用材的质感。这种质感在效果图中不是可触的,只能通过绘画的不同手段,表现其特征。

(4) 立体性与美观性

为了营造较强的立体感,利用阴影和高光是设计师的基本功,也就是巧用阴影和留白。另外,背景色的烘托也尤为重要。在一幅完整的服装效果图中,这些细节突显了品质。

四、设计程序

（一）市场调研、流行趋势分析、资料收集

调研发现，当代服装品牌的传播手段变得越来越多样化，服装差异化、多品牌、国际化的发展趋势成为主流，民族文化元素融入当今的流行时尚。设计融合"天然环保"等流行元素，并将其细节化。同色调的配色和元素精致化，既提高了自由设计性，又提高了服装的潮流度、自主性与个性（图2-4-35）。

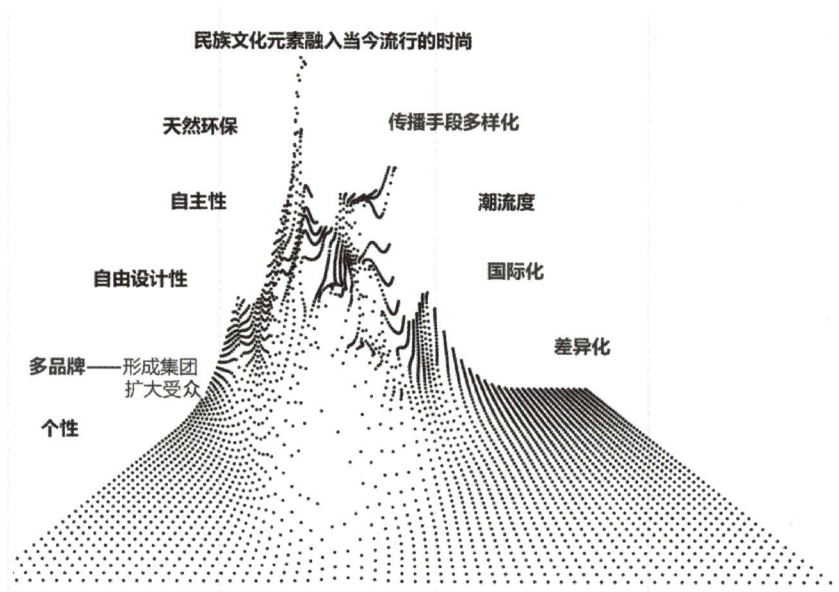

图2-4-35 服装品牌的多样性

1. 面料调研与分析

作为服装三要素之一，面料不仅可以诠释服装的风格和特性，而且直接影响着服装的色彩、款式的表现效果。

（1）面料肌理

服装面料的美感主要体现在材料的肌理上，肌理可以通过触摸产生不同的感受，如粗糙与光滑，软与硬，轻与重等。肌理的视觉效果不仅能丰富面料的形态，而且具有动态的、创造性的表现特点。

（2）面料再造的立体设计

可利用传统手工或平缝机等设备对各种面料进行缝制加工，也可运用物理和化学的手段改

变面料原有的形态,形成立体的或浮雕般的肌理效果。一般采用的方法是堆积、抽褶、层叠、凹凸、褶裥、褶皱等,多数是在服装局部设计中采用这些表现方法,也有用于整块面料的。如何结合其他材料产生对比效果,以达到意想不到的境界,是对设计师创意和实践能力的挑战。

(3)面料再造的增型设计

一般是用单一的或两种以上的材质在现有面料的基础上进行黏合、热压、车缝、补、挂、绣等工艺手段,形成立体的、多层次的设计效果,如各种珠子和亮片、贴花、盘绣、绒绣、刺绣、纳缝、金属铆钉、透叠等多种材料和工艺手段的组合。

(4)面料再造的减型设计

按设计构思对现有的面料进行破坏,如镂空、烧花、烂花、抽丝、剪切、磨纱等,形成错落有致、亦实亦虚的效果。

(5)面料再造的钩编设计

随着编织服装的再度流行,各种各样的钩编技巧日益成为时尚生活的焦点,用钩织或编结等手段,把不同质感的线、绳、皮条、带、装饰花边组合成各种极富创意的作品,形成凸凹、交错、连续、对比的视觉效果。

运用不同的肌理,如花式针织肌理、欧根纱肌理、蕾丝肌理、水洗牛仔肌理,或按照一定的图案用丝线或纱线编结而成的独特面料肌理等,可以形成独特的面料。这些独特的面料成为诸多品牌无法被复制的重要原因,面料调研分析如图2-4-36、图2-4-37所示。

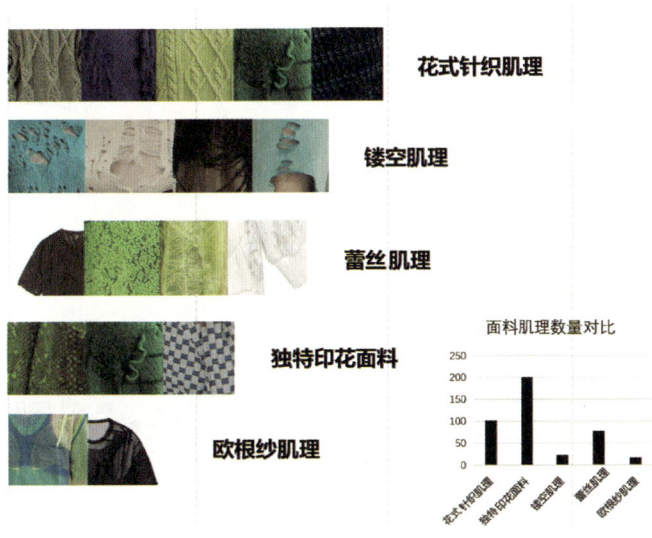

图2-4-36 某品牌某季面料调研分析

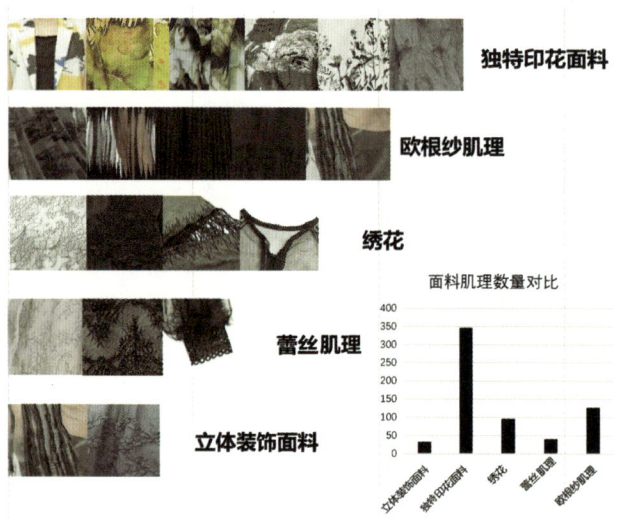

图 2-4-37 某品牌某季面料调研分析

2. 服装色彩调研与分析

虽然服装色彩以色彩学的原理为基础,但是它毕竟不是纯粹的造型艺术作品,服装色彩与美术作品也有明显的区别,服装色彩有其特殊性(图 2-4-38、图 2-4-39)。服装色彩不仅要注意个性,也要照顾共性,即流行性。在使用色彩时,设计师还要考虑色彩的民族性。许多民族有一定的色彩禁忌,设计师应避免使用禁忌的颜色。

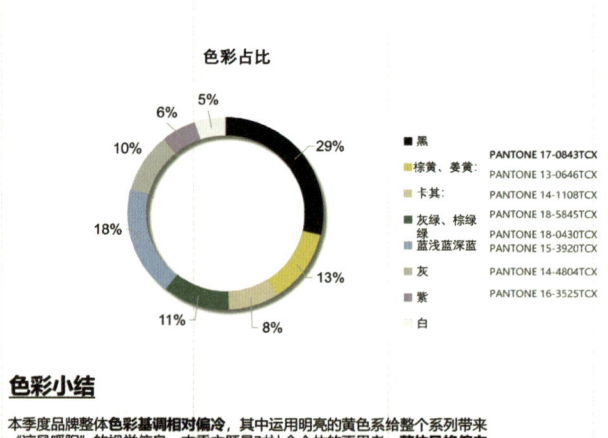

图 2-4-38 某品牌某季色彩调研分析

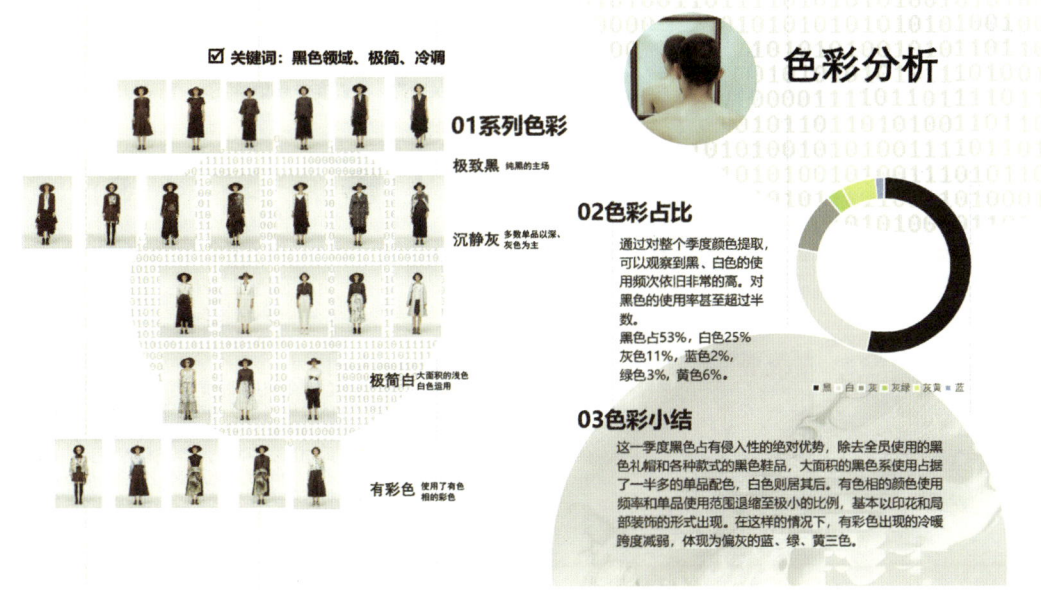

图 2-4-39　某品牌某季色彩调研分析

3. 服装款式调研与分析

款式造型的结构分析是将立体的款式造型图解成平面衣片的过程，包括控制部位的规格确定、细部结构的比例计算、特殊部位的结构分析、内外层结构的搭配关系等（图 2-4-40、图 2-4-41）。

「简洁羊腿袖」
以往我们看见的羊腿袖设计多为夸张华贵风格的造型，此次将羊腿袖简洁化，小羊腿袖的设计从袖顶处蓬起，到袖中收窄至常规袖管，这样不夸张的羊腿袖既有中世纪欧洲风，又兼具现代前卫美感，适合有肩窄、溜肩等问题的女性，同样适合身高较矮的女性。搭配修身、精简的下装，如牛仔裤、A字裙、短裙等，从视觉上转移身材重心，放大美感。

「花式系带袖口」
袖口系带的设计加强服装的层次感，在连衣裙、衬衫、外套上都可以运用。通过不同的系法得到不同的袖口廓型，视觉上拉长手臂，从而将手臂显得修直，适合对自身胳膊线条不满意的女性。袖口系带的款式设计为简约的服装增添了设计细节，提升服装的内涵，看似随性的设计实际上具有一定功能性。细小的束缚感设计表达了一种自我保护、自我治愈的情感。

款式分析

☑ 关键词：极简 实穿 廓型感极强　街头与高级完美结合

「复古灯笼袖」
复古蓬松造型的灯笼袖设计。袖子在袖顶处下垂，袖口处因抽褶而蓬松宽大的设计不会给肩宽女性造成负担，复古、干练的灯笼袖蓬起处在袖子下端，将视觉注意力下移，适合上身丰满的女性，腰部采用收腰设计或搭配腰带，扬长避短且不失高级感。

图 2-4-40　某品牌某季款式调研分析

款式分析

☑ 关键词：极简 实穿 廓型感极强 街头与高级完美结合

「腰部系带设计」
具有一定宽度且与服装面料相同材质的腰带，摒弃搭扣的系带方式，而是完全根据购买者的喜好进行系带方式的设计，真正的让购买者体验设计的乐趣。高腰系带的方式不同于金属扣腰带的硬朗和距离感，随性自我的高腰细带使穿着者从视觉上具有亲和力，给人以舒适感，拉近心灵之间的距离。系带设计使服装在空间上更有立体感和层次感，提高腰线、收紧腰部的同时也方便日常活动。

「腰部抽绳设计」
抽绳设计贴近腰部产生有规律的自然褶皱，无形中给上下身线条增加一定的立体度，从而突出腰部曲线。橡皮绳与尼龙系带勾勒出别具一格的运动风格，抽绳的加入突显束缚特质，搭配不同材质的环扣与绳带的门襟设计，让服装轮廓擦出新的火花。简单款式的风衣和衬衫长裙在搭配抽绳元素后突显女性优雅并带有高级感。适合身材比例不理想的女性，通过视觉上调整比例，达到预想的身材效果。

■ 风衣　　■ 短款外套
■ 衬衫　　■ 连衣裙
■ 烟管裤　■ 阔腿裤
■ 配饰　　■ 鞋类

6%　4%
13%　20%
14%　14%
11%　18%

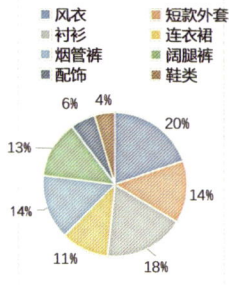

图 2-4-41　某品牌某季款式调研分析

（二）灵感来源

　　服装设计灵感是设计师在设计服装时的构思与启发。服装种类多种多样，设计师在设计中融入了各种不同的元素与风格，而这些元素与风格的源头是服装设计的灵感。服装设计中灵感来源的途径有：历史（民俗）文化、民间艺术、建筑，生活中物的形状、体积、质感，以及大自然的山川、海洋、动物、植物，等等。

　　系列设计的灵感来源说明：随着社交媒体的发展，大家对身材的评判标准越来越严苛，身材焦虑成了这个时代的一种典型特征。设计出既有设计感又穿着舒适的服装，通过合适的服装弥补"身材缺憾"成了人们的迫切需求（图 2-4-42 至图 2-4-45）。

（三）方案提取草图

1. 线描稿

　　设计草图线描稿就是简单勾勒，采用简洁的几种色彩粗略记录色彩构思。有时采用单线勾勒并结合文字说明的方法，记录设计师的设计构思和灵感。人物选择往往省略或相当简单，或者重在某种动势以表现时装的动态预视效果（图 2-4-46 至图 2-4-53）。

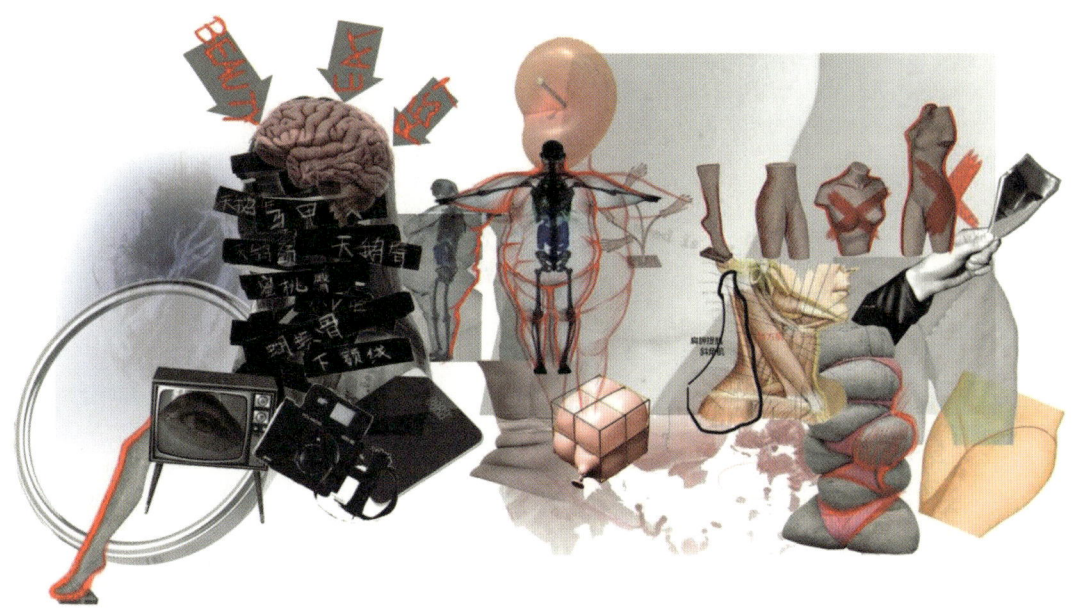

图 2-4-42 灵感来源概念图

图 2-4-43 服装廓型概念图

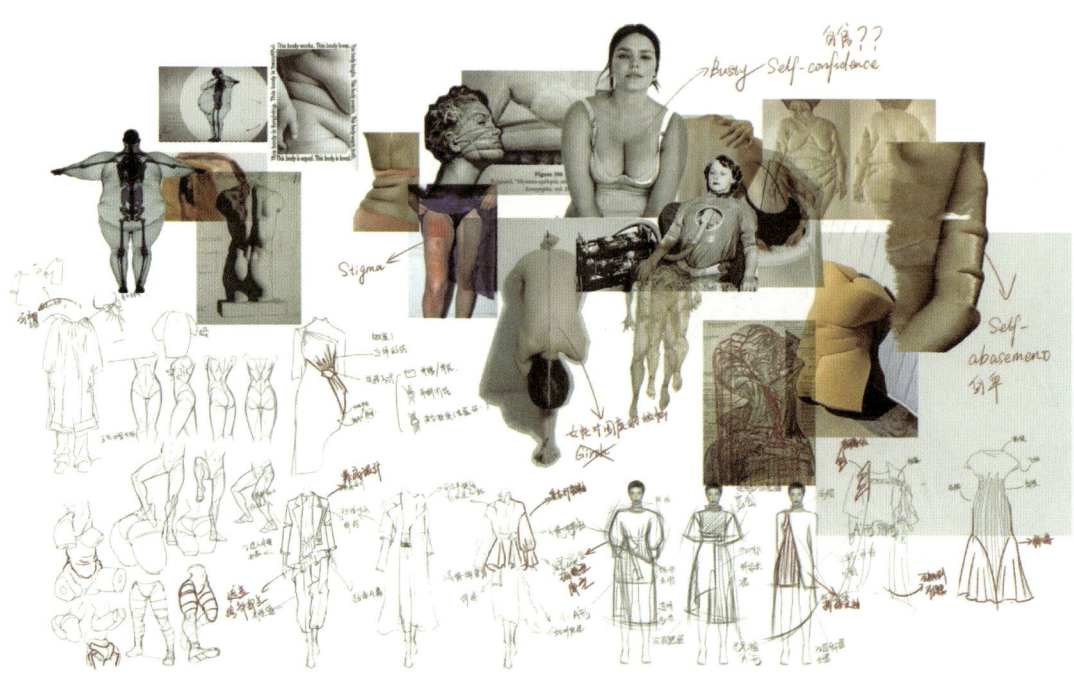

图 2-4-44 细节设计概念图（江南大学 郎晨汐、周萌、王思睿）

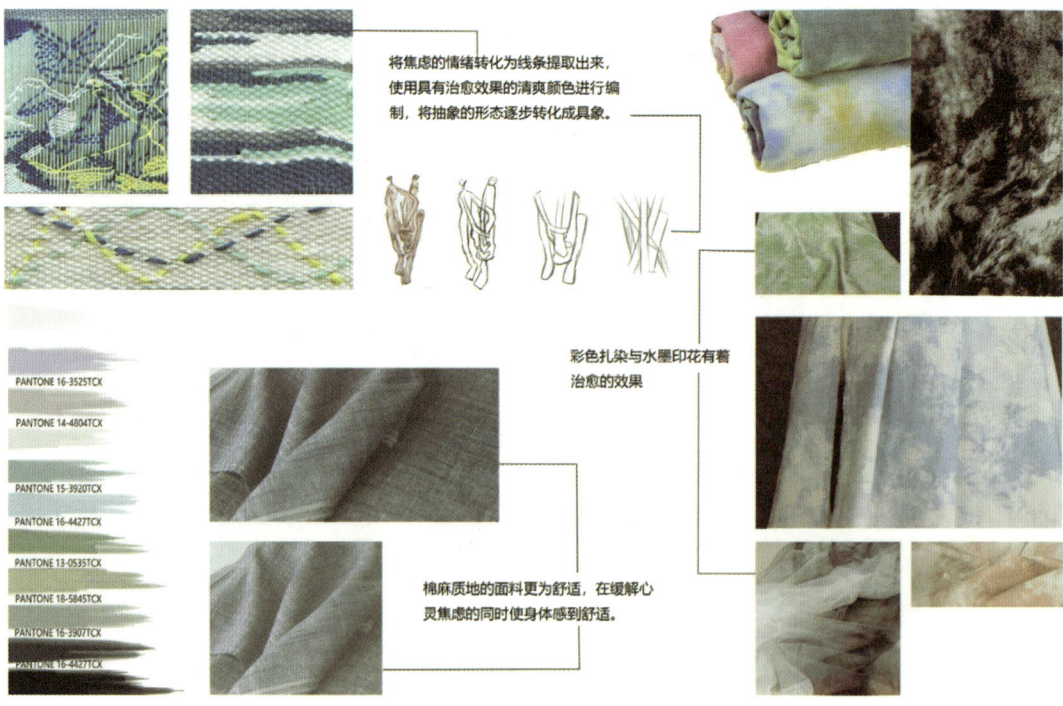

图 2-4-45 面料设计概念图

图 2-4-46　设计草图一（江南大学　郎晨汐、周萌、王思睿）

图 2-4-47　设计草图二（江南大学　郎晨汐、周萌、王思睿）

图 2-4-48　设计草图三（江南大学　郎晨汐、周萌、王思睿）

图 2-4-49 设计草图四（江南大学 郎晨汐、周萌、王思睿）

图 2-4-50 设计草图五（江南大学 郎晨汐、周萌、王思睿）

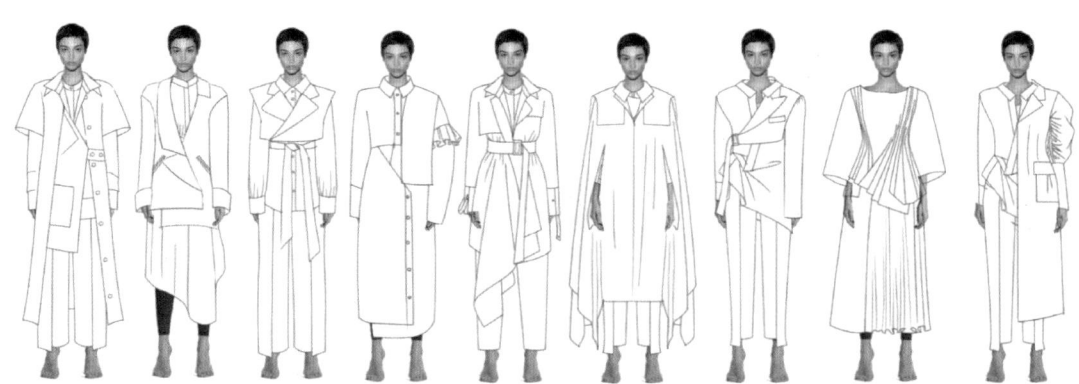

图 2-4-51 设计草图六（江南大学 郎晨汐、周萌、王思睿）

图 2-4-52 设计草图七(江南大学 郎晨汐、周萌、王思睿)

图 2-4-53 设计草图八(江南大学 郎晨汐、周萌、王思睿)

2. 彩色稿(图 2-4-54)

图 2-4-54 彩色稿(江南大学 郎晨汐、周萌、王思睿)

五、实践程序

（一）女性服装效果图设计（使用软件：Adobe Photoshop CC）

1. 步骤一：线稿绘制

（1）新建文件并设定适合的尺寸，创建 6 个新图层，分别命名为"底色""人体模特""草图""线稿""头手脚""超短白线条"。执行菜单栏中的"文件"→"置入嵌入对象"命令，将人体模特置入 PS 文件中，降低人体图层的不透明度至 50%。新建图层并命名为"草图"，使用"画笔工具"绘制出服装的草图，"画笔"大小设为 4 pt。隐藏"人体模特"图层，单击图层面板中的"创建新图层"图标，或使用快捷键"Ctrl+Shift+N"分别新建"压感粗线""内部线""描边细线"图层，按住"Shift"键的同时选中三个图层，单击图层面板中的"创建新组"图标，或使用快捷键"Ctrl+G"创建图层组并命名为"线稿"，如图 2-4-55 所示。

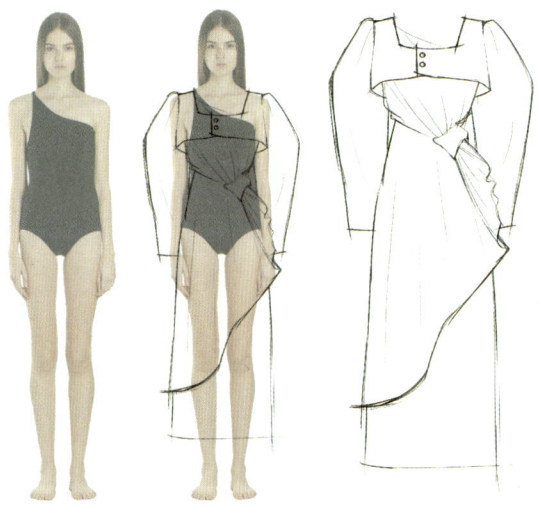

图 2-4-55　置入"人体模特"画草图

（2）降低"草图"图层的透明度至 50%，使用"钢笔工具"或快捷键"P"，进行描边、细化，单击鼠标右键，在弹出对话框中选择"描边路径"。"描边细线"图层设置"描边画笔"大小为 4 pt；"内部线"图层设置"描边画笔"大小为 4 pt 并勾选"模拟压力"；"压感粗线"图层设置"描边画笔"大小为 9 pt 并勾选"模拟压力"。隐藏"草图"图层，继续使用"钢笔工具"创建形状，在控制栏设置"形状"、填充为"无"、描边为"黑色"、大小为"4 pt"、描边为"虚线"，绘制服装的缝纫线迹，如图 2-4-56 所示。

2. 步骤二：服装上色及面料素材填充

（1）置入头、手、脚素材到 PS 文件中的"头手脚"图层，再调整到合适的位置及大小。在"头

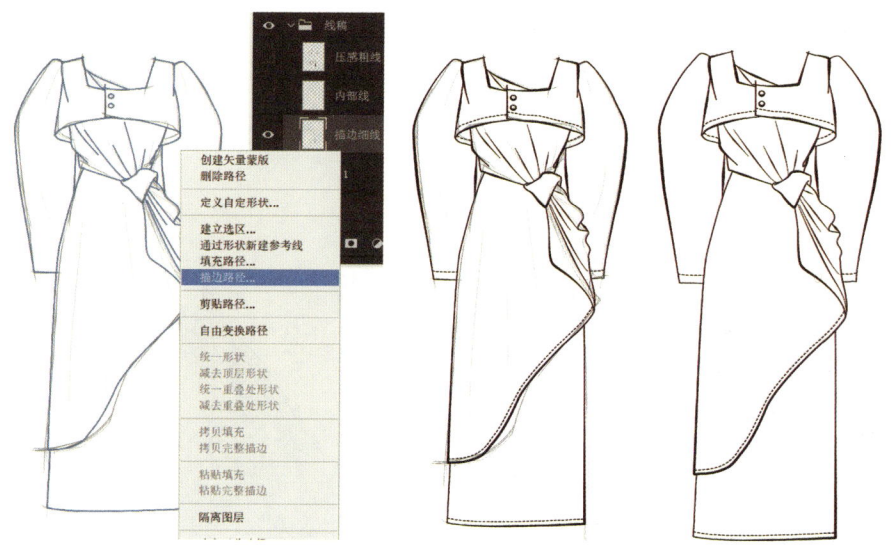

图 2-4-56 钢笔路径绘制服装线稿

手脚"上一图层新建"上衣外套"图层组,并在组内新建"填色"图层,使用"魔棒工具"添加选区,执行菜单栏中的"选择"→"修改"→"扩展"命令,扩展边缘 1~2 像素(确保线稿边缘与颜色填充之间没有间隙),执行菜单栏中的"编辑"→"填充"命令,或使用快捷键"Shift+F5"给上衣外套填充颜色。在"头手脚"上一图层新建"连衣裙"和"裙子肌理"图层组,在组内新建"填色"图层,用上述填充方法给连衣裙和裙子肌理填充颜色,如图 2-4-57 所示。

(2)选择"裙子肌理"图层组,置入面料素材于"填色"图层上方,命名为"面料"图层,在该图层上单击鼠标右键,选择"创建剪贴蒙版",设置图层的混合模式为"明度",执行菜单栏中的"图像"→"调整"→"曲线"命令,调整合适的参数,如图 2-4-58 所示。

3. 步骤三:阴影绘制

分别在"上衣外套""连衣裙"图层组内新建"阴影"图层组,选择"钢笔工具",在控制栏中勾选"形状"并设置"填充色",绘制出上衣外套的阴影形状。选择"裙子肌理"图层组,组内新建"阴影"图层组,使用"钢笔工具"绘制连衣裙的阴影形状,设置"正片叠底",设置不透明度为30%,如图 2-4-59 所示。

4. 步骤四:高光处理

(1)在"上衣外套"图层组内新建"高光"图层组,选择"钢笔工具",在控制栏中勾选"形状"并设置"填充色",使用"钢笔工具"绘制上衣外套的高光形状,按住"Shift"键的同时选中所有高光形状图层,将混合模式改为"叠加",设置不透明度为 80%,如图 2-4-60 所示。

 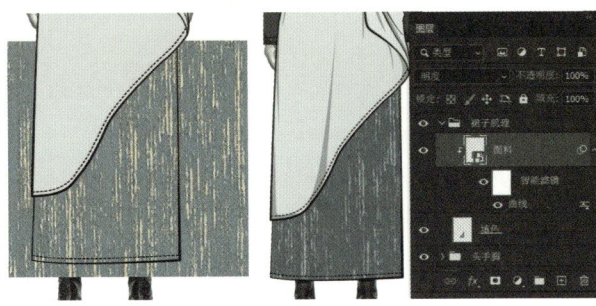

图 2-4-57 上衣外套、连衣裙和裙子填充颜色 　图 2-4-58 填充裙子肌理面料

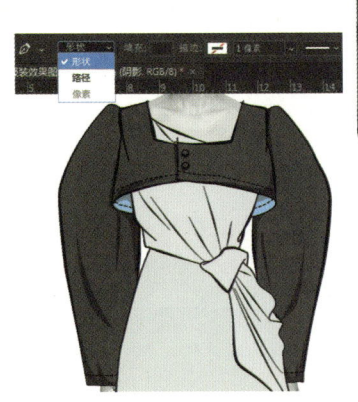  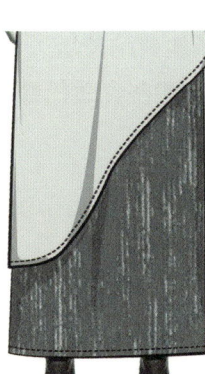 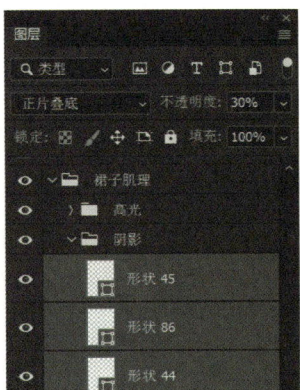

图 2-4-59 绘制连衣裙阴影

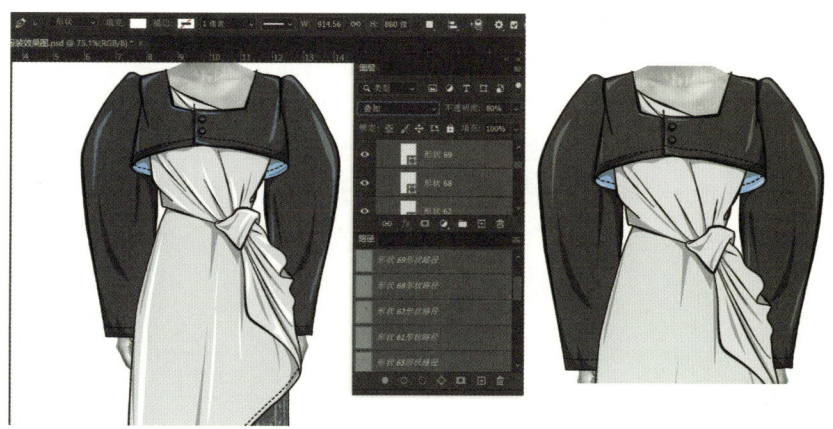

图 2-4-60 上衣外套高光绘制

（2）同理，分别在"连衣裙"和"裙子肌理"图层组内新建"高光"图层组，完成连衣裙和裙子肌理的高光绘制。使用图层透明度的变化完成倒影效果，完成款式一服装效果图的绘制，如图2-4-61 所示。

图 2-4-61 连衣裙、裙子面料的高光及整体效果

（二）男性服装效果图设计（使用软件：Adobe Photoshop CC）

1. 步骤一：线稿绘制

（1）新建文件并设定适合的尺寸，单击图层面板中的创建新图层图标，或使用快捷键"Ctrl+Shift+N"新建"草图"图层。选择"画笔工具"或按快捷键"B"，在"画布"上单击鼠标右键，弹出对话框，设置"画笔"大小为 3 pt、选择"硬边圆"压力大小，绘制出服装草图，如图 2-4-62 所示。

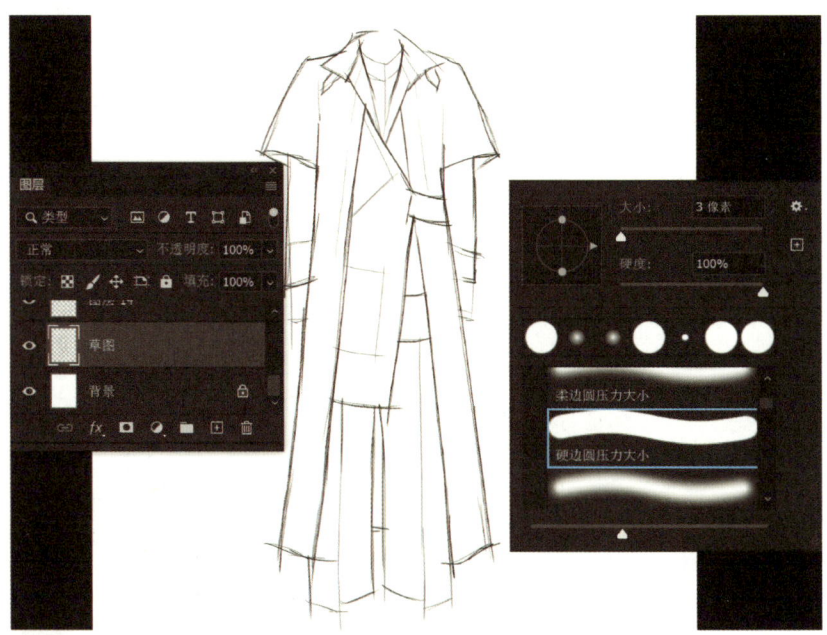

图 2-4-62　草图绘制

（2）将头、手、脚素材图片拖动到 PS 文件的"草图"图层组下一图层并分别命名为"头""手""脚"图层，按住"Shift"键的同时选中三个图层，使用快捷键"Ctrl+G"创建"头手脚"图层组，再将其分别调整到合适的大小和位置，如图 2-4-63 所示。降低"草图"图层的不透明度至 50%，新建"描边"图层，预先设置"描边画笔"大小为 4 pt。选择"钢笔工具"或快捷键"P"，在"画布"上单击鼠标右键，弹出对话框，选择"描边路径"，如图 2-4-64 所示。

（3）新建"压感描边"图层，使用"钢笔工具"或快捷键"P"对草图进行描边，设置"描边画笔"大小为 6 pt、勾选"模拟压力"。新建"外轮廓"图层，使用"钢笔工具"或快捷键"P"对草图进行描边，设置"描边画笔"大小为 8 pt，描边路径如图 2-4-65 所示。

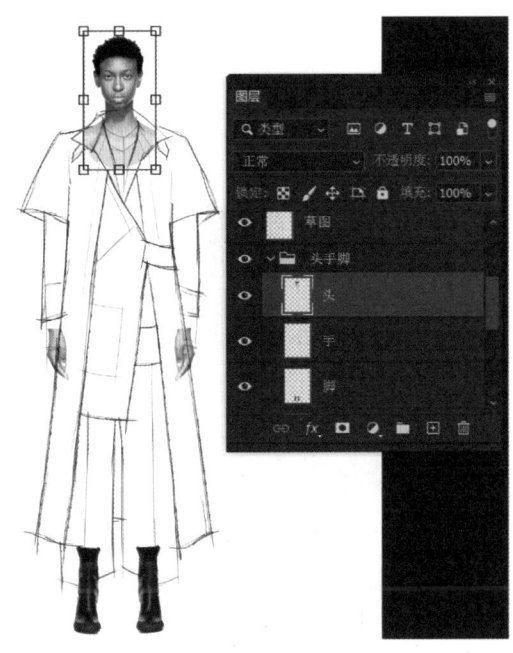

图 2-4-63 调整"头手脚"位置

图 2-4-64 钢笔描边路径

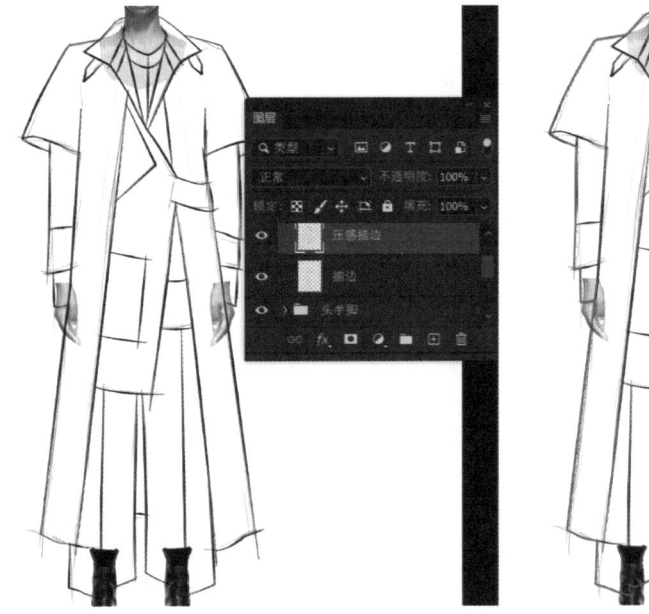

图 2-4-65 "压感描边""外轮廓"草图模拟压力描边

　　(4) 隐藏"草图"图层,新建"纽扣"图层,使用"椭圆工具"或快捷键"U"对草图进行细化,设置"描边画笔"大小为 4 pt。按住"Shift"键的同时选中"描边""压感描边""外轮廓""纽扣"四个图层,创建图层组并命名为"线稿",如图 2-4-66 所示。

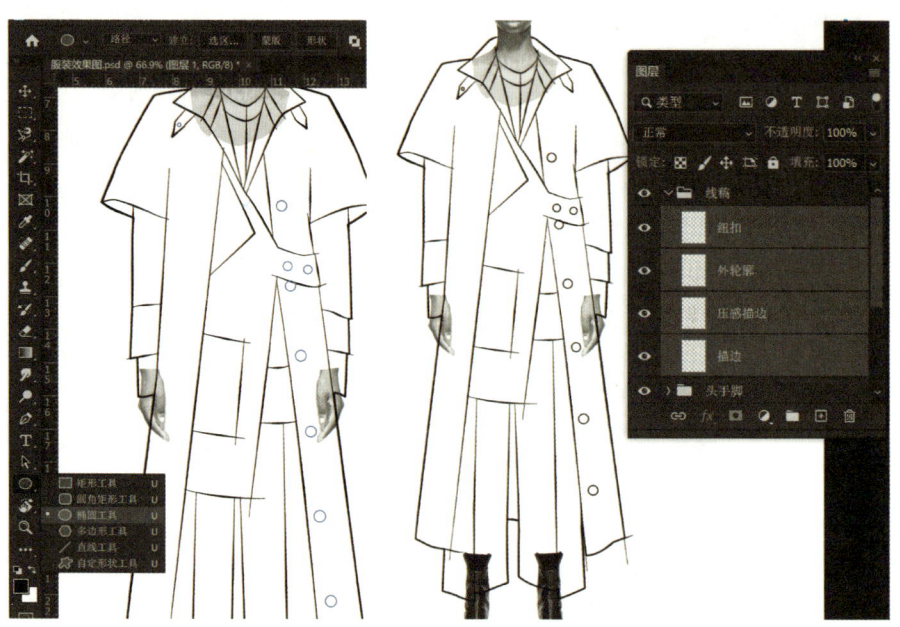

图 2-4-66　草图细化、绘制纽扣、创建"线稿"图层组

　　(5) 使用"钢笔工具"创建形状,在控制栏设置"形状"、填充为"无"、描边为"黑色"、大小为 4 pt、描边为"虚线",绘制服装的缝纫线迹。按住"Shift"键的同时选中所有缝纫线迹的形状图层,快捷键"Ctrl+G"创建图层组并命名为"缝纫线迹",拖移至"线稿"图层组内,效果如图 2-4-67 所示。

2. 步骤二:服装上色

　　(1) 单击图层面板中的"创建新图层"图标,或使用快捷键"Ctrl+Shift+N"在"头手脚"图层组的上一图层分别新建"外套填色""马甲填色""衬衣填色""内搭填色""裤子填色"图层,按住"Shift"键的同时选中以上图层,单击图层面板中的创建新组图标,或使用快捷键"Ctrl+G"创建图层组并命名为"上色"。选择"描边"图层,使用"魔棒工具"添加裤子选区,执行菜单栏中的"选择"→"修改"→"扩展"命令,扩展边缘 1~2 像素(确保线稿边缘与颜色填充之间没有间隙)。选择"裤子填色"图层,执行菜单栏中的"编辑"→"填充"命令,或使用快捷键"Shift+F5"给裤子填充颜色,如图 2-4-68 所示。

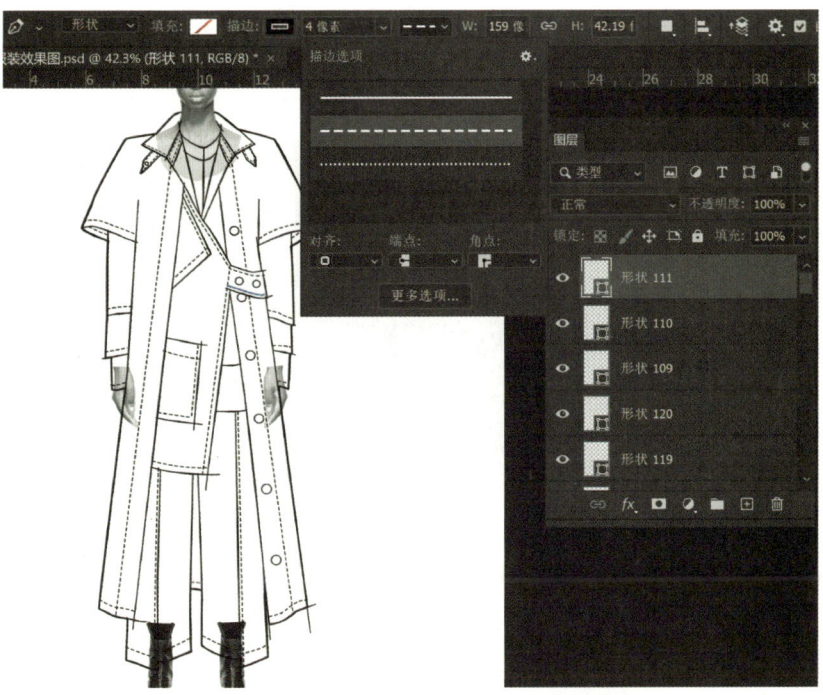

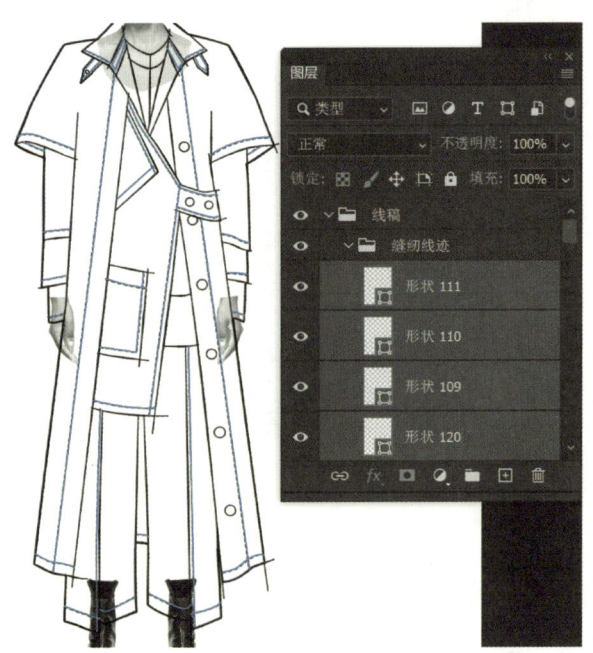

图 2-4-67　绘制缝纫线迹、创建"缝纫线迹"图层组

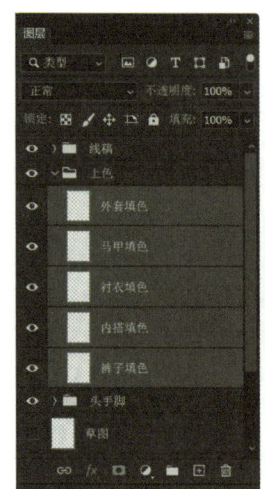
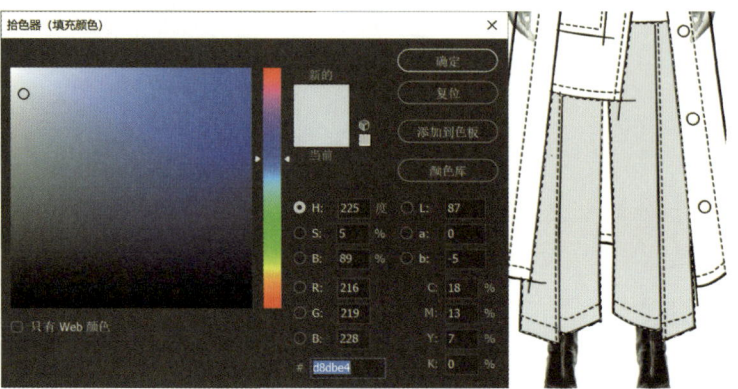

图 2-4-68　创建图层组、裤子填色

　　（2）重复上一步骤，填充马甲、外套、裤子颜色，完成服装平涂上色，效果如图 2-4-69、图 2-4-70 所示。

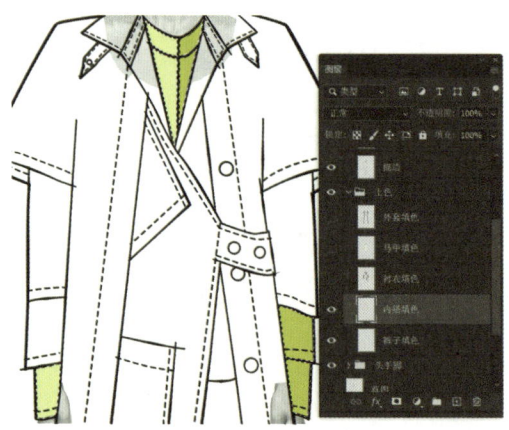
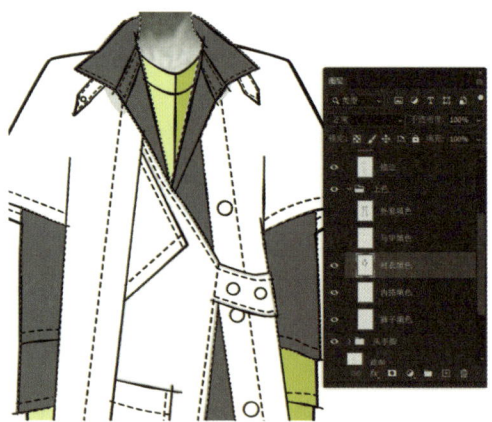

图 2-4-69　填充内搭衬衣颜色

3. 步骤三：明暗处理

　　（1）选择"裤子填色"图层，使用"钢笔工具"在控制栏选择"形状"、设置填充色，绘制阴影形状，按住"Shift"键的同时选中所有形状图层，使用快捷键"Ctrl+E"合并图层并命名为"阴影"。单击鼠标右键，在弹出的对话框中选择"创建剪贴蒙版"，在图层面板中更改混合模式为"正片叠底"，降低不透明度为 30%~50%，如图 2-4-71 至图 2-4-74 所示。

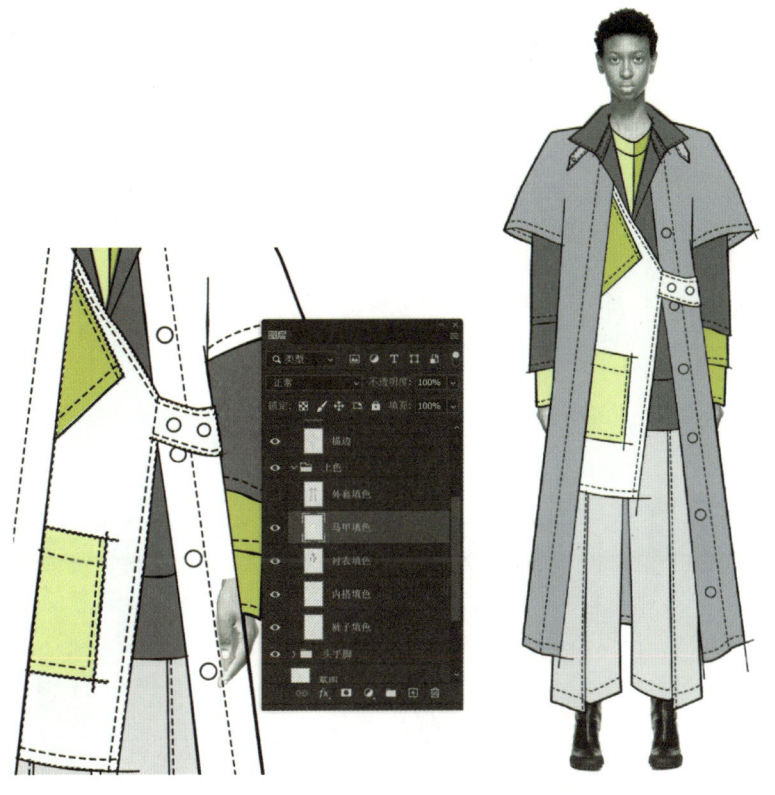

图 2-4-70　填充马甲、外套、裤子颜色

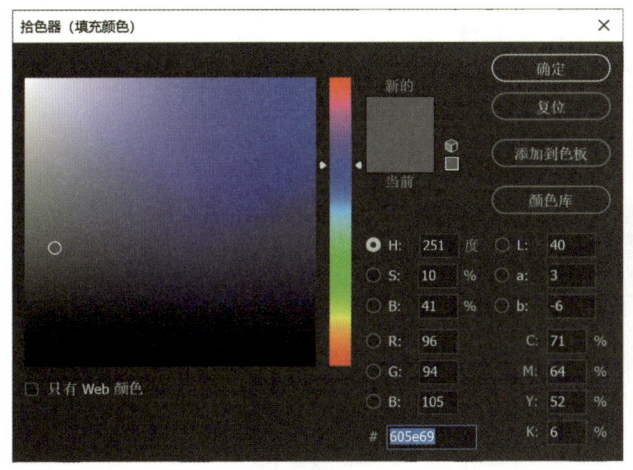

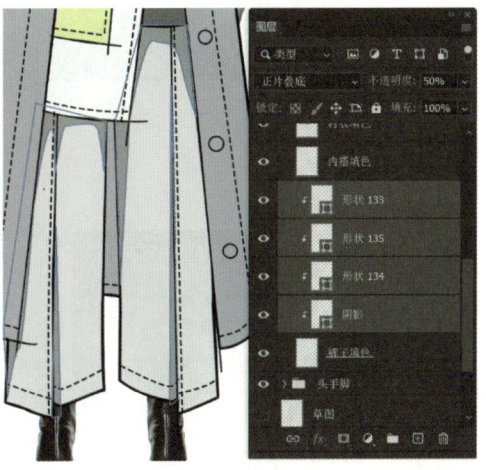

图 2-4-71　绘制裤子阴影

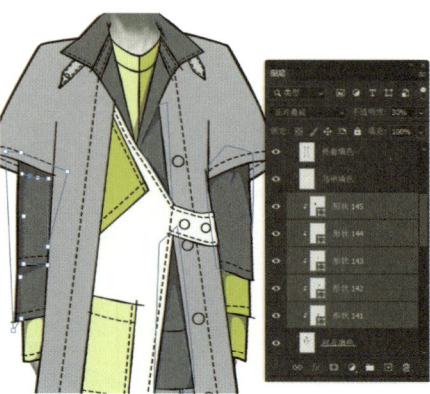

图 2-4-72　绘制衬衣阴影

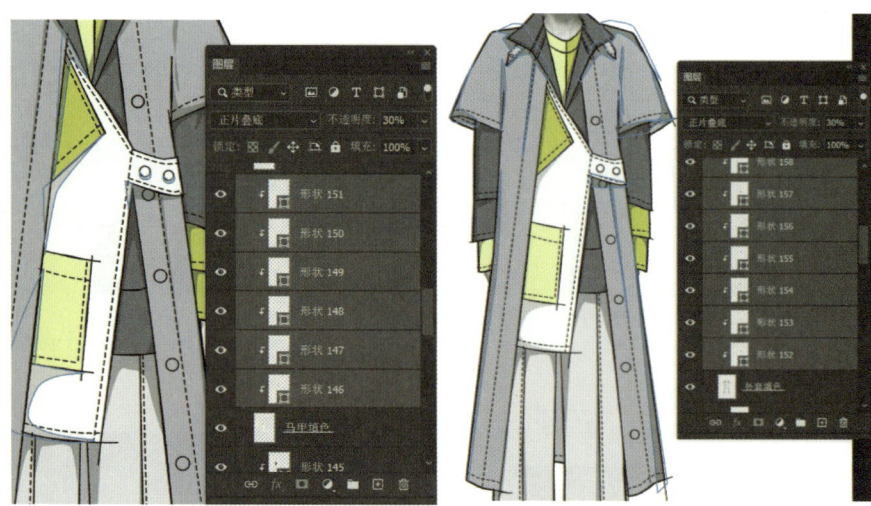

图 2-4-73　绘制马甲、外套袖阴影

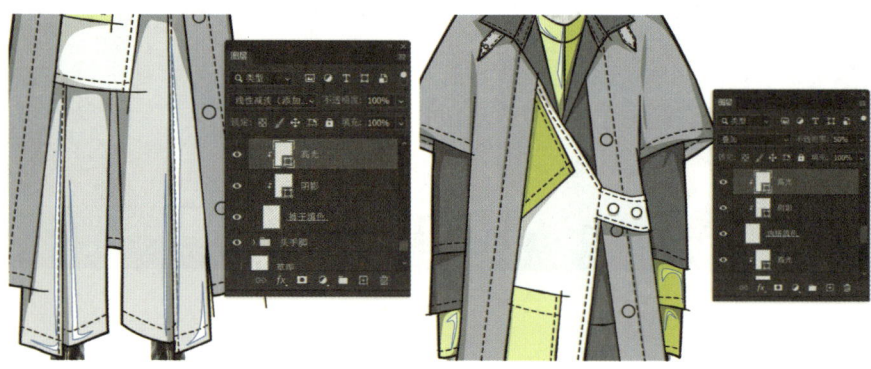

图 2-4-74　完成阴影绘制

（2）选择裤子的"阴影"图层，使用"钢笔工具"绘制高光的形状并生成新的形状图层，按住"Shift"键的同时选中所有形状，使用快捷键"Ctrl+E"合并图层并命名为"高光"。单击鼠标右键，在弹出的对话框中选择"创建剪贴蒙版"，在图层面板中更改混合模式为"线性减淡"，分别绘制出内搭、衬衣、外套、纽扣的阴影形状，更改混合模式为"叠加"，降低不透明度至50%，完成款式图的绘制，如图2-4-75、图2-4-76所示。

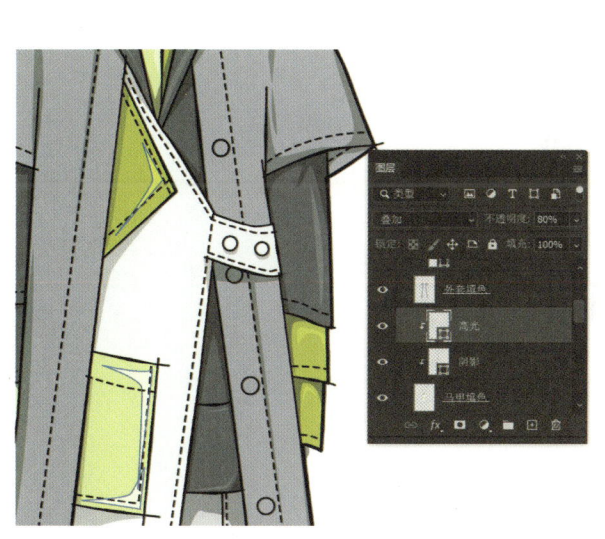

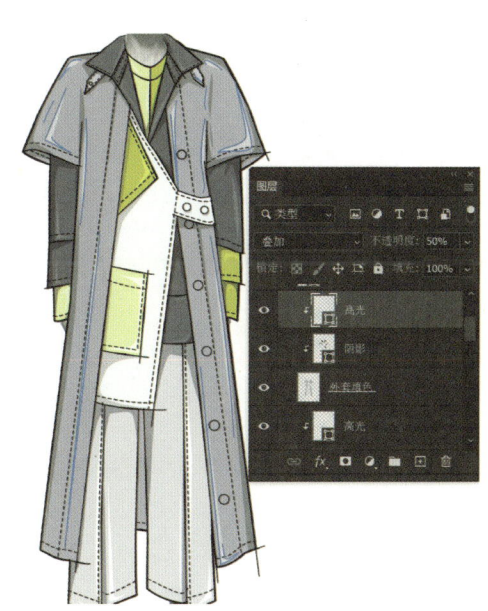

图2-4-75　绘制衬衣、外套高光　　　　　　　　图2-4-76　完成绘制

（3）选中"脚"图层，使用快捷键"Ctrl+J"复制图层，再执行菜单栏中的"编辑"→"变换"→"垂直翻转"，或使用快捷键"Ctrl+T"变换。单击鼠标右键，选择"垂直翻转"，移动到合适的位置后降低图层不透明度至50%，完成款式二的服装效果图的绘制。以此类推，完成款式一至九的组合效果图，如图2-4-77至图2-4-79所示。

图 2-4-77 款式一效果图 　　图 2-4-78 款式二效果图

图 2-4-79 款式一至九组合效果图(江南大学 郎晨汐、周萌、王思睿)

（三）比赛类系列服装设计（使用软件：Potoshop CC）

该系列灵感来源于快节奏生活下压抑的人们，渴望追寻自由和逃离繁杂琐事，内心逃避却不得不面对现实。设计从破碎解离的服装结构、复合肌理、多元面料融合出发，探寻矛盾纠结时的复杂情绪。色彩以黑、白、灰为主，灰色调中衍生出不同调性的灰度，黑、白也皆非纯粹的，表达思绪的多重碰撞（图2-4-80至图2-4-82）。

图2-4-80 灵感来源

图2-4-81 面料概念设计

图 2-4-82 效果图表现(江南大学 周书婷)

1. 步骤一:线稿绘制

(1) 新建文件并设定适合的尺寸,分别从不同的图片上选取头部、配饰、身体的素材拼接在一起,形成贴近时装风格的人物造型并作为草图。使用"钢笔工具",将模特所需要的部分外轮廓勾出来,建立选区并复制选区内容。如果需要多张素材,步骤同上。使用"画笔工具"和"涂抹工具",将发丝、下巴等部位修补完整,完成头部的细部绘制,如图 2-4-83、图 2-4-84 所示。

图 2-4-83 头部选区

图 2-4-84 头部细部绘制

（2）新建图层，使用"画笔工具"绘制服装结构线描草稿，画线稿时必须注意人体形态和比例关系、衣纹线与人体动作的关系等。使用"画笔工具"新建"路径"图层，用"钢笔工具"勾出草稿中所需服装线条，勾勒完成后，单击鼠标右键，选择"描边路径"，描边设置与画笔大小一致。新建两个图层进行描边路径，一个选定"模拟压力"，图层不透明度设置为90%，另一个不选"模拟压力"，图层不透明度设置为30%，合并图层，用"橡皮擦"调整服装线稿，最终线稿如图2-4-85所示。

（3）按照同样方法完成系列服装效果图全身线稿，如图2-4-86所示。

图2-4-85　服装线稿

图2-4-86　系列服装线稿

2. 步骤二：服装上底色

（1）使用"魔棒工具"单击空白处，执行菜单栏中的"选择"→"反向"命令，或使用"Shift+Ctrl+I"组合快捷键。新建图层置于线描图层下，在新图层中填充底色，颜色可为白色或浅灰色，如图 2-4-87 所示。

(2) 按照同样方法完成系列服装效果图全身上底色稿,如图 2-4-88 所示。

3. 步骤三:绘制阴影

(1) 使用"画笔工具"和"橡皮擦工具",根据服装结构绘制阴影,绘制完成后执行菜单栏中的"选择"→"取消选择"命令,或使用"Ctrl+D"组合快捷键取消选择,如图 2-4-89 所示。

(2) 按照同样方法完成系列服装阴影,如图 2-4-90、图 2-4-91 所示。

图 2-4-87 服装上底色 图 2-4-88 系列服装上底色

图 2-4-89 图 2-4-90 绘制系列服装阴影
绘制服装阴影

图 2-4-91　绘制系列服装阴影

4. 步骤四：填充深色

（1）继续使用直接"选择工具"，在"线稿"图层选择深色上衣和深色裙子需要填充颜色的部分。单击工具箱中的"填色按钮"，弹出"拾色器"对话框，设置颜色 CMYK 值为（75,70,71,37）。新建图层，选择"油漆桶工具"，单击选区填充颜色，如图 2-4-92 所示。

（2）按照同样方法完成系列服装深色填充，如图 2-4-93 所示。

5. 步骤五：填充面料

选取适合的面料肌理进行贴图。执行菜单栏中的"选择"→"置入"命令，置入若干面料肌理素材图，栅格化素材图。使用"Ctrl+T"组合快捷键选择素材图片，单击鼠标右键，使用"旋

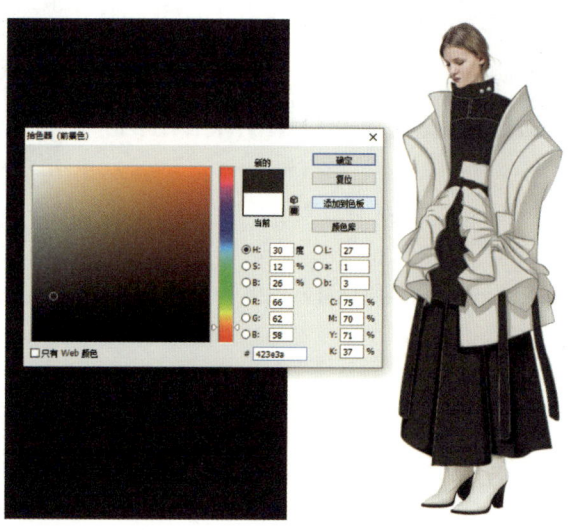

图 2-4-92　填充服装深色部分

图 2-4-93 填充系列服装深色部分

转""扭曲""变形"等命令,或者执行菜单栏中的"编辑"→"操作变形"命令,根据服装结构进行素材的旋转或变形处理。面料肌理图层格式调整为"正片叠底",肌理效果如图 2-4-94 所示。

图 2-4-94 面料肌理置入效果

6. 步骤六:刻画细节

(1) 新建图层,命名为"高光"。单击工具箱中的"填色按钮",弹出"拾色器"对话框,设置颜色 CMYK 值为(0,0,0,0),颜色为白色,使用"画笔工具"和"涂抹工具",根据阴影位置和服装结构确定光源方向,画出高光。新建图层,命名为"阴影 2",调整服装效果图整体效果,增加立体感,如图 2-4-95 所示。

（2）新建图层，执行菜单栏中的"选择"→"置入"命令，置入拉链图片，右键单击素材图片，栅格化图层，将多余的部分用橡皮擦擦除。使用"直接选择工具"调整拉链位置。新建图层，使用"画笔工具"增加服装细节，最终完成彩色服装效果图的绘制，效果如图 2-4-96 所示。

（3）按照同样方法完成系列彩色服装效果图，如图 2-4-97 所示。

图 2-4-95　绘制高光和阴影　　　　　图 2-4-96　置入拉链、刻画
细节、完成彩色服装效果图

图 2-4-97　完成的彩色服装效果图

7. 步骤七：丰富背景

先锁定背景图层，然后在背景上增添一些需要的文字，调整字体和颜色，将效果图整体垂直镜像并调整不透明度，完成系列服装效果图的绘制，如图 2-4-98 所示。

图 2-4-98　完成系列服装效果图

（四）时装插画设计（使用软件：Illustrator CC）

　　时装插画设计既是服装效果图的表现形式之一，也是插画设计的一种。其重点在于整个画面的和谐，要处理好人物之间以及人物与背景之间的关系，丰富画面的层次感。

1. 步骤一：绘制线稿

　　（1）新建文件并设定适合的尺寸。将画面分为人物和背景两部分，新建图层并依次命名为"线稿 1""五官 1""肤色 1""面料 1""线稿 2/3""五官 2/3""肤色 2/3""面料 2""面料 3""背景"。选择工具箱的"画笔工具"或使用快捷键"B"，在控制栏依次设置："填充"为"无"，"描边"为"黑色"，"描边粗细"为 2 pt，"变量宽度配置文件"为"宽度配置文件 2"。"画笔"定义："画笔库"菜单→"艺术效果"→"粉笔炭笔铅笔"→"Pencil-Thin"，绘制出线稿 1、线稿 2/3，如图 2-4-99 所示。

　　（2）选中前景图层，在工具栏选择"添加锚点工具"，或按快捷键"+"，单击需要增加节点的位置。在控制栏单击"剪切路径"，根据画面的前后遮挡关系删减锚点，如图 2-4-100 所示。

2. 步骤二：上色

　　（1）选择"钢笔工具"，设置描边为"无"，勾勒出人体皮肤的外轮廓，形成闭合路径。双击工具箱的"填色按钮"，弹出"拾色器"对话框，设置颜色 CMYK 值为(14,31,45,0)并单击"确定"按钮，填充皮肤颜色，如图 2-4-101 所示。

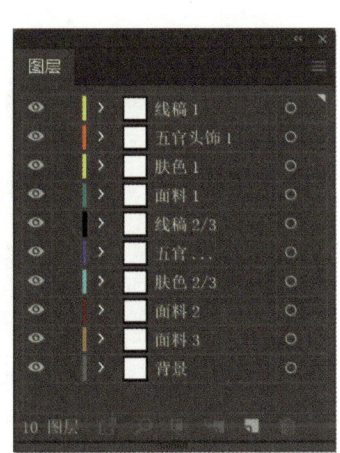

图 2-4-99 绘制线稿

图 2-4-100　删减锚点并完成线稿绘制

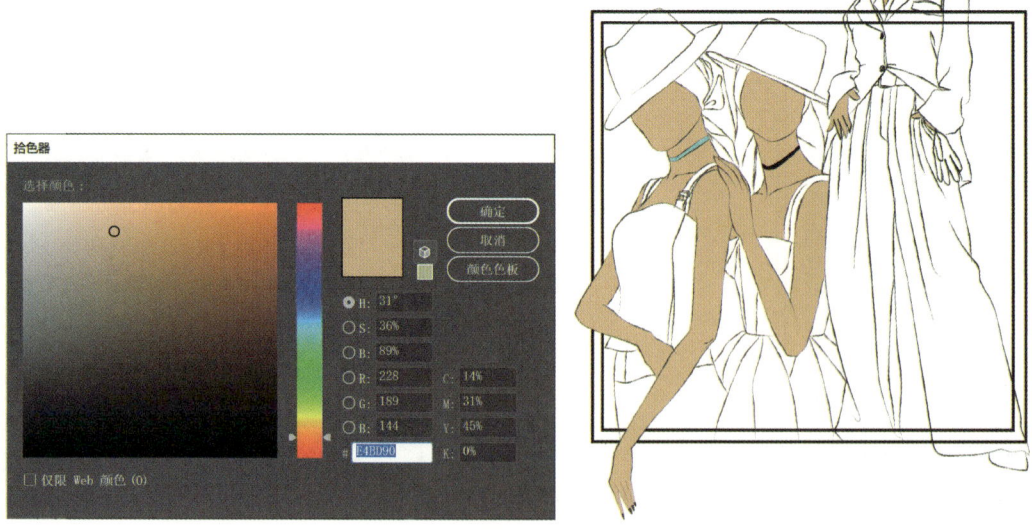

图 2-4-101　填充肤色

（2）选择"钢笔工具"，在控制栏设置"填色"为"无"，"描边"为"黑色"，"描边粗细"为 0.5 pt，"变量宽度配置文件"为"宽度配置文件 4"。画笔选择锥形描边，绘制眉毛、眼睛、鼻子。用工具箱的"网格工具"绘制眼球、用"椭圆工具"在眼球右上方绘制出高光；在眼球下方使用"画笔工具"绘制一条颜色较浅的线段作为反光；将眉毛与眼睛图层进行编组并选中，按住"Alt"键的同时拖动鼠标复制图层，之后单击鼠标右键，选择"变换"→"对称"→"垂直"进行眉毛、眼睛的对称复制，并调整至合适位置，如图 2-4-102 所示。

图 2-4-102 绘制眉毛、眼睛、鼻子

（3）选择"钢笔工具"，控制栏设置"描边粗细"0.3 pt、宽度配置文件 2。双击工具栏的"填色工具"弹出拾色器，设置参数填充唇色（C47,M99,Y100,K18），设置参数（C65,M92,Y98,K62）描绘唇线，设置参数（C25,M75,Y68,K0）填充高光部分，设置描边无、不透明度为 50%；设置参数（C59,M96,Y100,K52）填充阴影部分，设置描边无、不透明度为 60%，如图 2-4-103 所示。

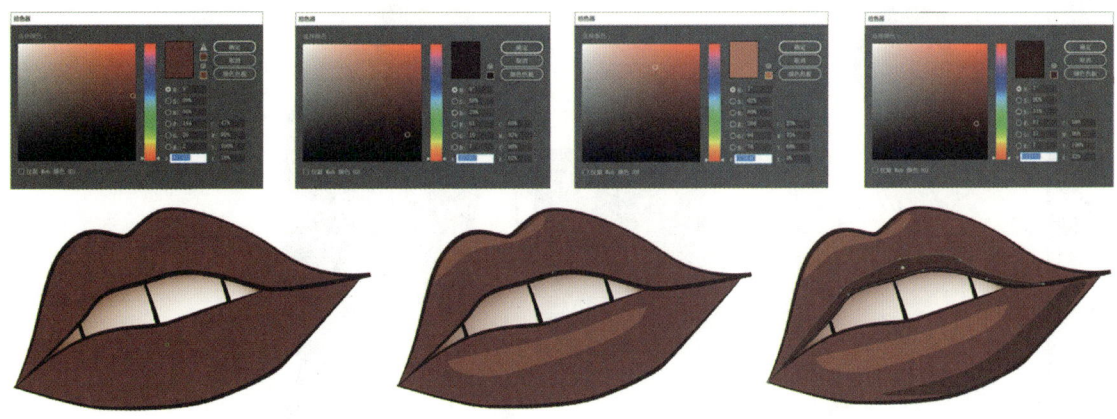

图 2-4-103 绘制唇色、高光、阴影

　　（4）将"眉毛""眼睛""鼻子""嘴唇"摆放在脸颊合适的位置，完成脸部的绘制。选择"钢笔工具"勾出帽子的闭合路径并填充黑色，设置描边颜色（C74,M65,Y66,K23）、描边粗细为 1 pt、等比、锥形描边，绘制帽子边缘，继续使用"钢笔工具"并调整描边粗细绘制出帽子上的图案。选中"皮肤"图层，单击工具栏的"内部绘图"图标，使用"钢笔工具"绘制出帽子的阴影部分，填充颜色（C25,M45,Y62,K0），如图 2-4-104 所示。

图 2-4-104　填充面部肤色、绘制头发、帽子及阴影

3. 步骤三：服装各部位和阴影绘制

　　选择"钢笔工具"，设置描边为"无"，绘制出服装各部位的闭合路径并填充相应颜色，选择工具栏的"渐变工具"，设置渐变色为"线性渐变"并适当调整滑块。根据衣纹走势，使用"钢笔工具"绘制出阴影部分，双击"填色图标"设置颜色（C63,M95,Y98,K60），单击内部绘图，填充颜色，如图 2-4-105 所示。

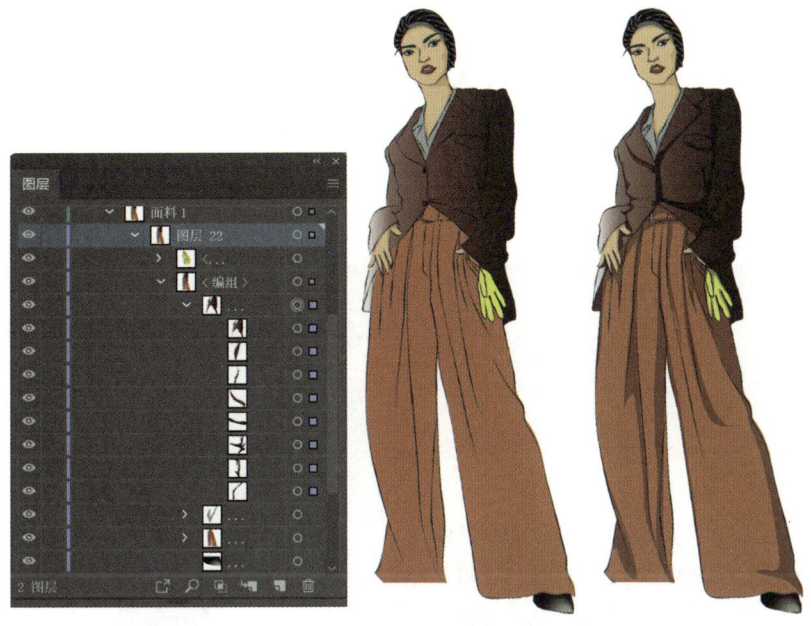

图 2-4-105　填充服装颜色，完成衣纹及阴影的绘制

同上步骤，完成方框内另外两位半身人物"五官 2/3""肤色 2/3"图层中五官及身体阴影的绘制，如图 2-4-106 所示。

图 2-4-106　完成另外两位半身人物的五官及身体阴影的绘制

4. 步骤四：图案绘制

(1) 使用快捷键"Ctrl+N"新建文件并命名为"图案设计"。选择工具栏的"斑点画笔工具"，或使用快捷键"Shift+B"，调整画笔大小等参数，双击"填色图标"设置黑色，绘制出图案的黑色块面。选择工具栏的"橡皮擦"或快捷键"Shift+E"，调整橡皮擦参数，擦除需要修改的地方，如图2-4-107所示。

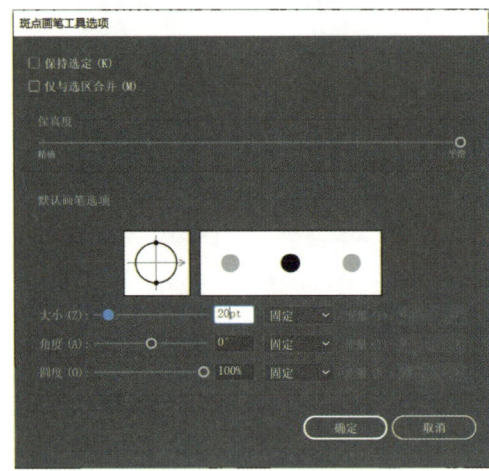

图 2-4-107　橡皮擦工具调整画面

(2) 选择"钢笔工具"，设置填充色为"白色"、"描边"为"无"。在黑色块面上添加图案细节肌理，绘制出完整的图案，如图2-4-108所示。

(3) 选中所有黑色块面图层，使用快捷键"Ctrl+G"进行编组并命名为"黑白"，按住"Alt"键的同时拖动图层并复制，命名为"拼色"。选中"拼色"图层，双击工具栏的"渐变工具"，弹出对话框，增加和移动滑块得到拼色效果。继续使用"钢笔工具"，绘制出图案中需要填充底色的闭合路径并填充相应的背景颜色，如图2-4-109所示。

(4) 执行菜单栏"文件"→"存储"命令，或使用快捷键"Ctrl+S"储存文件，如图2-4-110。

(5) 执行菜单栏"文件"→"导出"命令，在保存的文件名中输入"图案黑白""图案拼色"，保存类型为"JPG"，完成图像副本的保存，用以服装面料的填充备用，如图2-4-111所示。

5. 步骤五：填充面料

(1) 先锁定线稿所在的图层，选中"面料2"图层，然后用"钢笔工具"在需要填充图案的部位绘制一个封闭的路径，将图案放置在这个封闭路径上，注意路径的图层需要放在图案图层的上面。使用"选择工具"的同时选中路径和图案。单击鼠标右键"剪切蒙版"，图案就嵌合在封闭路径中了，然后将剪切蒙版的图层移动到线稿的下面，让线稿不被遮挡。置入"图案黑白"面料素材至下一图层并将其拖移至合适的位置，同时选中"闭合路径"和"素材"图层。单击鼠标右键，建立"剪切蒙版"，完成"裙子黑白图案面料"的填充，如图2-4-112所示。

图 2-4-108 装饰黑白图案绘制

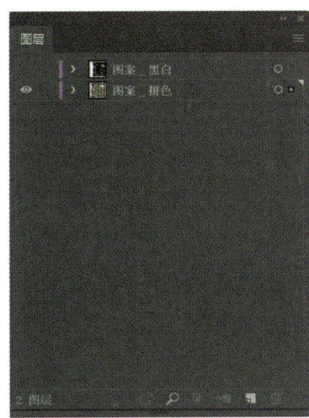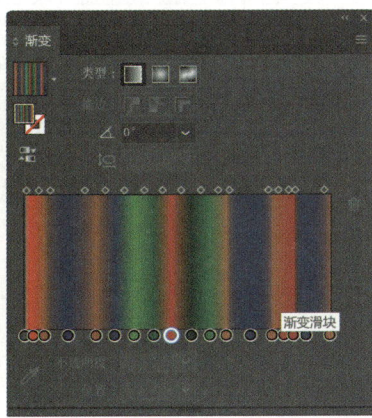

图 2-4-109 填充背景色

图 2-4-110 装饰彩色图案整体效果

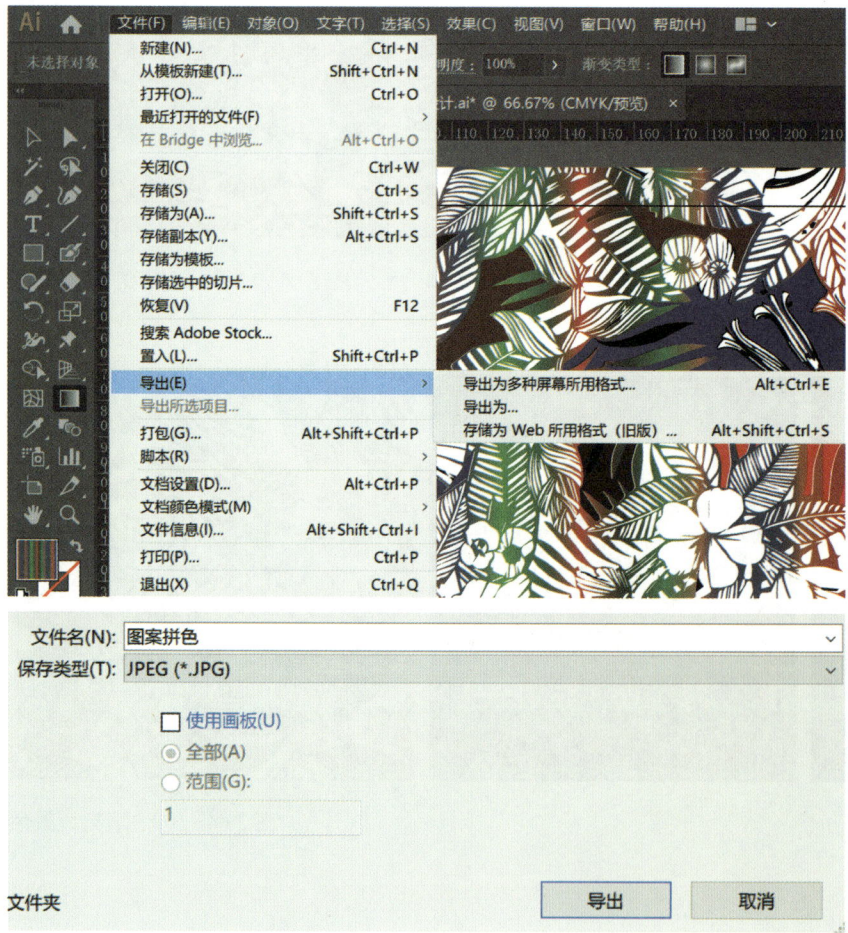

图 2-4-111 存储图案面料文件

图 2-4-112 "裙子黑白图案面料"的填充

（2）继续选中"面料 2"图层，使用"钢笔工具"绘制出需要填充面料的闭合路径，置入"图案拼色"文件至下一图层并将其拖移至合适的位置，同时选中"闭合路径"和"素材"图层。单击鼠标右键，建立"剪切蒙版"，完成"裙子彩色图案面料"的填充，如图 2-4-113 所示。

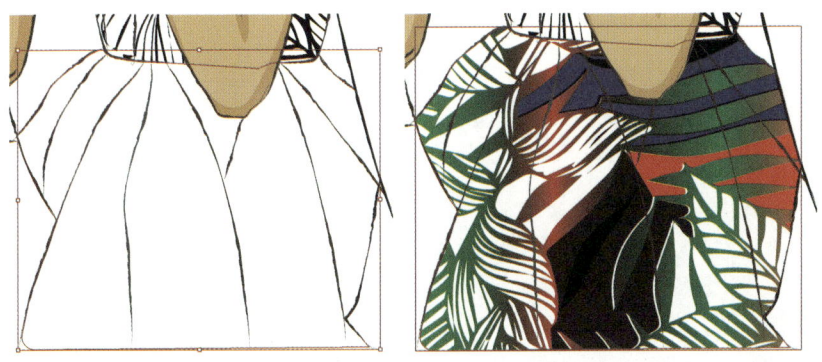

图 2-4-113 "裙子彩色图案面料"的填充

（3）复制"填充面料"的闭合路径图层，单击工具栏的"内部绘图"图标，选择"钢笔工具"，设置填色（C10,M11,Y9,K0）和（C48,M48,Y42,K0）、"描边"为"无"，分别绘制出服装的高光和阴影，如图 2-4-114 所示。

（4）选中"面料 3"图层，使用"钢笔工具"绘制需要填充面料的闭合路径，双击工具栏的"填色"图标弹出对话框，设置参数（C38,M0,Y14,K0）、（C93,M75,Y78,K58）并填充，如图 2-4-115所示。

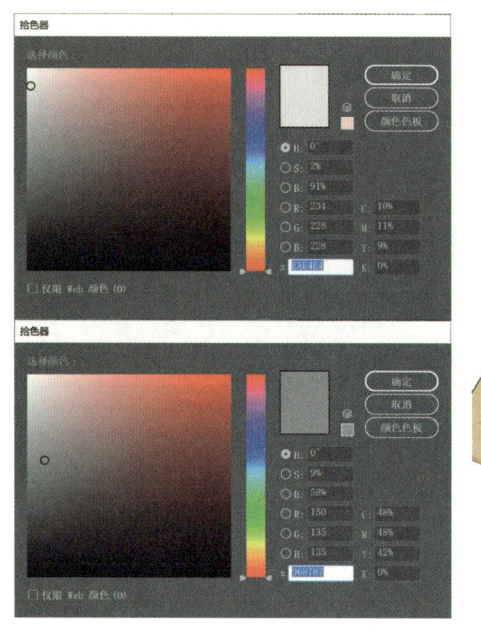

图 2-4-114 服装的高光和阴影绘制

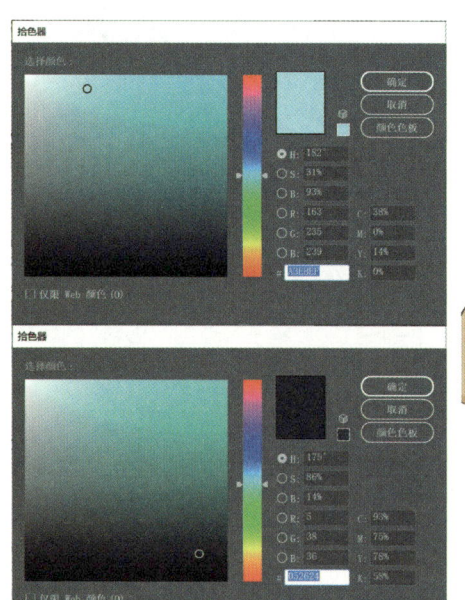

图 2-4-115 服装单色填充

（5）在"面料 3"图层中新建子图层，选择"椭圆工具"，在控制栏设置填充色（按住 Shift 键的同时单击填充图标）、"描边"为"黑色"、"粗细"为 0.5 pt、宽度配置文件 2，绘制出一个扣眼后，按住"Alt"键的同时用鼠标拖动扣眼至合适的位置，如图 2-4-116 所示。

图 2-4-116　扣眼绘制

（6）在"线稿 2\3"图层中新建子图层，选择"钢笔工具"，在控制栏设置填充色；双击工具栏的"渐变工具"，渐变类型选择"线性渐变"，增加和拖动滑块得到渐变效果，"描边"为"黑色"、"粗细"为 0.5 pt，绘制出绑带，如图 2-4-117 所示。

（7）在"面料 3"图层新建子图层，复制"填充面料"图层或使用"钢笔工具"重新绘制出服装轮廓的闭合路径，选中该图层，单击工具栏的"内部绘制"，继续使用"钢笔工具"，设置填充色（C52,M0,Y23,K0），绘制出衣纹及阴影部分，完成组合人物绘制，如图 2-4-118 所示。

6. 步骤六：装饰背景

（1）选择"渐变工具"或使用快捷键"G"弹出对话框，单击下方空白处增加滑块，拖动滑块位置改变渐变效果。选择"钢笔工具"，设置"填充"为"无"、"描边"为"渐变色"、"粗细"为 700 pt，绘制出一个圆形。单击"描边"命令，勾选"虚线"并设置参数为"32 pt"。在"圆形"图层上方新建图层，绘制页面大小的矩形，同时选中矩形和圆形，单击鼠标右键，选择"创建剪切蒙版"，在该图层下方绘制矩形并填充颜色（C91,M78,Y49,K13）。在"圆形"图层上方绘制正方形并填充颜色（C99、M92、Y67、K56），继续在图层上方绘制一个较小的正方形并填充颜色（C54、M42、Y58、K0），在该图层上方单击"文件"→"置入"→"植物花卉素材"图片，接着在该图层上方绘制矩形，"描边粗细"为 3 pt，完成"放射状"背景绘制，如图 2-4-119 所示。

（2）打开图案图层可视性，显示出前面绘制好的装饰图案，如图 2-4-120 所示。

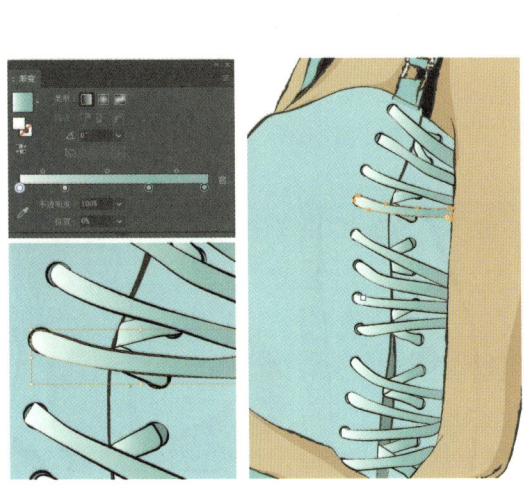

图 2-4-117 绑带绘制

图 2-4-118 完成组合人物绘制

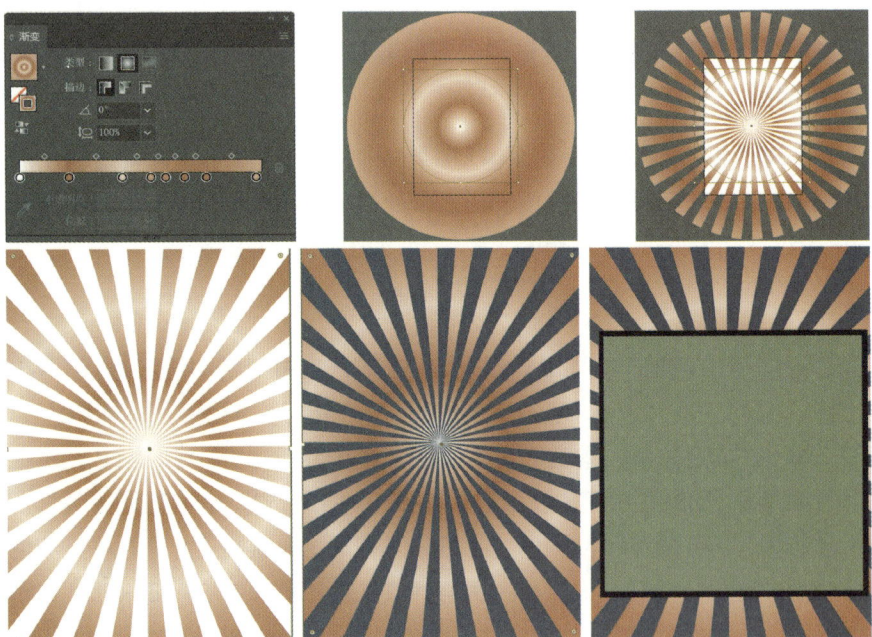

图 2-4-119 "放射状"背景绘制

图 2-4-120　装饰图案图层可视效果

（3）打开所有图层可视性，显示出前面绘制好的组合人物，执行菜单栏"文件"→"存储为"命令，在保存的文件名中输入"时装插画"，格式为"AI"，继续执行菜单栏"文件"→"导出"→"导出为"命令，格式为"JPEG"，完成图像的源文件及副本的储存，完成时装插画绘制，如图 2-4-121 所示。

▶▶ 六、参考阅读

王宏付：《Illustrator 辅助服装设计》，东华大学出版社 2018 年版。

图 2-4-121　时装插画整体效果

（江南大学　张启旭）

第五节 训练五——服装样板设计

一、课程概述

女装衣身原
型结构绘
制—后片

女装衣身原
型结构绘
制—前片

1. 课程内容

在熟练掌握计算机辅助软件力克等基本功能、应用技巧的基础上,结合企业实际需求和流行趋势等,完成系列服装的样板设计与制作。

2. 训练目的

熟练掌握和运用服装 CAD 结构设计系统相关工具,通过各类服装结构设计技能与技巧,提高学生服装设计过程中分析和解决问题的能力;通过企业实际案例和学生案例分析,提升学生解决实际问题的能力,同时通过服装样板设计,注重培养学生灵活运用专业基础知识和团队合作的能力。

3. 重点和难点

重点:掌握和熟练运用服装 CAD 样板设计软件工具,并基于服装款式准确绘制服装结构图。

难点:基于不同服装款式选择准确合适的绘制工具和结构制图方法。

4. 作业要求

款式要求带领、带袖,不可过于简单,其他内容自定,完成样板设计。要求提交以下设计成果:

(1) A4(29.7×21 cm)设计文本一套,包括款式图(正面款式图、背面款式图)、规格设计表、1:5毛板。

(2) 电子文档一套,包括款式图、规格设计表、样板设计(结构图、毛样板、成衣档案)。样板设计文件存储格式为 mdl。

(3) 电子文档一套(中国大学 MOOC 成绩资料归档,需要学生自行上传),文件存储格式为 mdl,可以压缩上传。

本训练为个人作业。

二、设计案例

服装样板设计即服装结构设计,是服装款式设计到服装工艺设计的中间环节,也是实现服装从概念构思到服装实物的重要环节。样板设计在服装整体设计中具有极其重要的作用,掌握服装样板设计的相关知识,是服装设计师必备的专业素质。

（一）企业案例

1. 衬衫（图2-5-1至图2-5-3）

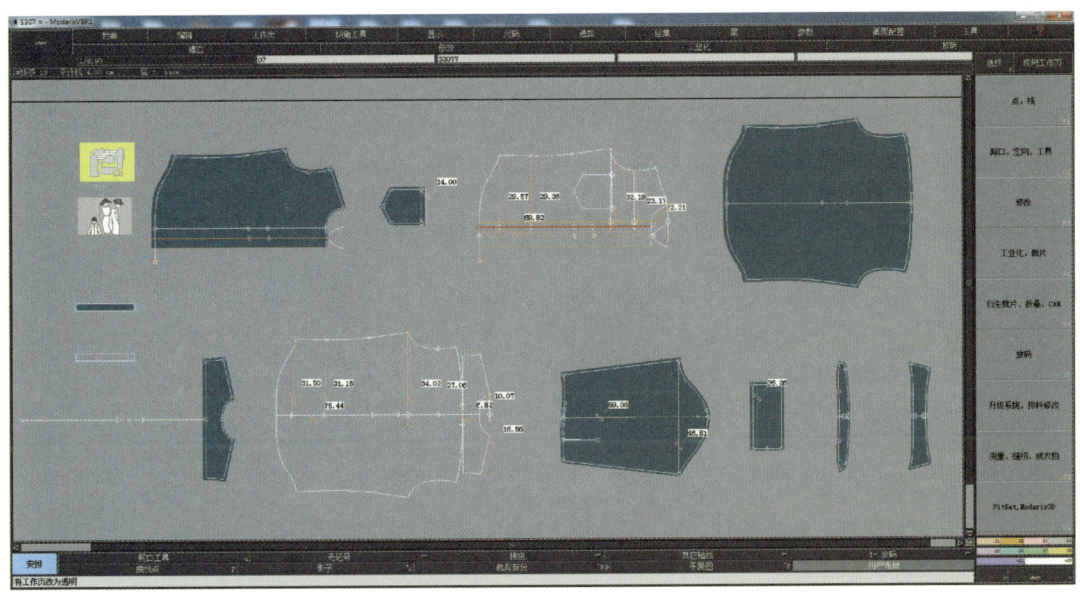

图2-5-1 衬衫样板设计界面（力克软件）

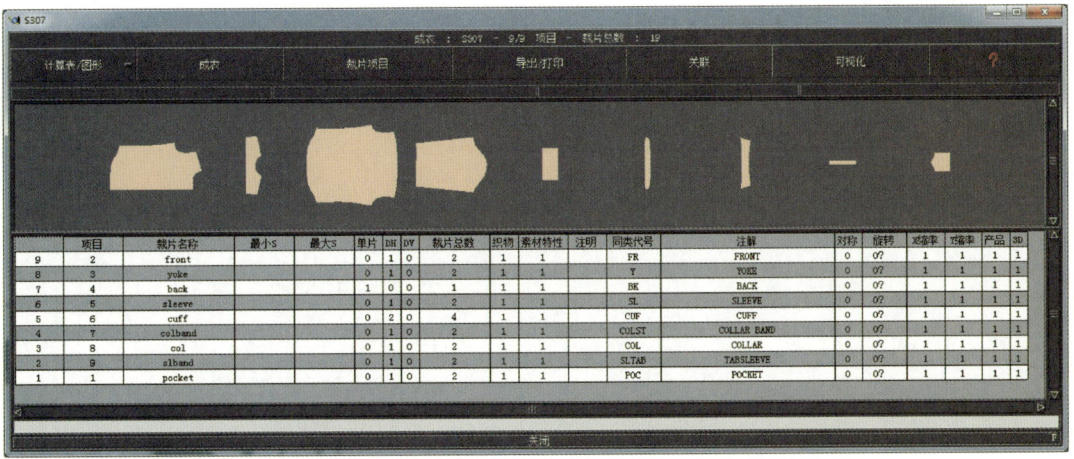

图2-5-2 衬衫成衣档案界面（力克软件）

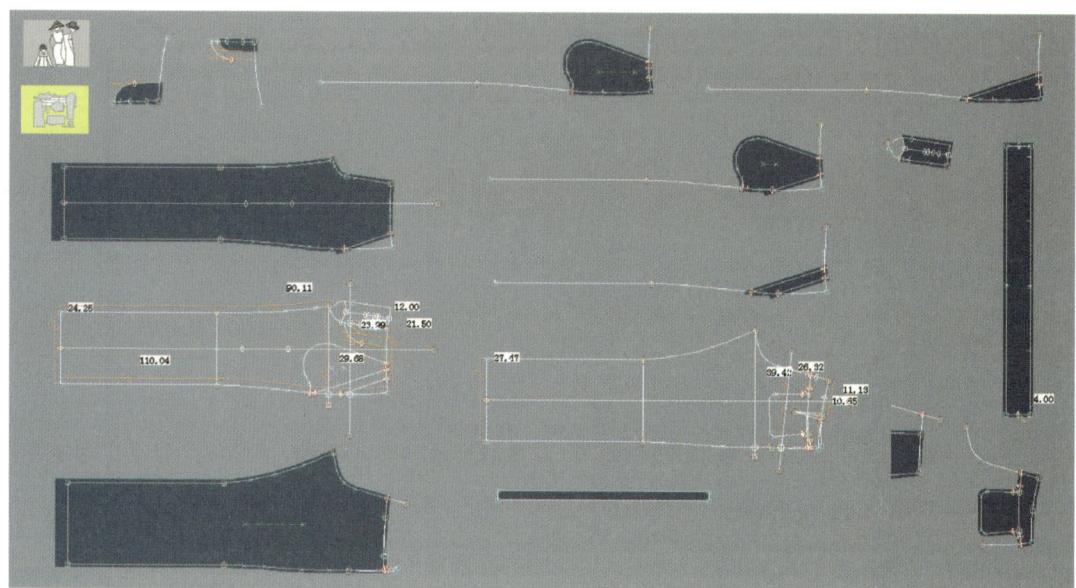

图 2-5-3　衬衫样板设计工作界面（力克软件）

2. 西裤（图 2-5-4）

	项目	裁片名称	最小S	最大S	单片	DH	DV	裁片总数	织物	素材特性	注明	同类代号	注解	对称	旋转	X缩率	Y缩率	产品	3D
63	1	P30701			0	1	0	2	T	1		FR	FRONT	0	07	1	1	1	1
62	2	P30708			0	1	0	2	T	1		BK	BACK	0	07	1	1	1	1
10	3	P30710			1	0	0	1	T	1		FLYFAC	FLY FACING	0	07	1	1	1	1
61	4	P30711			0	1	0	2	T	1		POCFAC	FACING POCKET	0	07	1	1	1	1
60	5	P30712			0	1	0	2	T	1		POCBAGBKS	SIDE BACK POCKET BAG	0	07	1	1	1	1
59	6	P30703			1	0	0	1	T	1		FLYU	UNDER FLY	0	07	1	1	1	1
58	7	P30705			1	0	0	1	T	1		BEL	BELT	0	07	1	1	1	1
57	8	P30706			1	0	0	1	T	1		LOOP	LOOP	0	07	1	1	1	1
54	9	P30707			0	1	0	2	T	1		BKY	BACK YOKE	0	07	1	1	1	1
49	10	P30713			0	1	0	2	T	1		POCBAGB	BACK POCKET BAG	0	07	1	1	1	1
35	11	P30709			0	1	0	2	FP	1		POCBKB	BACK POCKET BACK	0	07	1	1	1	1
34	12	P30702			0	1	0	2	FP	1		POCBAGF	FRONT POCKET BAG	0	07	1	1	1	1
33	13	P30704			1	0	0	1	GA	1			TEMPLET FLY	0	07	1	1	1	1
1	14	P30705			1	0	0	1	TH	1		BEL	BELT	0	07	1	1	1	1

图 2-5-4　西裤成衣档案界面（力克软件）

3. 西装(图 2-5-5、图 2-5-6)

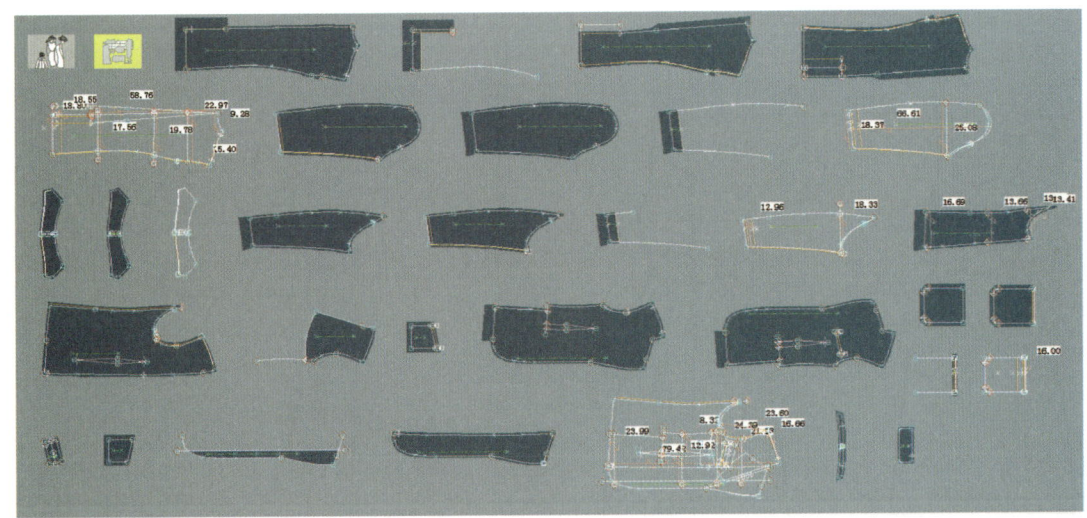

图 2-5-5 西装样板设计界面(力克软件)

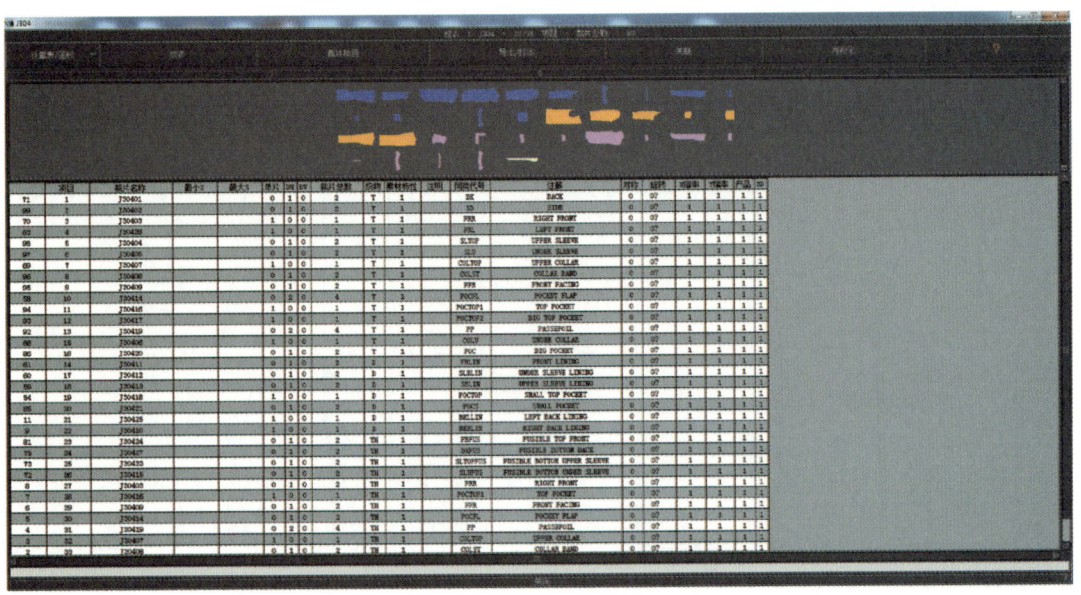

图 2-5-6 西装成衣档案界面(力克软件)

（二）学生设计案例

1. 连衣裙样板设计（图 2-5-7 至图 2-5-11）

款式一

款式二

款式三

款式四

图 2-5-7　连衣裙款式图

图 2-5-8 款式一样板设计（江南大学 叶璐露）

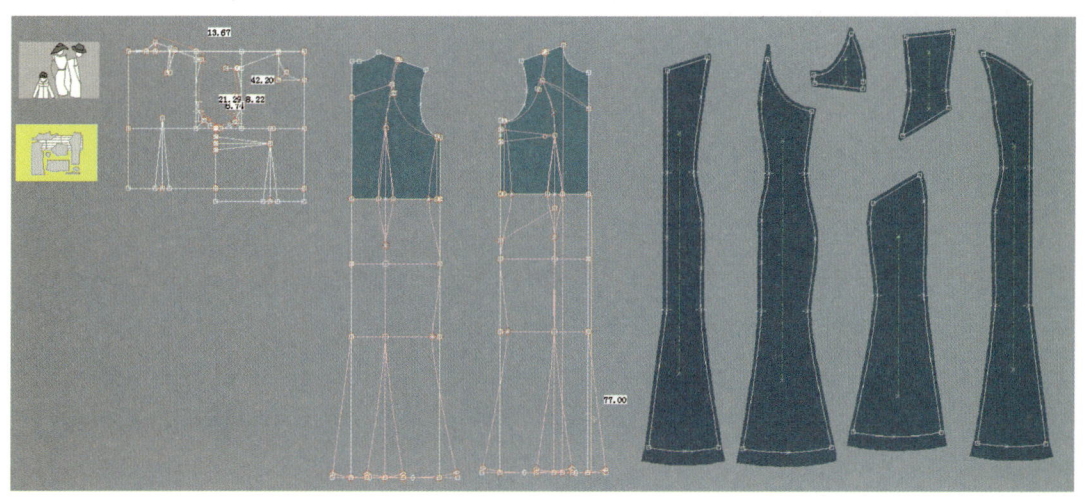

图 2-5-9 款式二样板设计（江南大学 胥心莲）

图 2-5-10　款式三样板设计（江南大学　张青云）

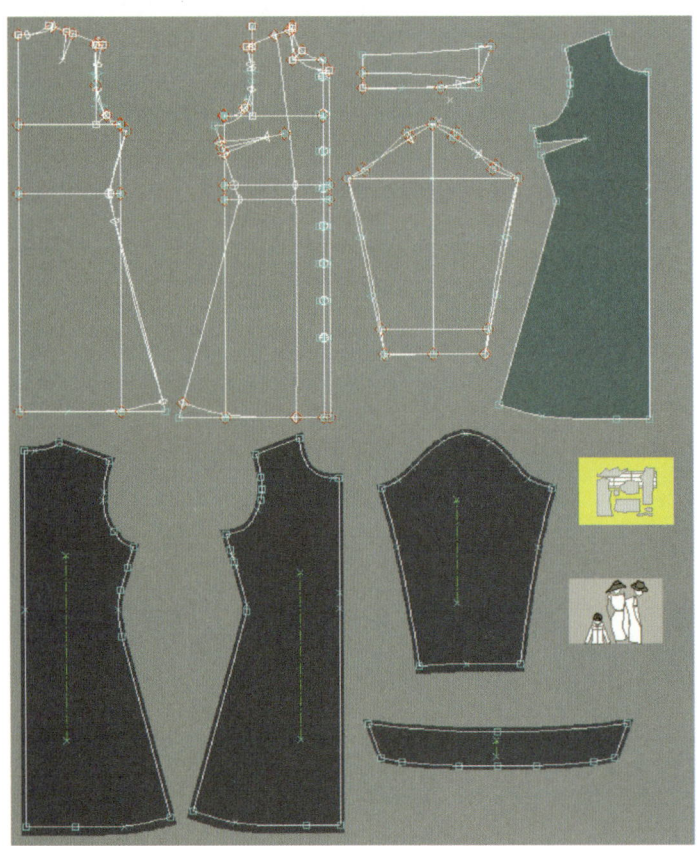

图 2-5-11　款式四样板设计（江南大学　王雪薇）

2. 大衣样板设计(图 2-5-12 至图 2-5-16)

款式一

款式二

款式三

款式四

图 2-5-12 大衣款式图

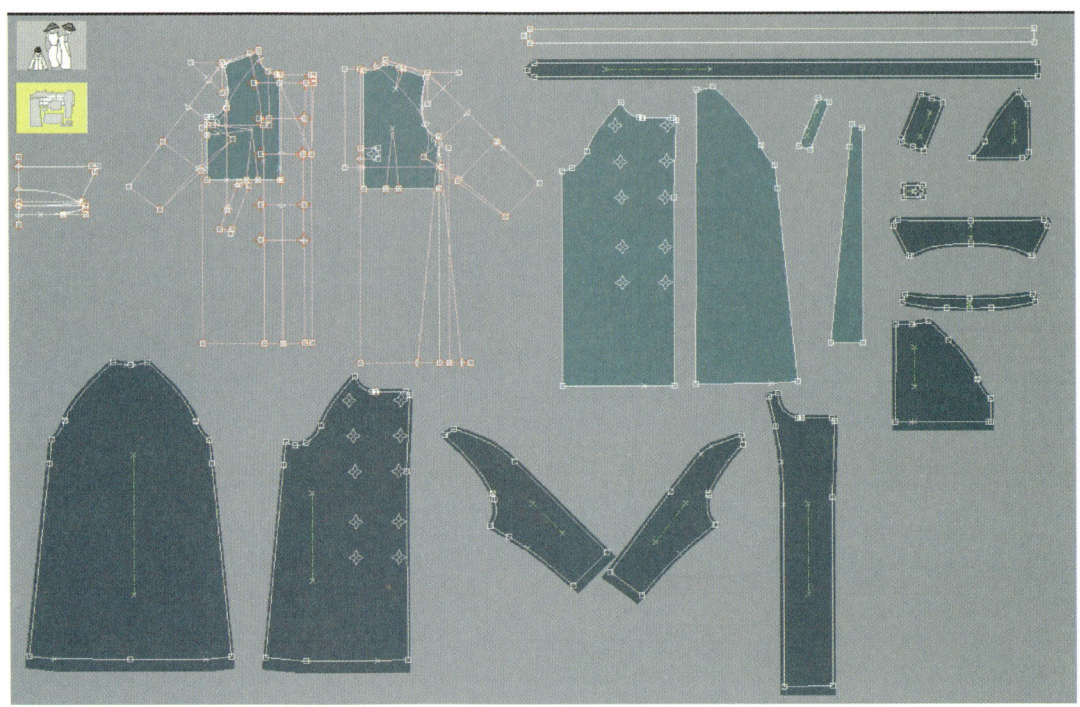

图 2-5-13　款式一样板设计(江南大学　叶璐露)

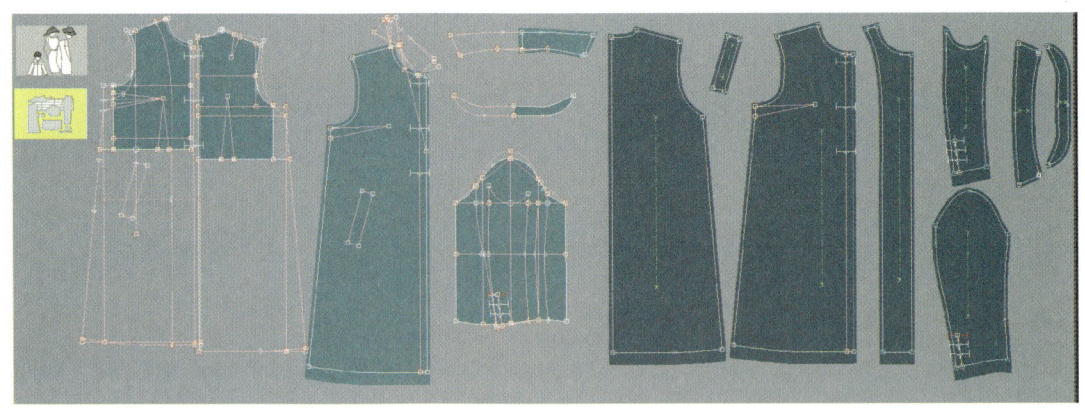

图 2-5-14　款式二样板设计(江南大学　申山梅)

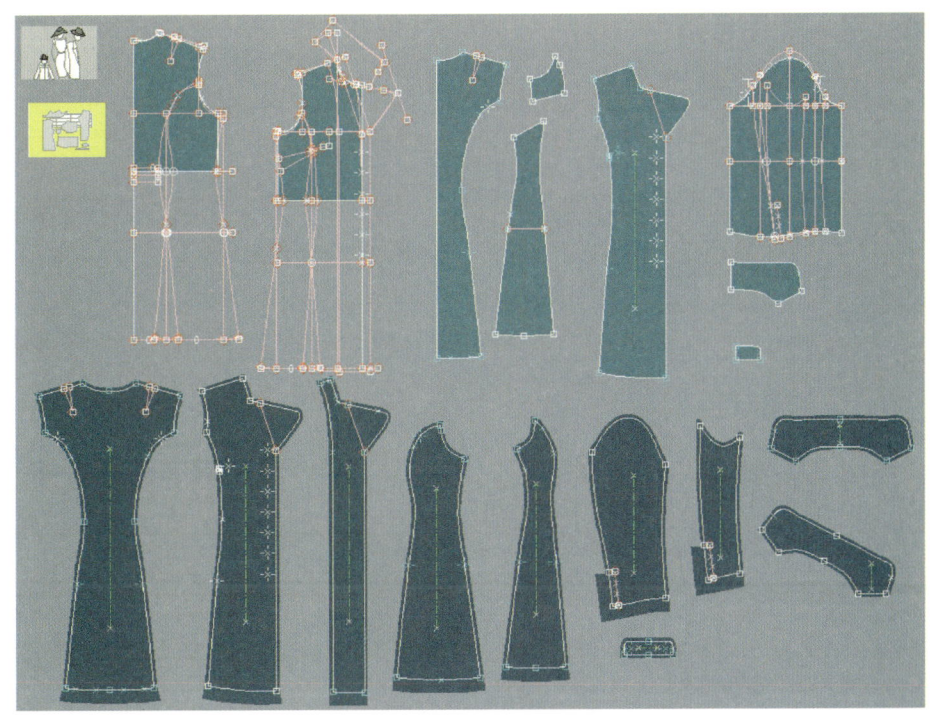

图 2-5-15 款式三样板设计（江南大学 胥心莲）

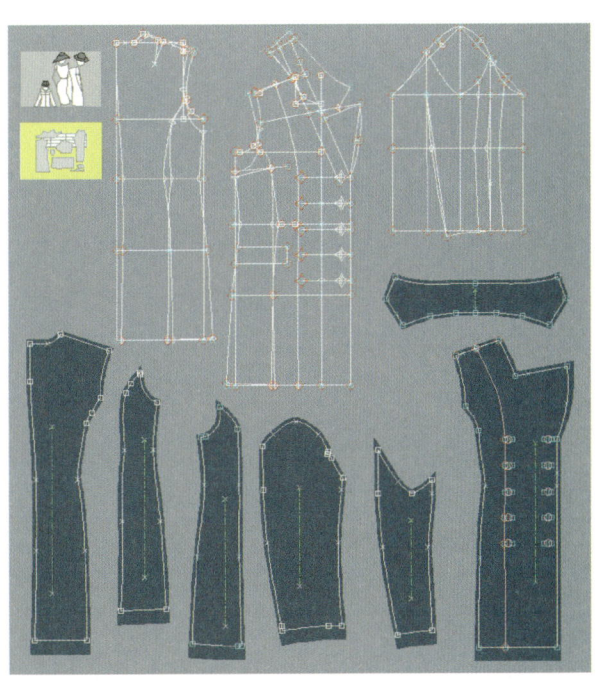

图 2-5-16 款式四样板设计（江南大学 王雪薇）

三、知识点

1. 女式连衣裙样板设计

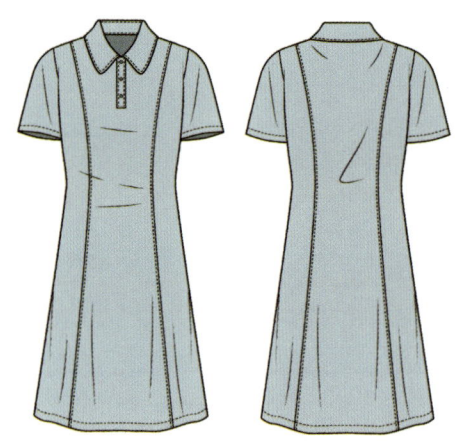

图2-5-17 连衣裙款式图
(江南大学 章陈虹)

(1) 款式分析

本例为一款分割线女式连衣裙,主要由前片、后片、领子和袖子构成(图2-5-17)。其中,前片由前中片、前侧片和前门襟组成;后片由后中片和后侧片组成;袖子为短袖,一片式;领子为翻领。

(2) 规格设计(表2-5-1)

表2-5-1 连衣裙规格设计表(160/84A)

单位:cm

部位	胸围	肩宽	领大	裙长	袖长	袖口围
尺寸	96	37	40	90	23	31

(3) 结构图(图2-5-18)

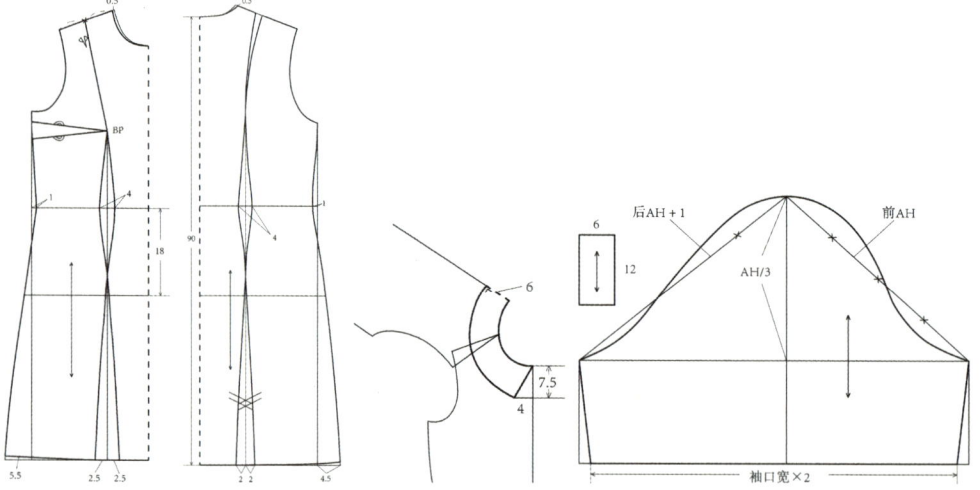

图2-5-18 连衣裙结构图

2. 男式夹克样板设计

(1) 款式分析

本例为一款分割线设计男士夹克,不带里子,主要由前片、后片、领子、下摆和袖子构成(图2-5-19)。其中,前片由前育克、前搭门、前中片、前侧片和胸贴袋组成;后片由后育克和后侧片

图 2-5-19　夹克款式图

组成，后中片镂空；袖子由大袖片和小袖片组成。

(2) 规格设计(表 2-5-2)

表 2-5-2　夹克规格设计表(170/88A)

单位：cm

部位名称	领围	衣长	胸围	下围	肩宽	袖长	袖肥
规格	47	60	120	120	50	56	40

(3) 结构图(图 2-5-20)

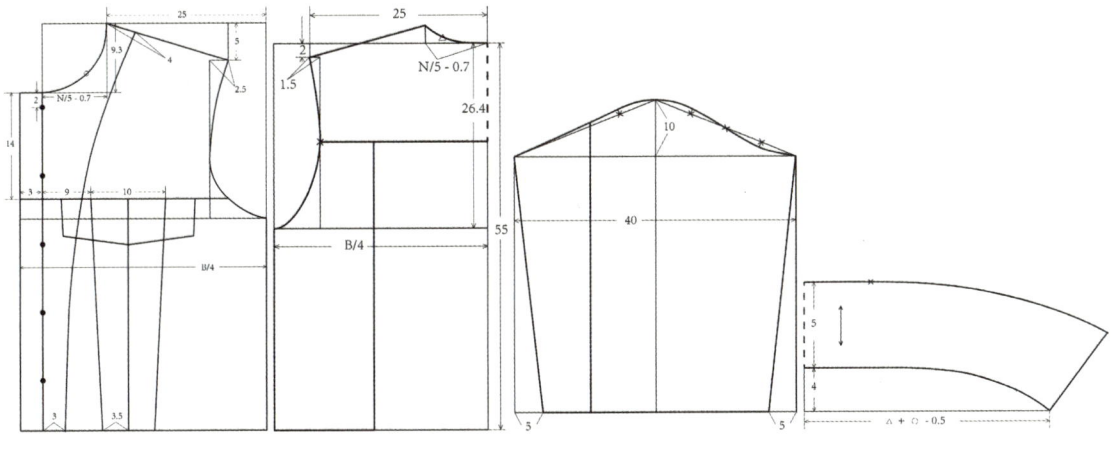

图 2-5-20　夹克结构图

3. 女式大衣样板设计

(1) 款式分析

本例为一款英伦复古风格长款女式大衣,不带里子,主要由前片、后片、领子、袖子和腰带构成。双排扣结构,斜插袋,袖子为一片袖带袖口襻带(图2-5-21)。

(2) 规格设计(表2-5-3)

表2-5-3 风衣规格设计表(160/84A)

单位:cm

部位名称	胸围	肩宽	领大	衣长	袖长	袖口宽	口袋宽
规格	100	46	42	110	55	17	14

女款大衣

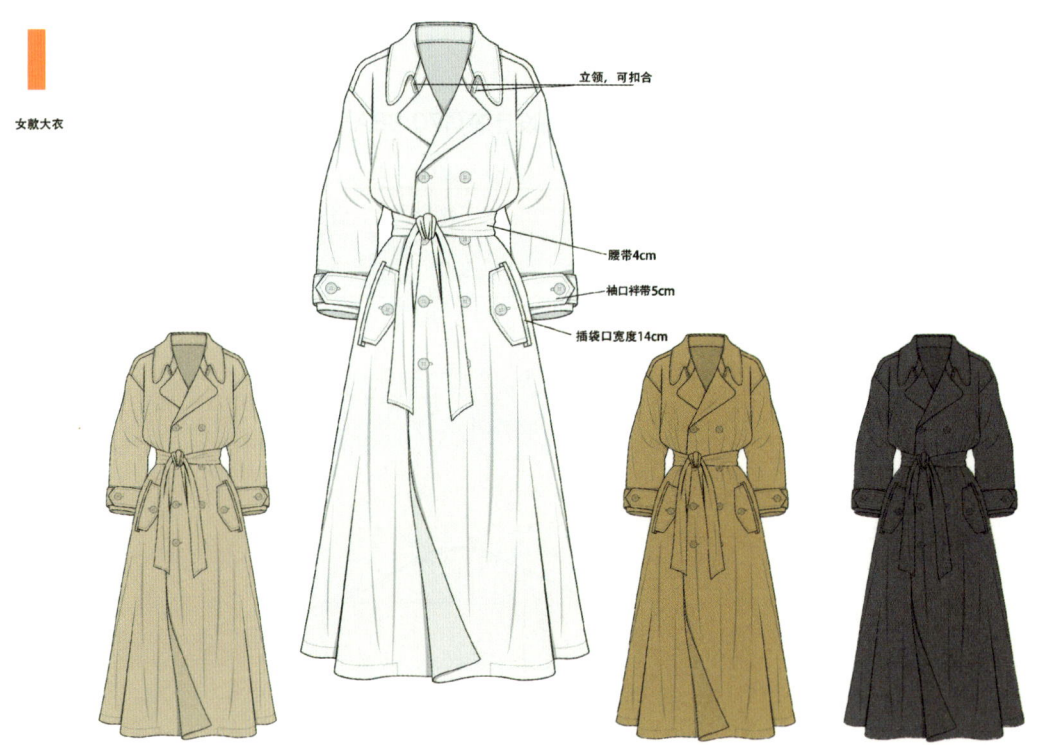

立领,可扣合

腰带4cm

袖口襻带5cm

插袋口宽度14cm

图2-5-21 大衣款式图

(3) 结构图（图 2-5-22）

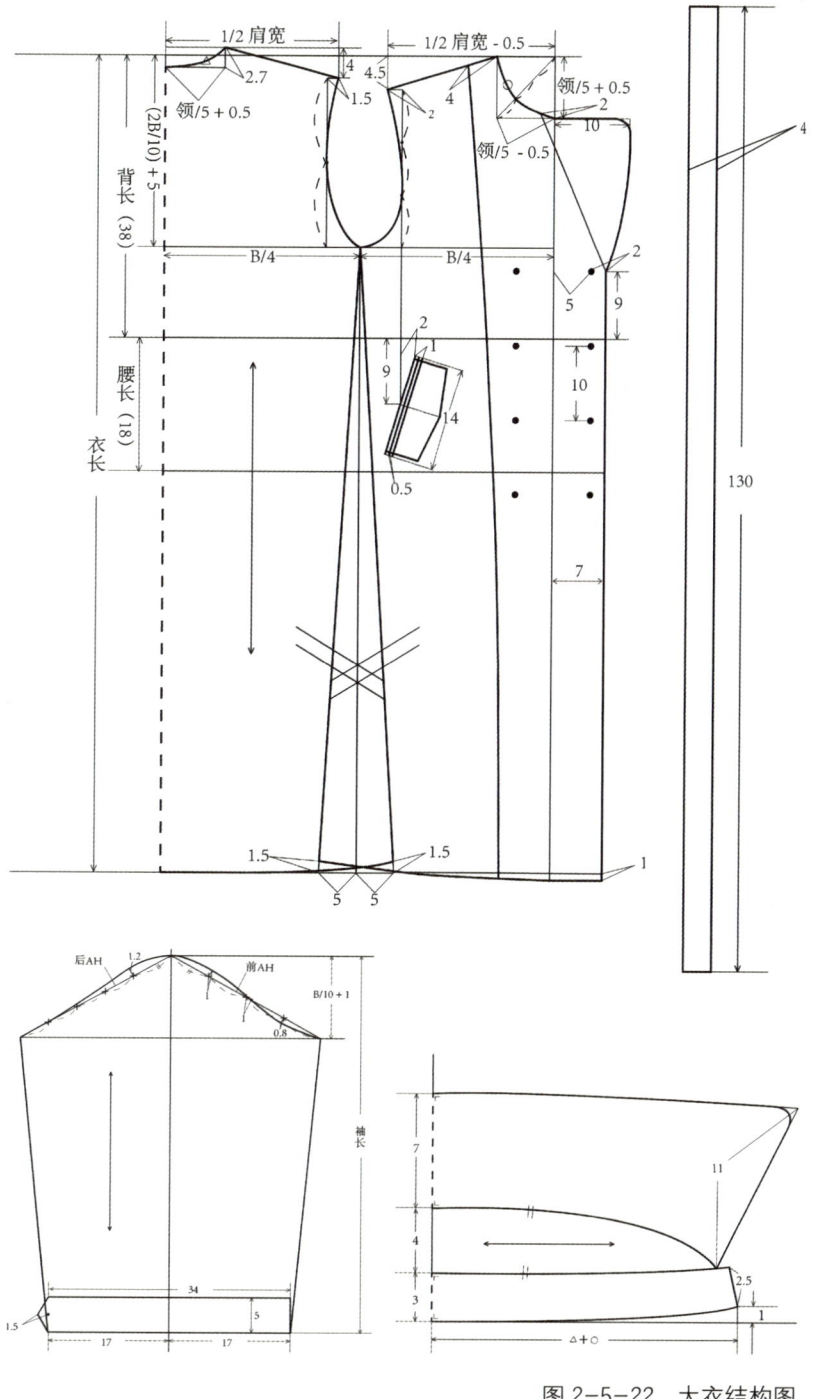

图 2-5-22　大衣结构图

▶▶ 四、实践程序

(一) 连衣裙样板设计(使用软件:Modaris V8R5)

该样板设计采用原型法制图。

1. 步骤一:后片制图

使用档案插入款式工具,调入衣身原型,长度单位为 cm。按"F4"键,使用"实样工具"套取原型前后片。按"F3"键,使用"延长线段工具"加长衣长至 90,使用"定距点工具"确定臀围线,使用"直线工具"确定下摆线。使用"直线工具"确定省道中心线,使用"定距点工具"量取省量大小和下摆放出量,使用"切线弧线工具"完成腰省和肩省的连接。侧缝弧线也用"切线弧线工具"完成,侧缝要起翘 0.5~1,使之与下摆线垂直。领口用"定距点工具"加宽 0.5。

2. 步骤二:前片制图

使用"定距点工具"将领口加宽 0.5,使用"切线弧线工具"完成新领口设计。按"F3"键,使用"延长线段工具"加长衣长与后片相同。使用"定距点工具"确定臀围线,使用"直线工具"确定下摆线。使用"直线工具"确定省道中心线,使用"定距点工具"量取省量大小和下摆放出量,使用"切线弧线工具"完成腰省和肩省的连接。侧缝弧线也用"切线弧线工具"完成,侧缝要起翘 0.5~1,使之与下摆线垂直。使用"内部分段工具"确定新省道位置,使用"省道转移工具"完成省道由胸部至肩部的转移,连接肩省和腰省,使用"切线弧线工具"完成。按"F3"键,使用"移动点工具"完成曲线修改(图 2-5-23)。

3. 步骤三:衣领制图

将前后肩线重叠一部分,按"F8"键,使用"两点联结工具"完成,使用"定距点工具""直线工具"确定后领宽及前领角位置,使用"切线弧线工具"画出领子外口弧线。

4. 步骤四:衣袖制图

使用"直线工具"画出两条互相垂直的线,使用"定距点工具"定出袖山顶点,使用"圆形工具""直线工具"画出袖山斜线,使用"内部分段工具"将前袖山斜线四等分,使用"测量工具""直线工具"确定袖山曲线参考点,使用"切线弧线工具"完成袖山曲线绘制,使用"定距点工具""直线工具"绘制袖侧缝线。

5. 步骤五:门襟制图

使用"方形工具"绘制门襟。

6. 步骤六:样板分解

按"F4"键,使用"实样工具"套取各个裁片样板,使用"平面图缝份工具"加缝份,使用"布纹线工具"处理好经纱方向,如图 2-5-24 所示。

图 2-5-23 连衣裙前片和后片制图

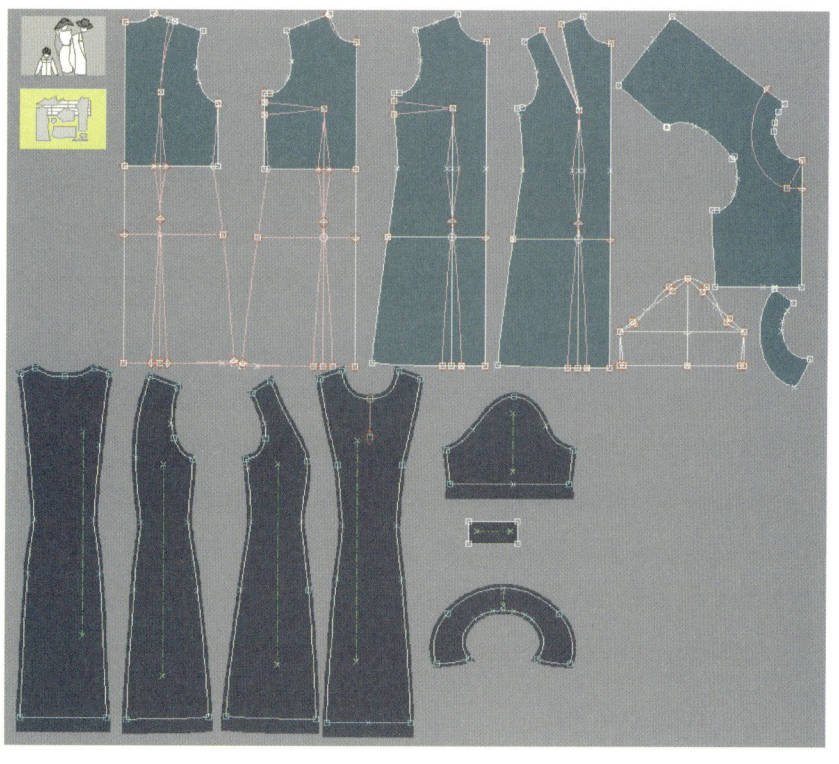

图 2-5-24 连衣裙整体样板设计界面

（二）夹克衫样板设计（使用软件：Modaris V8R5）

该样板设计采用直接作图方法制图。

1. 步骤一：后片制图

新建款式档，设置参数，长度单位为 cm，角度单位为°。新建工作页，按"F2"键，使用"方形工具"绘制长方形，规格为 55×30；按"F1"键，使用"定距点工具"确定后肩宽。后领口使用"定距点工具"取后领口宽为 5/B-0.7，即 8.7；领口高为 2.5。按"F1"键，使用"切线弧线工具"画顺后领口曲线；上平线垂直向下 2 确定后肩点，画出后肩线。

过后肩点做水平线，长度为 1.5；并做垂直线，长度为 24.4；画出胸围线。后中心下落 14，画出后育克分割线。画顺后袖窿曲线。后片分割线距离后中 14。

2. 步骤二：前片制图

绘制前领口曲线和前肩线：绘制方形，尺寸同后片。前领口宽为 N/5-0.7=8.7，前领口深为前领口宽 +0.6=9.3，画顺前领口曲线，并延长 3，做垂直线，与下围线相交。量取前肩宽 25，上平线垂直向下 5，画出前肩线。

绘制前胸宽线和前袖窿曲线：过前肩点做水平线，长度为 2.5，并做垂直线与胸围线相交。前中点下落 14，并绘制直线，为前育克分割线。画顺前袖窿曲线。

绘制前片分割线、口袋位、挂面：沿前育克分割线，使用"定距点工具"向左侧取 9.5，右侧取 10，确定前片分割线两点。按"F1"键，使用"内部分段工具"将前中片两等分；过等分点做垂直线，使用"定距点工具"取 3.5，画出分割线。使用"定距点工具"画出第一粒纽扣点位，距离 FNP 点为 2，等分找到其他纽扣位点；按"F2"键，使用"加记号点工具"调整为记号点。过颈侧点沿肩线画定距点，距离 4，前中沿下摆线画定距点，距离 3，画出挂面（图 2-5-25）。

3. 步骤三：衣袖制图

做水平线，长为袖肥；按"F1"键，使用"内部分段工具"将袖肥两等分，过等分点向上做垂直线，长度为 10；向下做垂直线，长度为 46。画出袖山参考线、袖缝线、袖口线。

将前袖山斜线四等分，按"Shift"键结合"直线工具"，在第一个等分点处向外画垂直于袖山斜线的垂线，长度为 1；在第二个等分点沿着袖山斜线下移，长度为 1；过第三个等分点向内画直线，长度为 1，与袖山斜线垂直。使用"切线弧线工具"画顺袖山曲线。

沿后袖窿曲线，测量袖窿底点到后育克分割线的长度，画出袖子分割线。

4. 步骤四：衣领制图

画基础水平线，确定后中线点；沿后中心点做垂直线，长度为 4，再延长该垂直线，长度

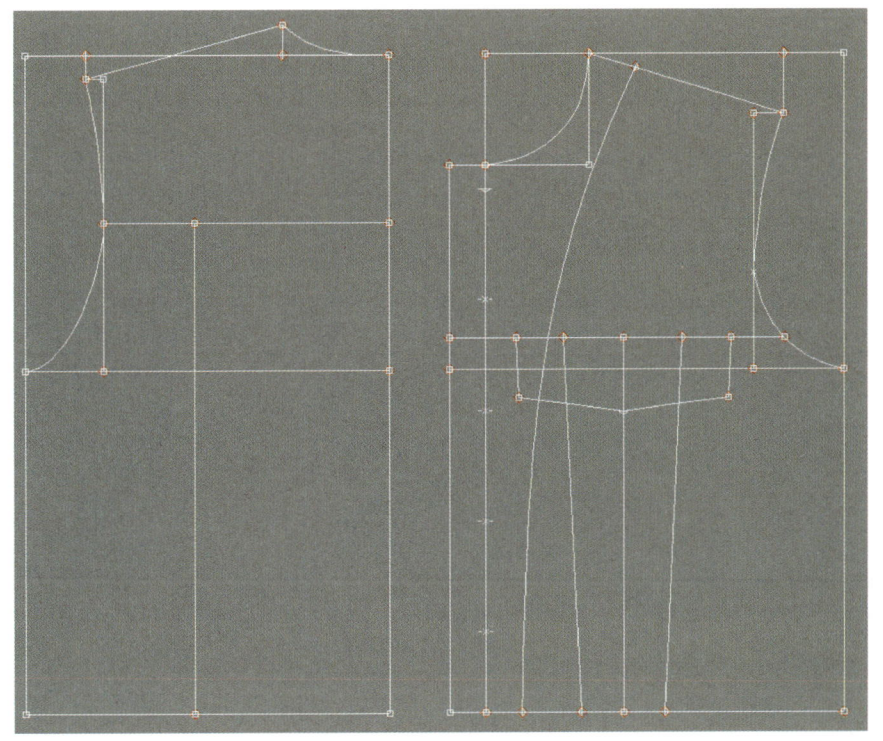

图 2-5-25　夹克后片和前片样板设计

为 8；过后中心点做水平线，长为后领口曲线长，以右侧点为圆心，画圆，半径为 23.5－后领口曲线长，与水平参考线相交；画顺领下口曲线。过领下口线做垂线，长度为 9。画顺领外口线（图 2-5-26）。

5. 步骤五：零部件制图

下摆：做 10×126 的矩形（6 为搭门量）。

袋盖：在前片纸样上直接画出。

6. 步骤六：提取实样

按"F4"键，使用"实样工具"分别提取每个裁片的实样。

7. 步骤七：添加缝份和丝绺方向

按"F4"键，使用"平面图工具"或"裁片缝份工具"，为每个裁片添加缝份。按"F4"键，使用"轴线工具"为每个裁片添加布纹线（图 2-5-27）。

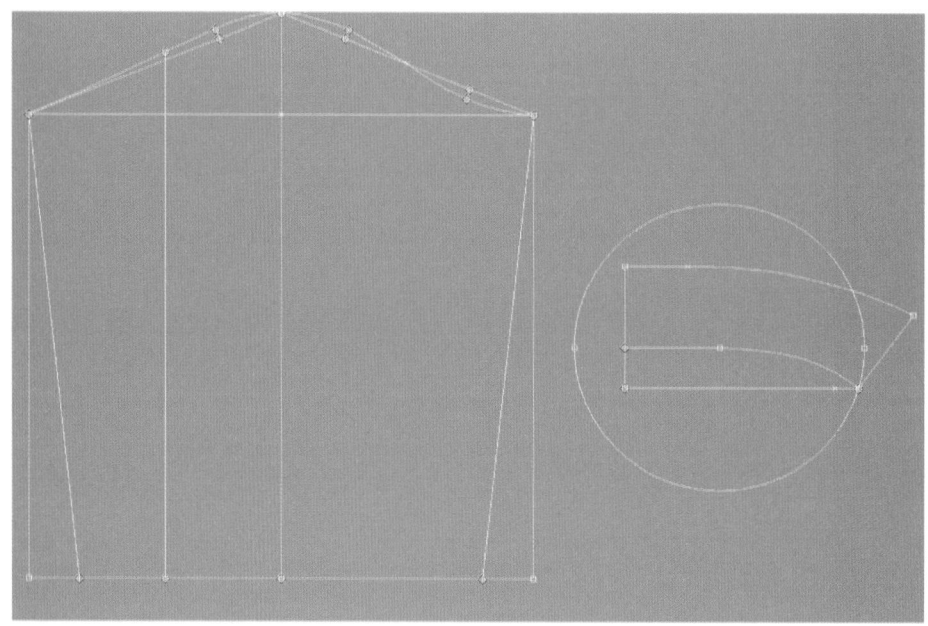

图 2-5-26 夹克衣袖和衣领样板设计

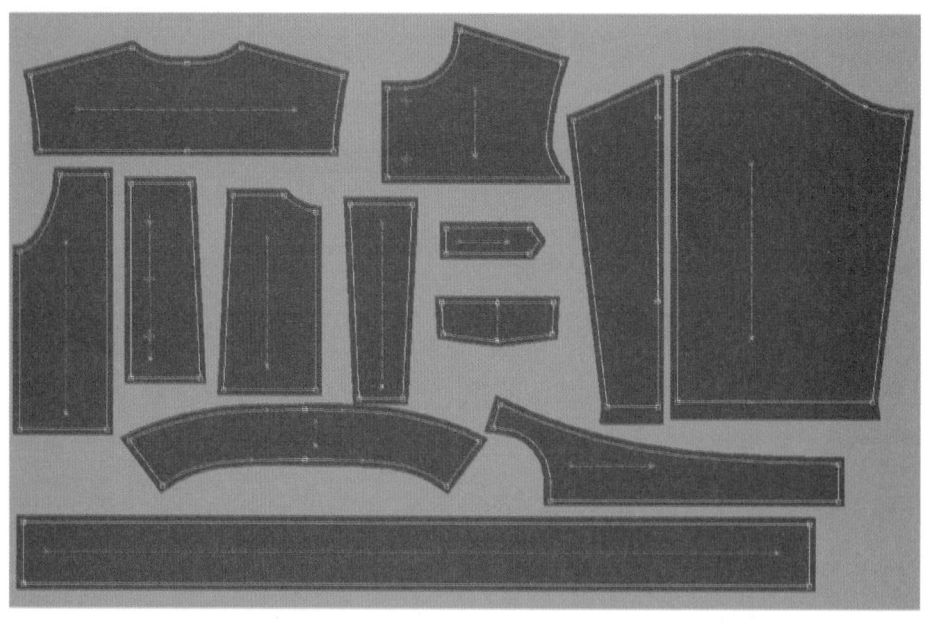

图 2-5-27 夹克裁片毛样板

8. 生成成衣档案

按"F8"键，使用"成衣"功能，将款式生成成衣档案。

（三）大衣样板设计（使用软件：Modaris V8R5）

该样板设计采用直接作图法制图。

1. 衣身制图

打开软件，设置好参数，长度单位为 cm，建立新款式和新工作页。使用"方形工具"画一个110×52 的矩形，使用"平行线工具"完成袖窿深线、腰围线、臀围线的绘制。使用"内部分段工具""直线工具"完成侧缝线绘制。使用"延长线段工具"将后颈点延长 1，使用"直线工具"过此点做垂线，使用"定距点工具"找到前、后肩宽点。使用"直线工具""相关内点工具"找出前后落肩、冲肩位置，再使用"直线工具"完成胸宽线、背宽线的绘制。

使用"定距点工具"定出前领宽、前领深，使用"相关内点工具""切线弧线工具"画好前领口矩形，使用"直线工具""内部分段工具""切线弧线工具"完成前领口弧线绘制。使用"直线工具"绘制前肩线。使用"定距点工具"定出后领宽、后领深，使用"相关内点工具""切线弧线工具"画好后领口矩形，使用"切线弧线工具"完成后领口弧线绘制。使用"直线工具"绘制后肩线。

使用"内部分段工具""切线弧线工具"完成前、后袖窿弧线线绘制，按"F3"键，使用"修改工具"可以调整修改曲线形状，使前、后袖窿弧线与前、后肩线在肩端点处基本垂直。

使用"线段延长工具""直线工具"绘制搭门和前门襟下摆，使用"定距点工具"确定侧缝下摆放量，使用"直线工具"绘制侧缝，使用"定距点工具"绘制侧缝起翘，使用"切线弧线工具"完成下摆线绘制。按"F3"键，使用"修改工具"完成下摆弧线修改。在门襟止口线上使用"延长线段工具"确定驳领翻折止点。

使用"延长线段工具"确定驳领宽，使用"切线弧线工具""点移动工具"完成驳领止口线绘制，使用"差量圆弧工具"绘制驳领圆角。使用"定距点工具"和"剪口工具"完成立领装领位置的确定。

使用"延长线段工具"确定口袋中心位置，使用"平行线工具"和"圆工具"绘制口袋斜线，使用"删除工具"删掉不需要的线段和点，使用"延长线段""直线""平行线""切线弧线""定距点""内部分段"等多种工具配合完成口袋的绘制。

衣身绘制基本完成，使用"动态尺码工具"量取前后领口弧线长和前后袖窿弧线长（图 2-5-28）。

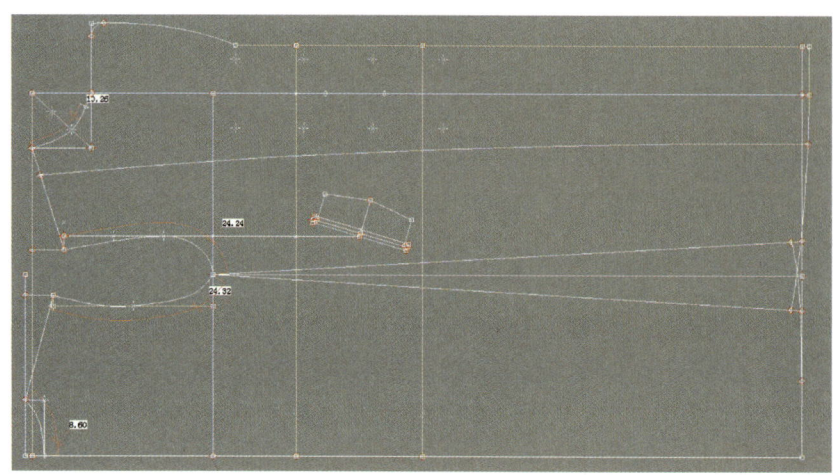

图 2-5-28　风衣前片和后片样板设计

2. 衣袖制图

建立新工作页,使用"直线工具"绘制两条互相垂直的直线,使用"定距点工具"确定袖山顶点和袖长。使用"圆形工具""直线工具"绘制袖山斜线,使用"删除工具"删除不必要的线段和点,按"F3"键,使用"调整线段工具"调整线段长度。

使用"内部分段""定距点""直线""切线弧线"多种工具配位完成袖山弧线的绘制,按"F3"键,使用"修改工具"完成弧线形状的调整,使用"动态尺码工具"测量袖山弧线长度。对比袖隆弧线和袖山弧线差值,确认是否在袖子吃势的控制范围内。

使用"平行线工具""直线工具""相关内点工具"绘制袖襻条。

3. 衣领制图

建立新工作页,使用"直线工具"绘制两条互相垂直的线,使用"定距点工具"确定领子大小和宽窄。

使用"直线工具"绘制立领起翘,使用"切线弧线工具""内部分段工具""直线工具"完成立领绘制。使用"动态尺码工具"测量立领上口线长度。

使用"切线弧线工具"绘制翻领外口线,注意翻领角垂线的长度与立领上口线的长度基本相等,使用"直线工具""切线弧线工具""差量圆弧工具"完成翻领外口线的绘制(图 2-5-29)。

4. 腰带和贴边

使用"方形工具"绘制腰带。使用"定距点工具""切线弧线工具"绘制门襟贴边线。

使用"相关内点工具""对称工具""加记号点工具"配合绘制纽扣位置。

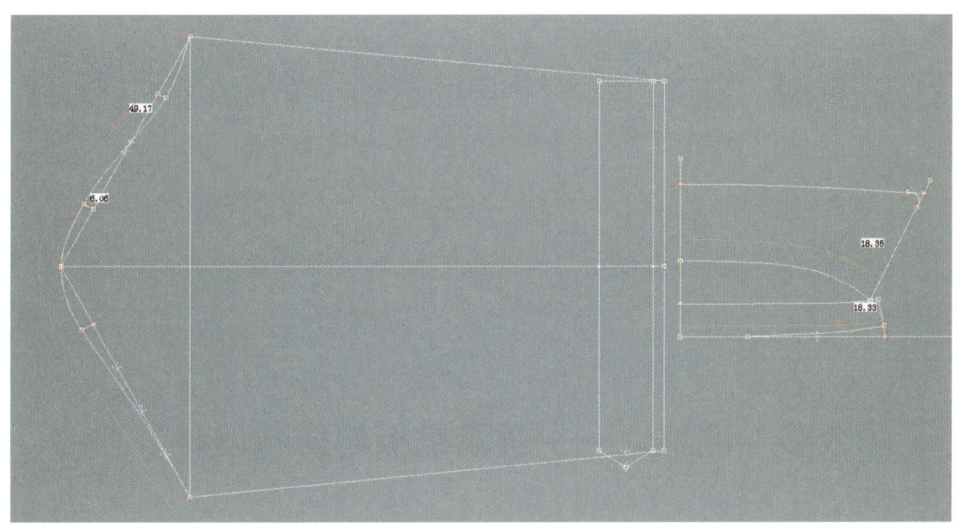

图 2-5-29　风衣衣袖和衣领样板设计

5. 取实样和添加缝份

　　分别提取前片、后片、袖片、门襟、衣领、腰带、贴片、口袋等实样，并添加缝份，生成成衣档案，如图 2-5-30 所示。

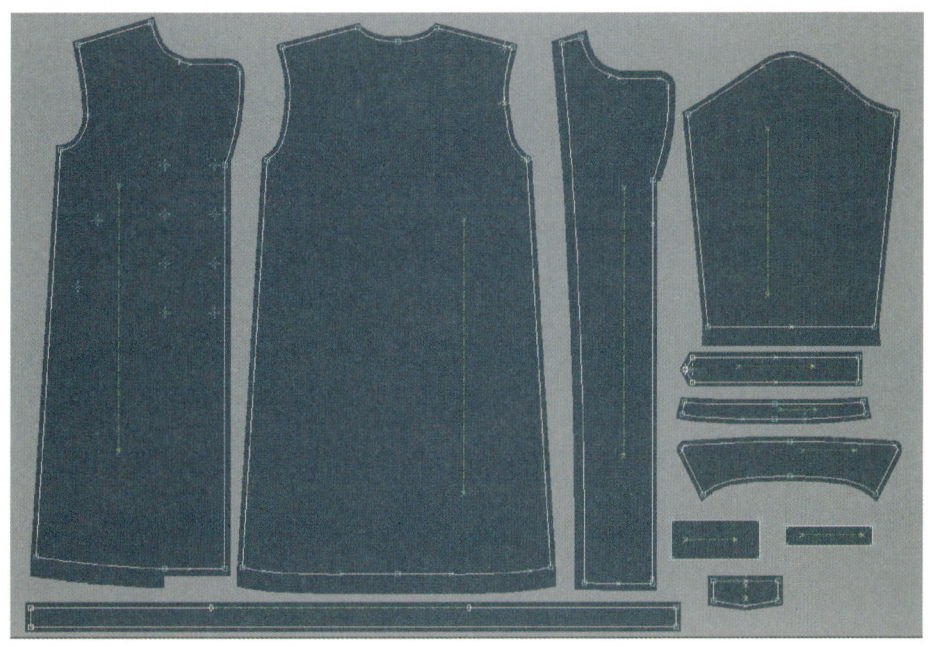

图 2-5-30　风衣裁片毛样板

▶▶ 五、参考阅读

[1] 刘瑞璞:《服装纸样设计原理与应用 男装编》,中国纺织出版社 2008 年版。

[2] 孙玉钗、刘国联:《服装生产管理教程》,东华大学出版社 2013 年版。

[3] 陈建伟:《服装 CAD 应用教程》(第 3 版),中国纺织出版社 2019 年版。

[4] 张文斌:《服装结构设计》,中国纺织出版社 2006 年版。

第六节　训练六——服装推板与排料设计

▶▶ 一、课程概述

建立排料图
文件

1. 课程内容

掌握软件的推板工具和排料工具,能够结合服装推板和排料的工艺要求完成各类服装款式的推板和排料。

2. 训练目的

排料操作

引导学生树立正确的价值观,对比手工推板排料和计算机推板排料的效果,增强科技强国理念,在教学中注重培养学生动手能力和脚踏实地的意识理念;熟练掌握软件推板工具,通过学习各类服装推板工艺流程及服装推板技能与技巧,提高学生推板能力;熟练掌握软件排料工具,通过学习各类服装排料工艺流程及服装排料技能与技巧,提高学生排料能力;提高学生软件使用的动手能力和实际解决问题的能力,以适应市场需求,同时注重培养学生灵活运用专业基础知识进行创新设计和团队合作的能力。

3. 重点和难点

重点:熟练掌握服装推板和排料,灵活运用计算机辅助设计软件的各种工具和菜单功能。

难点:服装推板过程中样板的修改,条格面料的排料。

4. 作业要求

　　款式要求带领、带袖,不可过于简单,其他内容自定,完成不少于 5 个规格的推板和不少于 3 件成衣的排料图。作业完成前对类比案例进行文献学习,在此基础上完成设计款式的档差、基准线、放缩点、放缩量、排料的工艺要求。要求提交以下设计成果:

　　(1) A4(29.7×21 cm)设计文本一套,包括款式图(正面款式图、背面款式图)、规格设计表(不少于三个规格)、1∶5 毛板、推板图和排料图。

　　(2) 电子文档一套(用于学校教学成绩资料归档),包括款式图、规格设计表、排版图和排料图。推板文件的存储格式为 mdl,排料文件的存储格式为 PLX。其他辅助文件,如尺码表、布料档等一起保存在同一个文件夹中。

　　(3) 电子文档一套(中国大学 MOOC 成绩资料归档,需要学生自行上传),文件存储格式同作业(2),可以压缩上传。

　　本训练为个人作业。

▶▶ 二、设计案例

　　推板也称为放码、推档、扩号,是指在服装工业批量生产过程中,依据服装款式要求,按照生产制造单规定的其中一个号型尺寸绘制完成一套生产基础纸样后,再按照生产制造单所需的全号型尺寸将该号型生产基础纸样进行放大和缩小,从而制定出一系列形状相同而尺寸各异的全号型生产纸样。排料也叫排版,是指安排样板在面料上如何使用以及用料多少的工艺过程。排料是一项技术性很强的工作,排料结果直接影响着材料定额、生产成本、产品质量等方面。推板和排料是服装生产必不可少的工艺流程。

1. 企业案例

(1) 男衬衫推板案例(图 2-6-1)

(2) 男衬衫排料案例(图 2-6-2)

2. 学生案例

(1) 连衣裙、男衬衫和男西装推板案例(图 2-6-3 至图 2-6-5)

(2) 西裤排料案例(图 2-6-6、图 2-6-7)

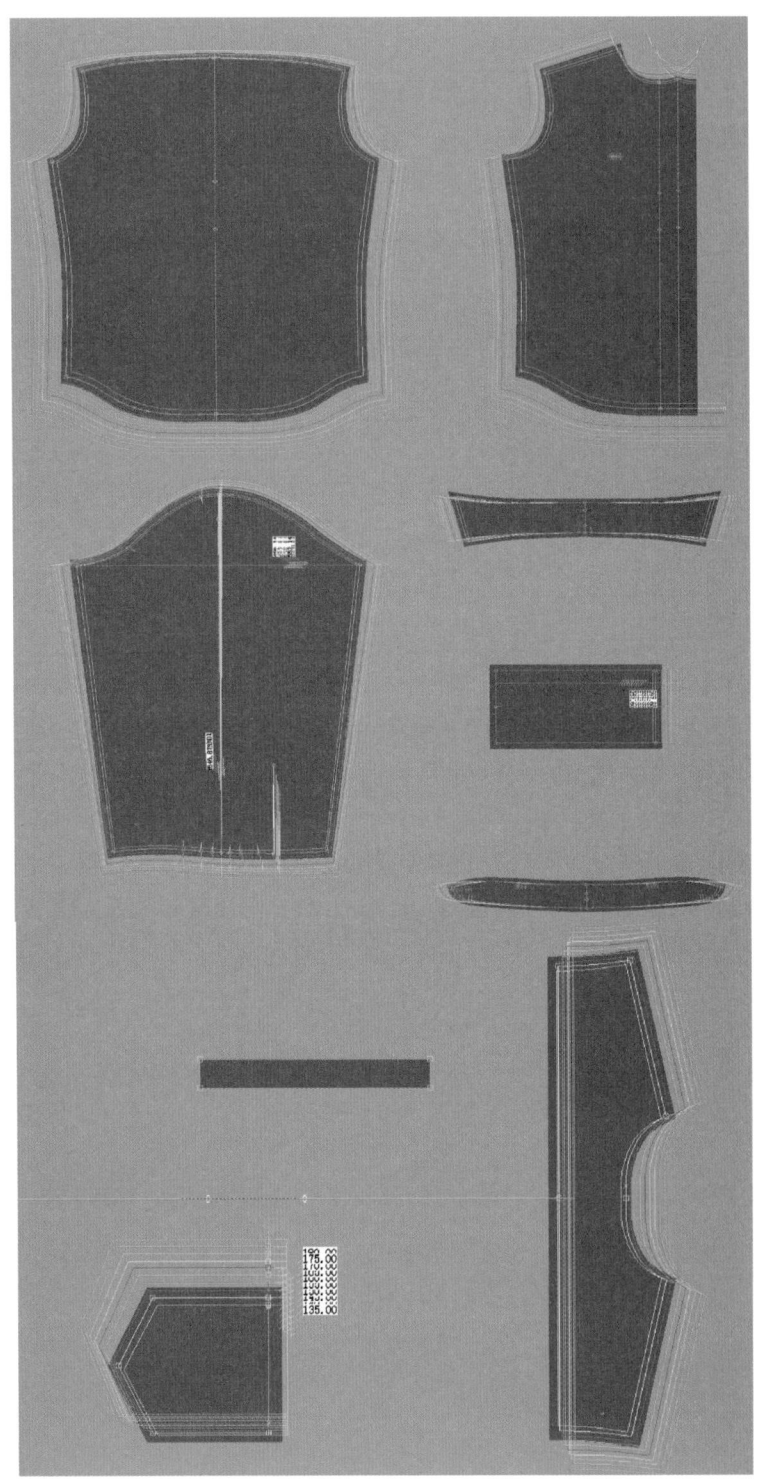

图 2-6-1 男衬衫推板（力克公司）

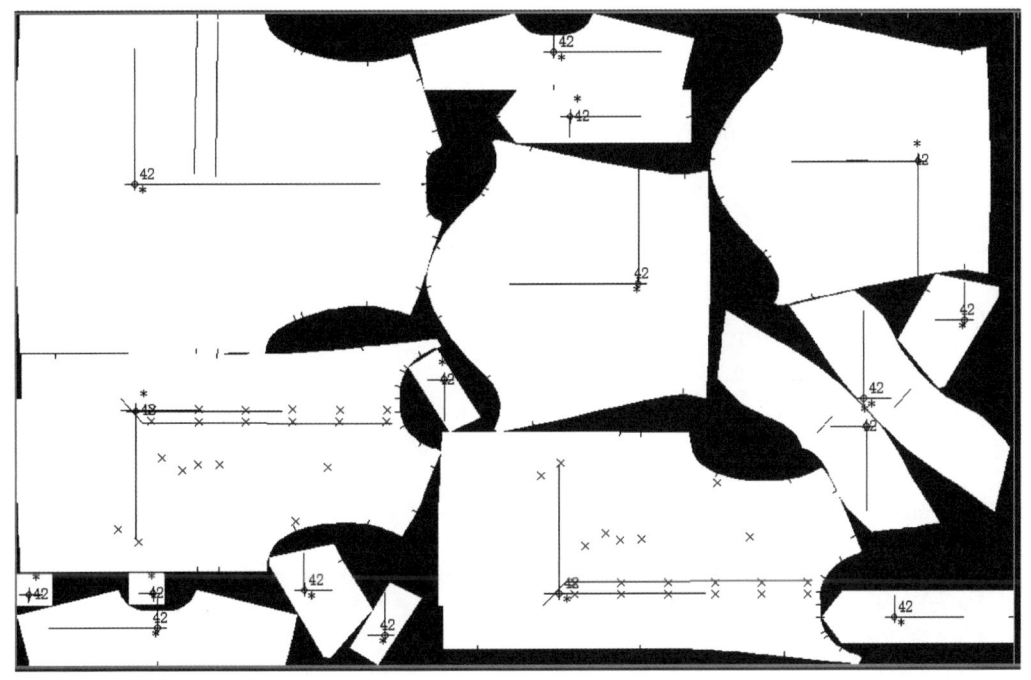

图 2-6-2 男衬衫排料(力克公司)

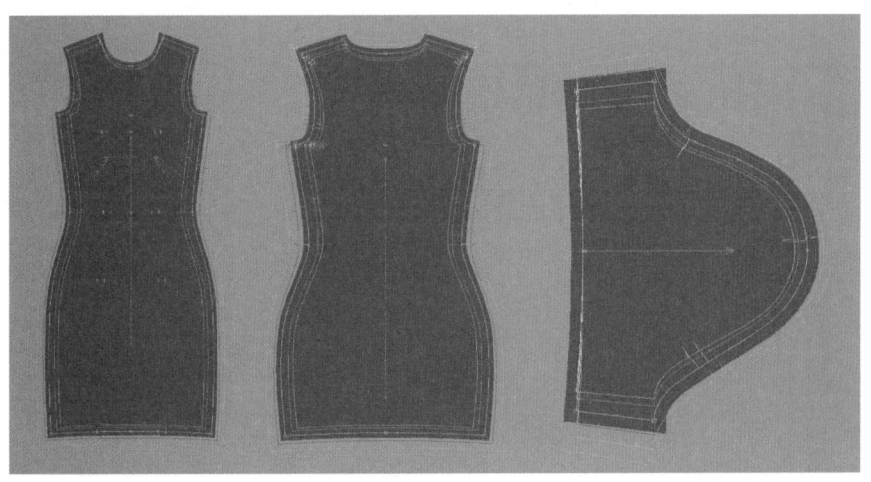

图 2-6-3 · 连衣裙推板

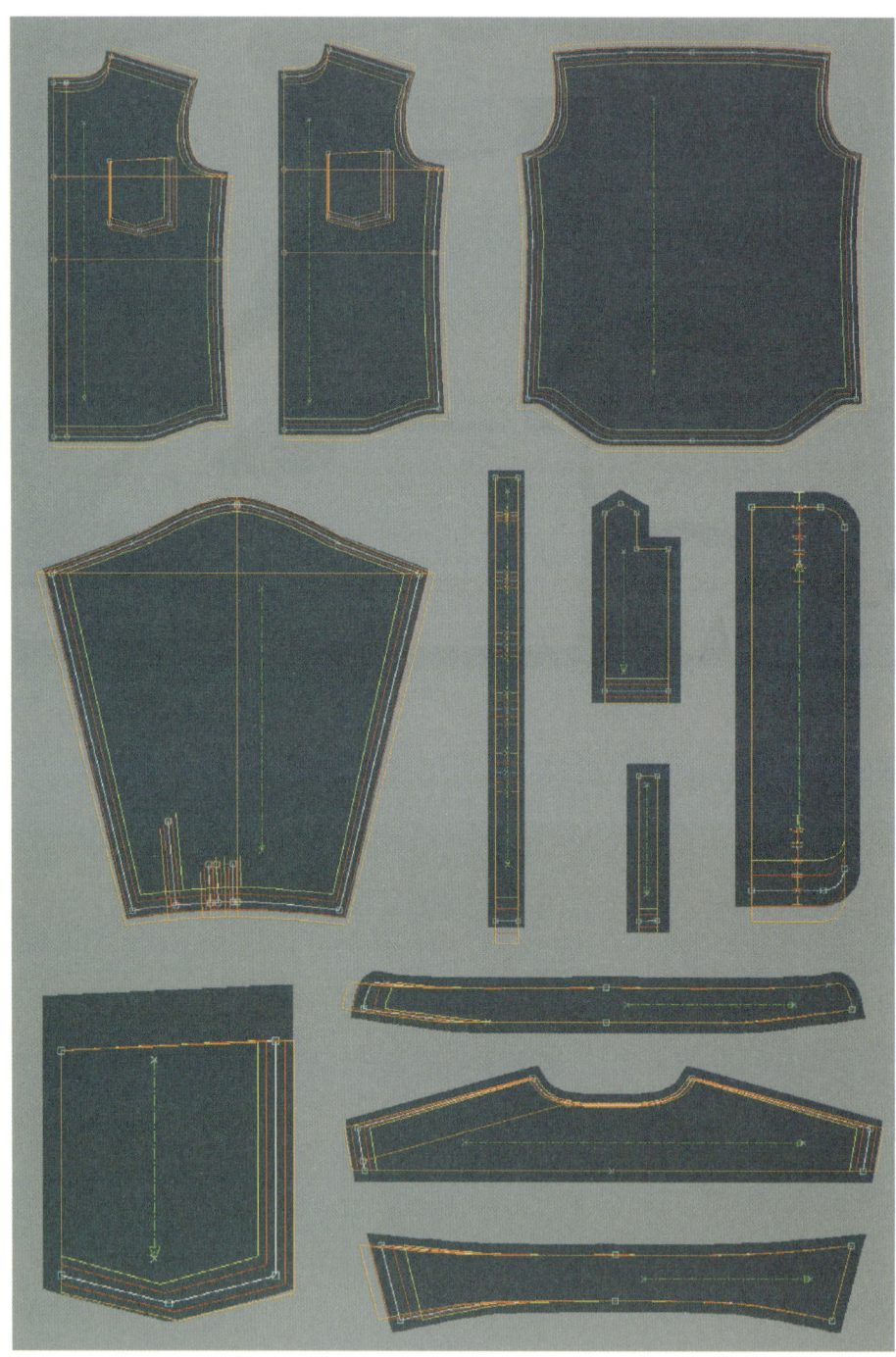

图 2-6-4 男衬衫推板

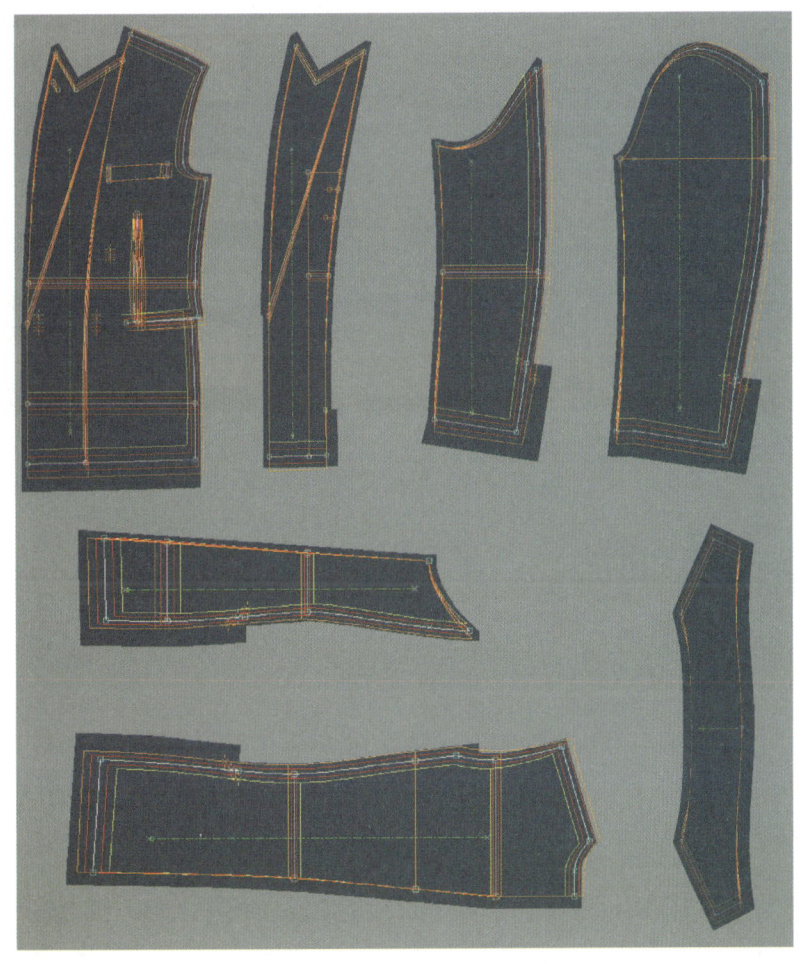

图 2-6-5　男西装推板

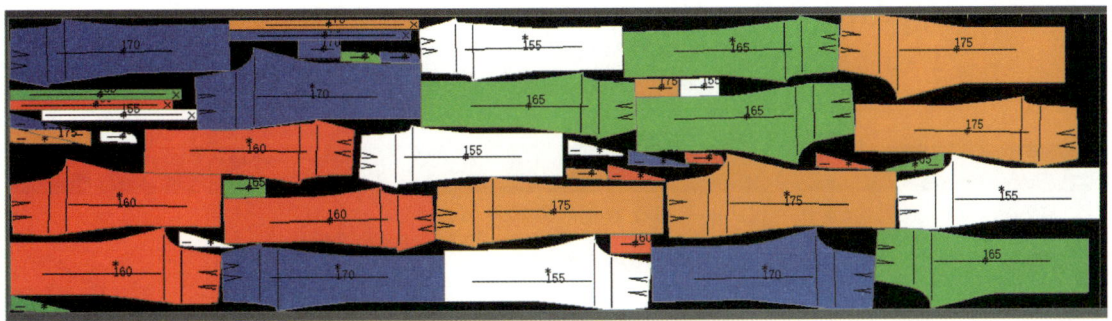

图 2-6-6　西裤套排（素色面料）

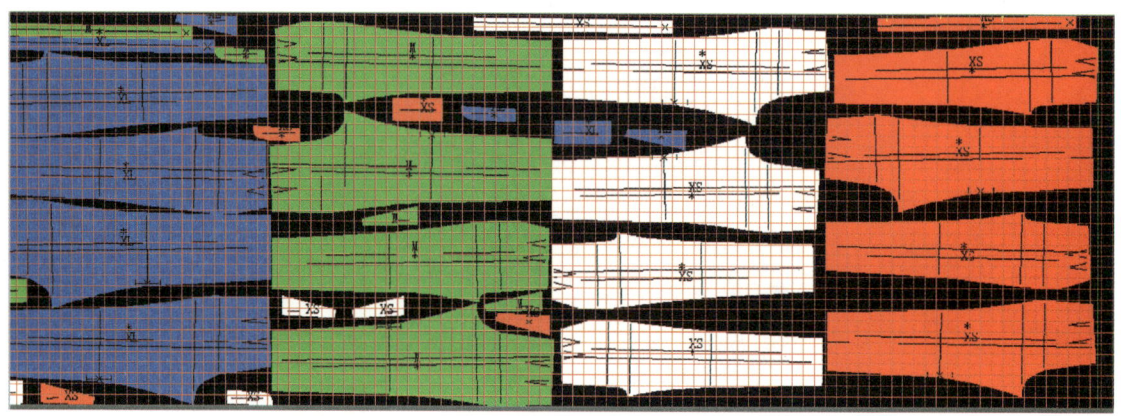

图 2-6-7　西裤套排(条格面料)

▶▶ 三、知识点

1. 推板

(1) 原理

推板运用了数学中相似形原理、坐标等差平移原理和任意图形在投影射线中的相似变换原理。

(2) 原则

简单来说,一是保证形状相似;二是推板是制版的再现,量上要满足规格的变化。具体来讲,第一个原则是指同一品种、款型、体型的全套号型规格系列样板,无论大小都必须保持廓形相似;第二个原则是指规格尺寸上要有量的变化,即全套号型规格系列样板,由小到大或由大到小依次排列,相同部位的线条间距必须保持相等的规格档差和结构部位档差。

(3) 档差确定

档差是指相同部位相邻规格的差值。常见部位档差如表 2-6-1 所示。

表 2-6-1　常用部位档差

单位:cm

部位	缩放系列	缩放数依据
衣长	3(男)2(女)	号型衣长的差数
腰围	2	号型的差数
背长	1.2(男)1(女)	号型的差数
胸围	4	胸围号型差数

续表

部位	缩放系列	缩放数依据
臀围	3.2(男)3.6(女)	臀围号型差数
前领宽	0.2(男)0.16(女)	胸围差数 4 的 1/20 或领大差数 1 的 1/5
前领深	0.2(男)0.16(女)	胸围差数 4 的 1/20 或领大差数 1 的 1/5
后领宽	0.2(男)0.16(女)	胸围差数 4 的 1/20 或领大差数 1 的 1/5
肩斜	0.2	胸围差数 4 的 1/20
1/2 肩宽	0.6(男)0.5(女)	肩宽号型差数 1 的 1/2
1/2 胸宽	0.6	胸宽号型差数 1.2 的 1/2 或胸围 4 的 1.5/10
1/2 背宽	0.6	背宽号型差数 1.2 的 1/2 或胸围 4 的 1.5/10
袖窿深	0.8	胸围号型差数 4 的 2/10
袖窿宽	0.8	1/2 胸围减胸背宽 1.2 的余数
省道尖	0.3	胸宽 0.6 的 1/2
口袋高	0.6	衣长的 1/3
袖长	1.5	袖长的号型差数
袖山高	0.4	根据袖山高为胸围/10
袖口	0.5	袖口号型的差数

(4) 基准线

基准线类似于平面几何中的坐标线。由于服装品种比较多,款型结构各不相同,所以推板的基准线选择直接影响推板的效果,各种服装样板基准线也有多种不同的选位、定位方法。一般来说,长裤横向基准线选择横档线;纵向基准线选择前后片的烫迹线,即裤中线;短裙的基准线可以选择前后中心线和臀围线;三开身的上衣推板时,为了确保丰胸、收腰款型结构特征和各号型规格袖窿结构稳定不变形,且要便于推画,一般选择胸围横线与胸宽直线作为横、纵基准线,使得袖窿弧线基本不移动、不变形;四开身上衣推板时基准线选择前后中线和胸围线;一片袖的基准线通常是袖肥线和袖中线,合体两片袖的基准线为袖肥线和前袖分割线。

(5) 放缩点和放缩量

放缩点通常是制版的关键点,如肩点、侧颈点、前后颈点等,即影响服装样板廓形的关键点都是放缩点。放缩点的放缩量的计算要考虑制版时的控制公式和档差的分配。例如,袖山高的计算公式为 1/10B+1,胸围的档差在号型标准 5.4 系列中为 4,则袖山高的档差为 4×0.1=0.4。根据这个公式和袖长的档差 1.5,可以计算出袖山顶点的纵向放缩为 0.4,袖口放缩为 1.5−0.4=1.1。

放缩点的放缩量的放大规格是远离基准线,缩小规格是靠近基准线。

2. 排料

(1) 方法

排料时先排大衣片，后排小衣片。小衣片可以排在大衣片的空隙中。为了利用空隙，可将大衣片的缺口合并，从而形成比较大的空白区域来放置较小的衣片。根据样板的形状紧密套排，直线对直线，斜线对斜线，凸对凹，尽可能减少样板之间的空隙，有利于节约面料。排料作业可影响服装生产总成本的 2.8%~8.3%。另外，不同规格的面料复用搭配，可以合理利用面料。

(2) 工艺要求

排料应符合产品的设计要求与工艺要求，主要从两点考虑：一是注意面料的正反和衣片的对称性；二是注意面料的方向性。面料的方向性要考虑两个方面：一是面料的丝缕方向，一定要注意面料的丝缕方向与样板标注一致；二是方向性面料，这类面料需要保证各衣片外观的一致和对称，此时样板的排列不能任意改变首尾方向。排料图的线迹要准确，两端要平齐，不允许出现凹凸现象。

(3) 色差面料和条格面料排料

要避免在一件服装中出现色差。有边色差（纬向）的面料在排料时，要将缝合在一起或相邻的部位（如上衣开襟前片的左右前襟）靠在一边，零部件尽可能靠近相应的大身；有段色差（经向）的面料在排料时，要尽可能保证同一件服装的各个裁片靠近在一起，其前后间隔的距离越小越好，间隔越大形成色差的可能性就越大。

条格面料在排料时要对格。不同的服装质量有不同的对格要求，有对横不对竖的，也有横竖都要求对格的。根据不同的质量要求可以采用不同的排料方法，有准确对格法和放格法。图2-6-8左边是准确对格法：排料时，需要将对条、对格的两个部件按对格要求准确排好位置，划

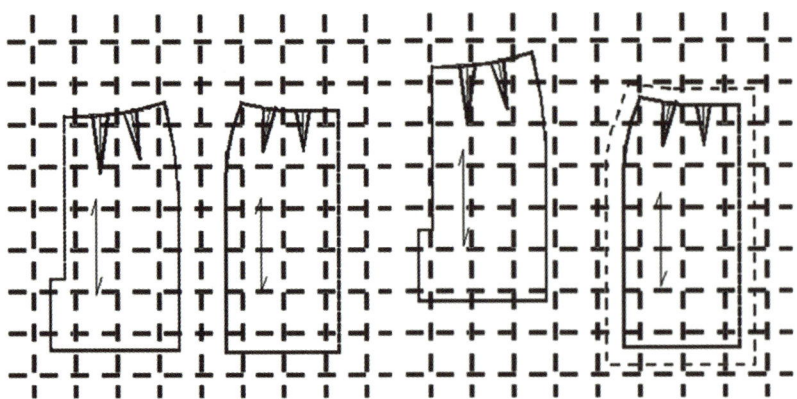

图 2-6-8　对格方法

样时将条格划准,保证缝制组合时对正条格。图 2-6-8 右边是放格法:排料时,先将相合部件中的一件排好,而另一件排料时不按样板划样,而是将样板适当放大,留出余量,余量大约是半个格子,裁剪时先按放大后的毛样裁剪(图中裙片裁剪一片沿实线边际、一片沿虚线边际),待裁下毛坯后再逐层按对格要求画好净样,剪出裁片,与另一裁片进行组合缝制。

四、实践程序

(一) 女式连衣裙推板设计和排料设计(使用软件:Modaris V8R5、Markerma)

女士连衣裙款式如图 2-6-9 所示,连衣裙规格见表 2-6-2。

图 2-6-9 女式连衣裙款式图

表 2-6-2 女式连衣裙规格表

单位:cm

部位	155/80A	160/84A	165/88A	档差
胸围	92	96	100	4
肩宽	36	37	38	1
领大	39.2	40	40.8	0.8
裙长	88	90	92	2
袖长	22.5	23	23.5	0.5
袖口宽	15	15.5	16	0.5

1. 步骤一：毛板设计

毛板是服装净样板根据需要加放缝份的样板。力克软件中毛版是通过工业生产中的工具完成的。

使用"实样工具"套取服装裁片，使用"布纹线工具"绘制裁片的经纱方向线。使用"F3"键中的各种修改工具进行裁片细节处理，包括点、线、曲线点的简化等。

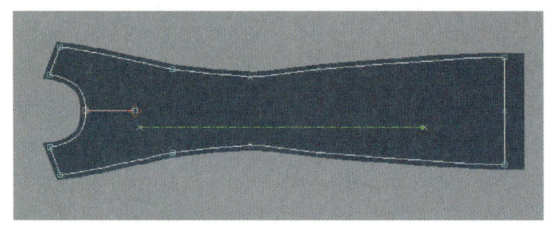

图 2-6-10　前中片毛样板

使用"F4"键中工业生产的"缝份处理工具"完成缝份设计，所有裁片全部完成毛板设计。连裁的衣片使用"F5"键中的"两点对称工具"或者"F1"键中的"对称工具"画出完整的裁片。图 2-6-10 是前中毛板。

2. 步骤二：建立尺码表

在放码之前先建立尺码表，可以是数字尺码表，如 155、160、165；也可以是文字尺码表，如 S、M、L。尺码表用 Windows 附件中的记事本完成。使用"F7"键中的"尺码表工具"读出建立的尺码表，使用"Ctrl+U"键显示资料框，使用编辑下拉菜单中的"编辑工具"编辑裁片名称（图 2-6-11）。

3. 步骤三：档差设计

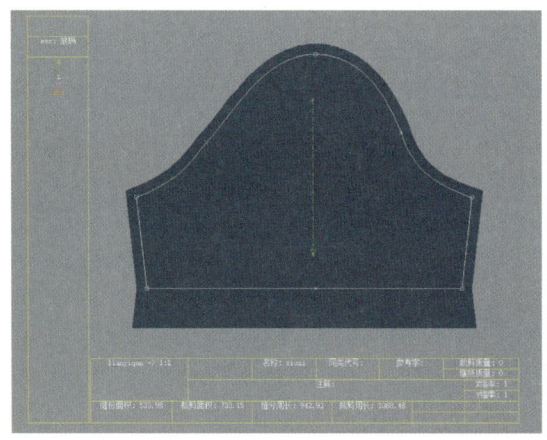

图 2-6-11　袖片尺码表

根据国家号型标准女人体 5.4 系列 A 体型的数据以及服装成衣规格的设计公式，得出本款连衣裙的各部位档差（表 2-6-3）。

表 2-6-3　连衣裙档差

单位：cm

裙长	胸围	肩宽	领大	袖长	背长	腰长	袖口宽
2	4	1	0.8	0.5	1	0.5	0.5
落肩	领宽	前领深	袖窿深	袖山高	袖肥		
0.2	0.16	0.16	0.6	0.4	0.6		

4. 步骤四：连衣裙推板

计算各个放缩点的放缩量，注意放缩量输入时有正负。使用"F6"键中的"放缩工具"进行样板放缩,使用"F9+F12"键可以看到各尺码重叠样板,使用"F10"键回到基础板。在推板的同时要配合使用"F3"键中的各种修改工具完成推板。推板不正确时,可以检查放缩点是否为两个点,使用"修改工具"进行修改。另外,如果轮廓线上点比较多时,可以适当删除一些不影响轮廓线形状的点。连衣裙前后片基准线选择的是胸围线和前后中线,前后侧片是胸围线、胸宽线和背宽线,袖子是袖肥线和袖中线,领子是后中线,各裁片放码完成如图 2-6-12 所示。

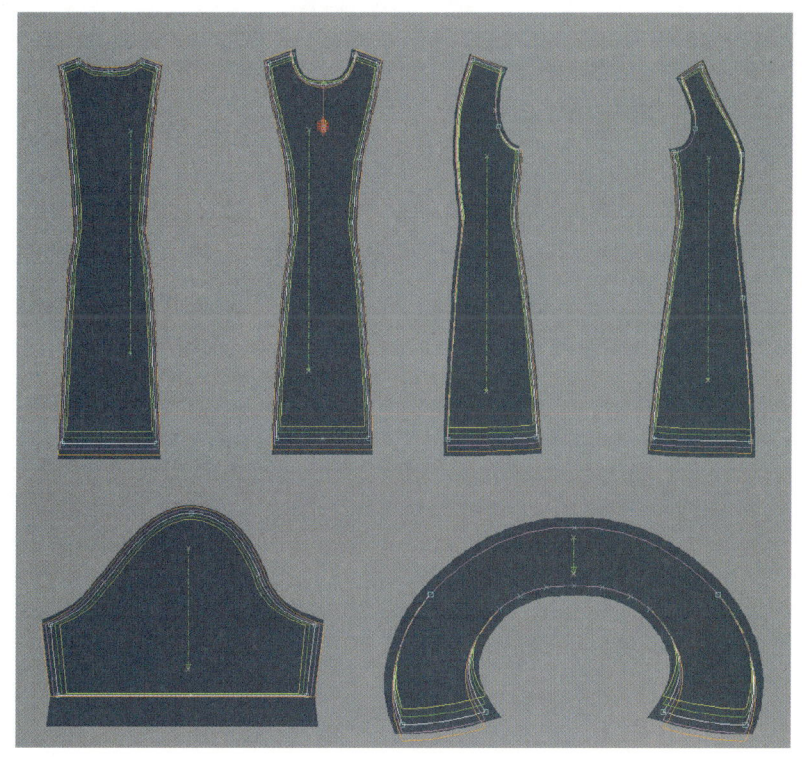

图 2-6-12 裙子裁片放码图

5. 步骤五:连衣裙排料

(1) 建立成衣档案

使用"F8"键中的"建立成衣档案工具"完成成衣档案建立,使用"建立裁片项目工具"选取裁片,在资料框中设置每个裁片的名称,如 front、back 等。成衣档案建立完成会出现如图 2-6-13 所示页面。

双击鼠标打开成衣档案的工作页面,可以根据裁片的具体要求完成参数的设计。裁片的要求包括是否是对称的一对,还是单片;是否允许旋转、翻转等。参数是根据排料的工艺需要设计的。

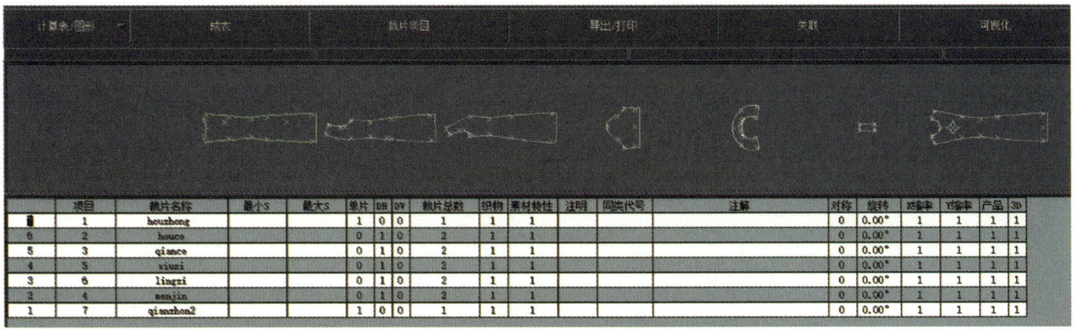

图 2-6-13 成衣档案参数设置

(2) 建立布料限制

打开 Marker Manager 软件，设置好存储路径，最好与款式档存储在同一文件夹，不然要分别打开不同的文件夹。在布料限制工作页面完成面料的各种参数规定，如面料名称、是否可以翻转等。在排料图工作页面完成排料参数规定，如名称、幅宽、布边、空隙等，调入款式档文件，确定规格和件数，单击生成排料图文件（图 2-6-14）。

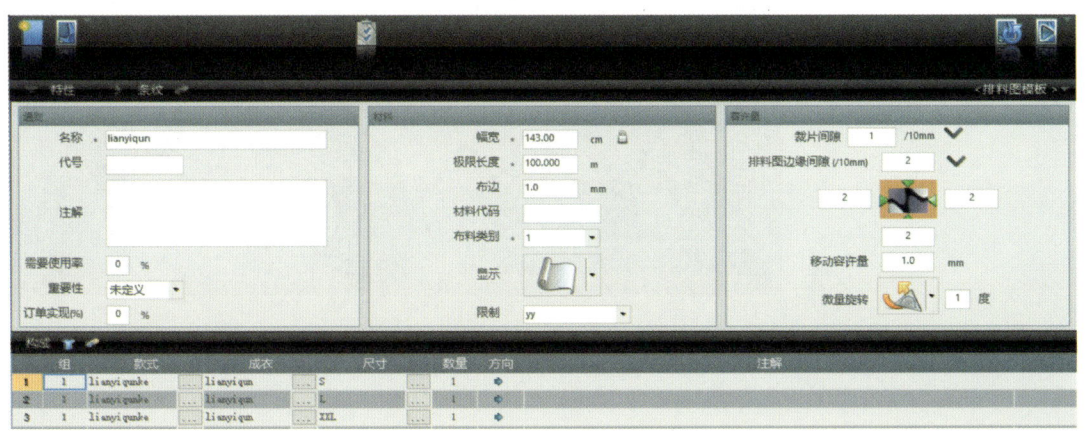

图 2-6-14 排料图设置界面

(3) 连衣裙排料

打开 MarkerMaking 软件，设置好存储路径，打开排料图文件，使用"排料工具"排料。在符合排料工艺要求的前提下，手工排料和自动排料可以结合使用，在排料时，尽量多使用一些排料的技巧，如翻转、微量重叠等，但是一切技巧都要建立在符合排料的工艺要求上。图 2-6-15 是 S、L、XXL 三种规格的面料排料图，先使用快速排料工具自动排料，再使用"工具下拉菜单"中的"优化工具"优化排料图，手动调整使之符合排料的工艺要求。

图 2-6-15 连衣裙排料图

（二）男式夹克推板设计和排料设计（使用软件:Modaris V8R5、Markermaking V6R2）

男士夹克款式见图 2-6-16,夹克规格见表 2-6-4。

<table>
<tr><th colspan="5">表 2-6-4 男式夹克规格表</th></tr>
<tr><td colspan="5" align="right">单位:cm</td></tr>
<tr><th>部位</th><th>165/84A</th><th>170/88A</th><th>175/92A</th><th>档差</th></tr>
<tr><td>胸围</td><td>116</td><td>120</td><td>124</td><td>4</td></tr>
<tr><td>肩宽</td><td>48.8</td><td>50</td><td>51.2</td><td>1.2</td></tr>
<tr><td>领大</td><td>46</td><td>47</td><td>48</td><td>1</td></tr>
<tr><td>衣长</td><td>58</td><td>60</td><td>62</td><td>2</td></tr>
<tr><td>袖长</td><td>54.5</td><td>56</td><td>57.5</td><td>1.5</td></tr>
</table>

图 2-6-16 男式夹克款式图

1. 步骤一:毛板设计

使用"实样工具"套取服装裁片,使用"布纹线工具"绘制裁片的布纹线,使用"F3"键中的"修改工具"可以进行裁片细节处理,包括点、线、曲线点的简化等。

使用"F4"键中的"工业生产工具"完成缝份设计,所有裁片全部完成毛板设计。图例是袖子毛板(图 2-6-17)。

2. 步骤二:建立尺码表

在放码之前建立尺码表,可以是数字尺码表,如 155、160、165;也可以是文字尺码表,如 S、M、L。尺码表用 Windows

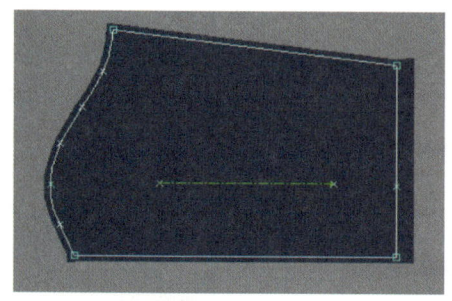

图 2-6-17　袖子毛板

附件中的记事本完成。使用"F7"键中的"尺码表工具"读出建立的尺码表,使用"Ctrl+U"键显示资料框,使用编辑下拉菜单中的"编辑工具"编辑裁片名称。

3. 步骤三:档差设计

根据国家号型标准男人体 5.4 系列 A 体型的数据以及服装成衣规格的设计公式,得出本款夹克衫的各部位档差(表 2-6-5)。

表 2-6-5　夹 克 档 差

单位:cm

衣长	胸围	肩宽	领大	袖长	背长	腰长	袖口宽
2	4	1.2	1	1.5	1	0.5	0.5
落肩	领宽	前领深	袖窿深	袖山高	袖肥		
0.2	0.2	0.2	0.6	0.4	0.6		

4. 步骤四:夹克推板

计算各个放缩点的放缩量,使用"F6"键中的"放缩工具"进行样板放缩,使用"F9+F12"键可以看到各尺码重叠样板,在推板的同时要配合使用"F3"键修改工具完成推板。这款夹克分割线比较多,前片的基准线为胸围线和胸宽线,后片的基准线为胸围线和背宽线,袖子的基准线是袖肥线和袖中线,领子的基准线选择了后中线。下摆、肩袢等宽度不变,只变化长度。前片中间分割裁片的宽度不变,长度变化,因此口袋袋盖通用,各裁片放码完成如图 2-6-18 所示。

5. 步骤五:夹克排料

(1) 建立成衣档案

使用"F8"键中的"建立成衣档案工具"完成成衣档案建立,使用"建立裁片项目工具"选取裁片,每个裁片的名称在资料框中要设置完成,如 front、back 等。

双击鼠标打开成衣档案的工作页面,可以根据裁片的具体要求完成参数的设计(图 2-6-19)。

(2) 建立布料限制

打开 Marker Manager 软件,设置好存储路径,在布料限制工作页面完成面料参数的设定。在排料图工作页面完成排料参数设定,调入款式档文件,确定规格和件数,单击生成排料图文件(图 2-6-20)。

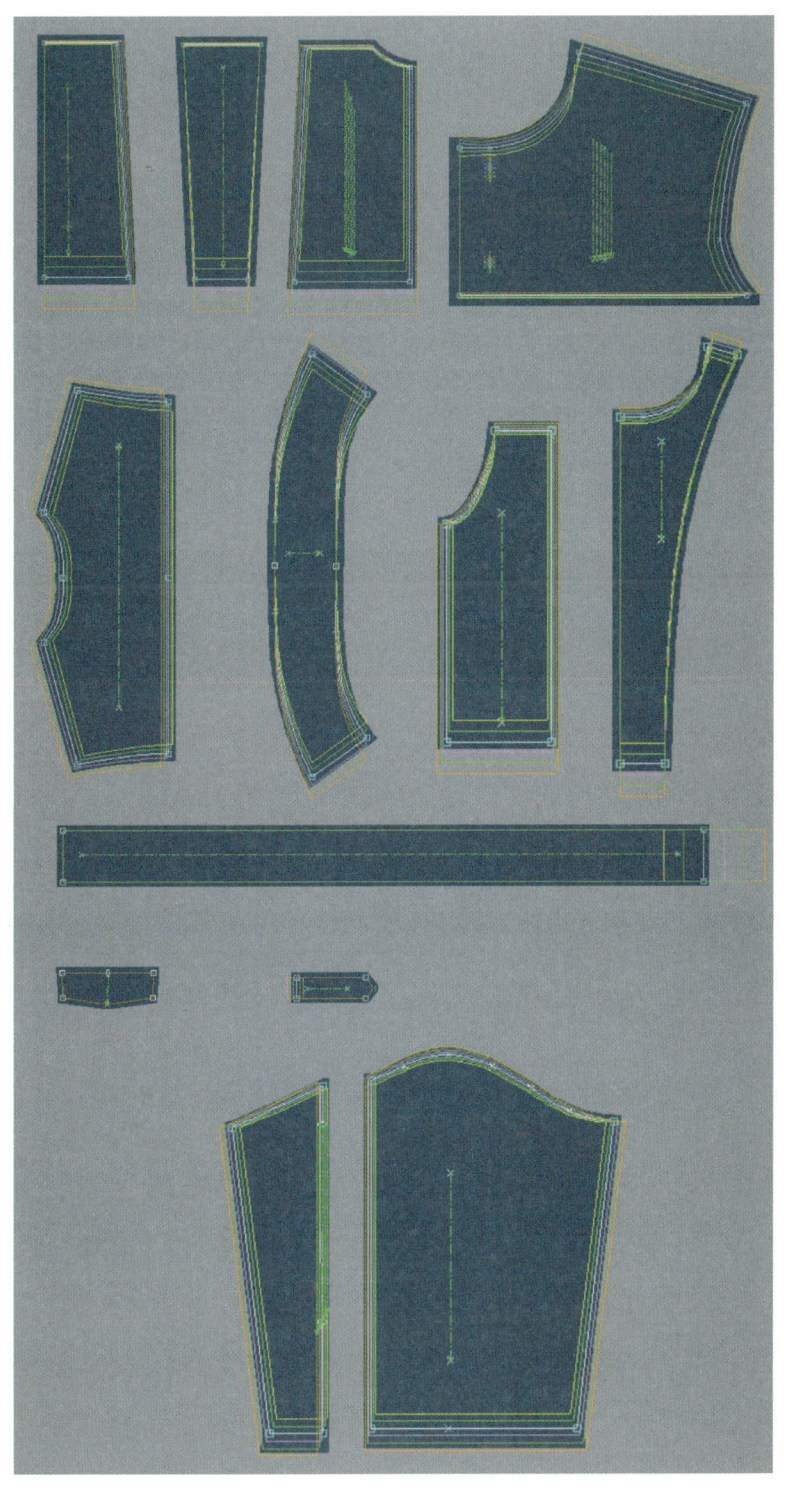

图 2-6-18　夹克裁片推板图

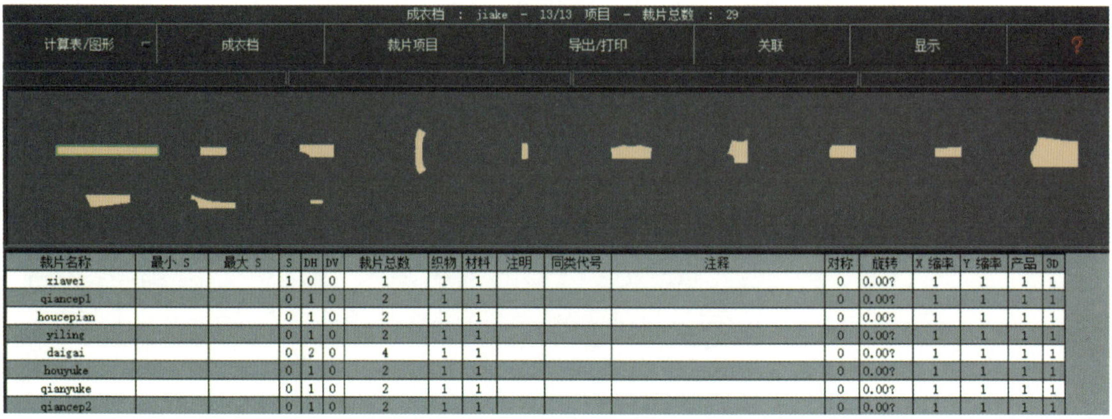

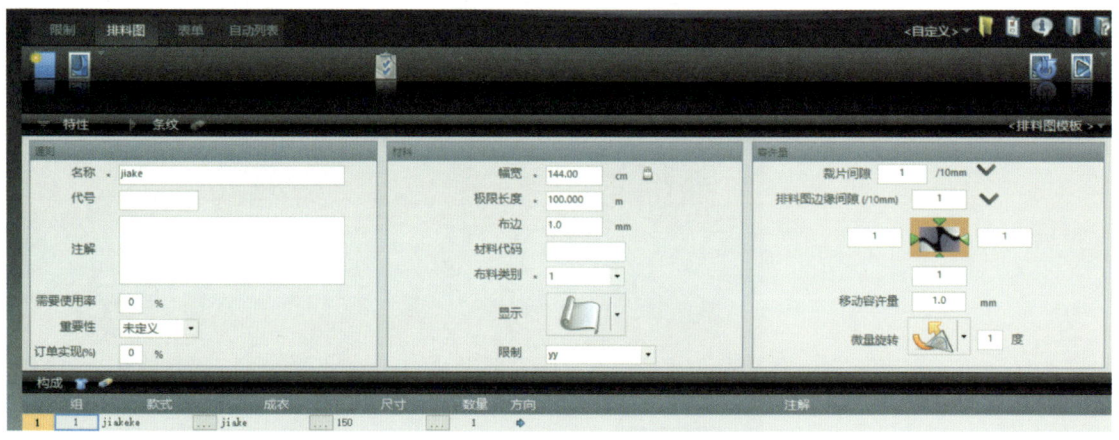

图 2-6-19 夹克成衣档案参数设置

图 2-6-20 夹克排料图设置界面

(3) 男式夹克排料

打开 MarkerMaking 软件,设置好存储路径,打开排料图文件,使用"排料工具"排料。在符合排料工艺要求的前提下,手工排料和自动排料可以结合使用。图 2-6-21 是两种规格的面料排料图,在符合排料的工艺要求的基础上,排料时可以尽量多使用一些排料的技巧,如翻转、微量重叠等。

(三) 女式大衣推板设计和排料设计(使用软件:Modaris V8R5、Markermaking V6R2)

女式大衣的款式见图 2-6-22,风衣规格见表 2-6-6。

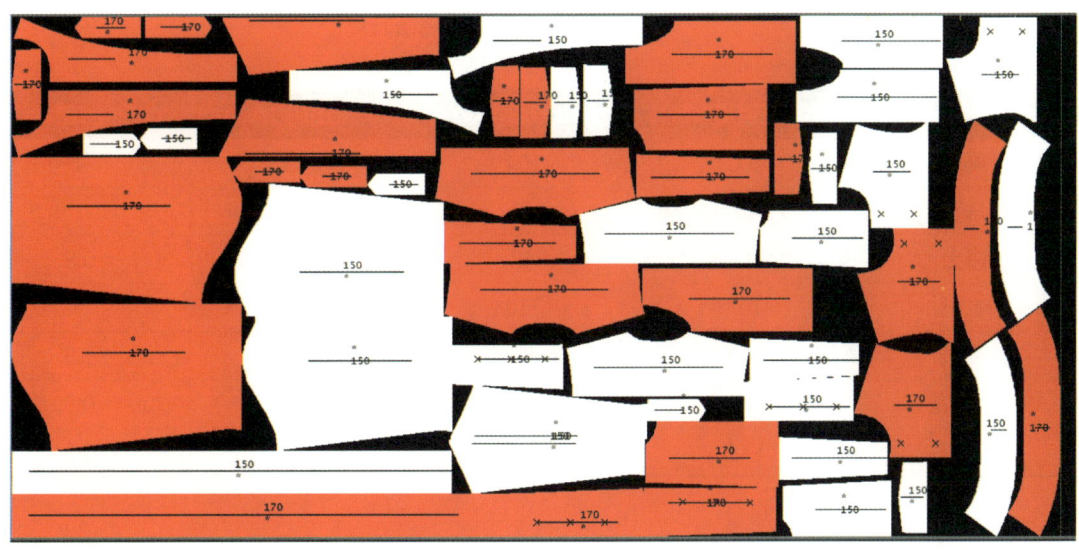

图 2-6-21 夹克排料图

图 2-6-22 女式大衣款式图

表 2-6-6　女士大衣规格表

单位 : cm

部位	155/80A	160/84A	165/88A	档差
胸围	100	104	108	4
肩宽	45	46	47	1
领大	41.2	42	42.8	0.8
衣长	107	110	113	3
袖长	53.5	55	56.5	1.5
袖口宽	16.5	17	17.5	0.5
口袋宽	13.5	14	14.5	0.5

1. 步骤一 : 毛板设计

使用 "实样工具" 套取服装裁片, 使用 "布纹线工具" 绘制裁片的布纹线, 使用 "F3" 键中的 "修改工具" 可以进行裁片细节处理, 包括点、线、曲线点的简化等。

使用 "F4" 键中的 "工业生产" 工具完成缝份设计, 所有裁片全部完成毛板设计。

2. 步骤二 : 建立尺码表

在放码之前建立尺码表, 可以是数字尺码表, 如 155、160、165; 也可以是文字尺码表, 如 S、M、L。尺码表用 Windows 附件中的记事本完成。使用 "F7" 键中的 "尺码表工具" 读出建立的尺码表, 使用 "Ctrl+U" 键显示资料框, 使用编辑下拉菜单中的 "编辑工具" 编辑裁片名称。

3. 步骤三 : 档差设计

根据国家号型标准女体 5.4 系列 A 体型的数据以及服装成衣规格的设计公式, 得出本款大衣的各部位档差 (表 2-6-7)。

表 2-6-7　大 衣 档 差

单位 : cm

衣长	胸围	肩宽	领大	袖长	背长	腰长	袖口宽	袋口	扣位
3	4	1	0.8	1.5	1	0.5	0.5	0.5	0.2

落肩	领宽	前领深	袖窿深	袖山高	袖肥		
0.2	0.16	0.16	0.6	0.4	0.6		

4. 步骤四 : 大衣推板

计算各个放缩点的放缩量, 使用 "F6" 键中的 "放缩工具" 进行样板放缩, 使用 "F9+F12" 键可以看到各尺码重叠样板,在推板的同时要配合使用"F3"键中的"修改工具"完成推板。前片的基准线为胸围线和胸宽线,后片的基准线为胸围线和后中线,袖子的基准线是袖肥线和袖中线,领子的基准线是后中线,挂面、腰带、肩袢等宽度不变,只变化长度。口袋以袋盖中间为基准,宽度不变,长度变化,各裁片放码完成如图2-6-23所示。

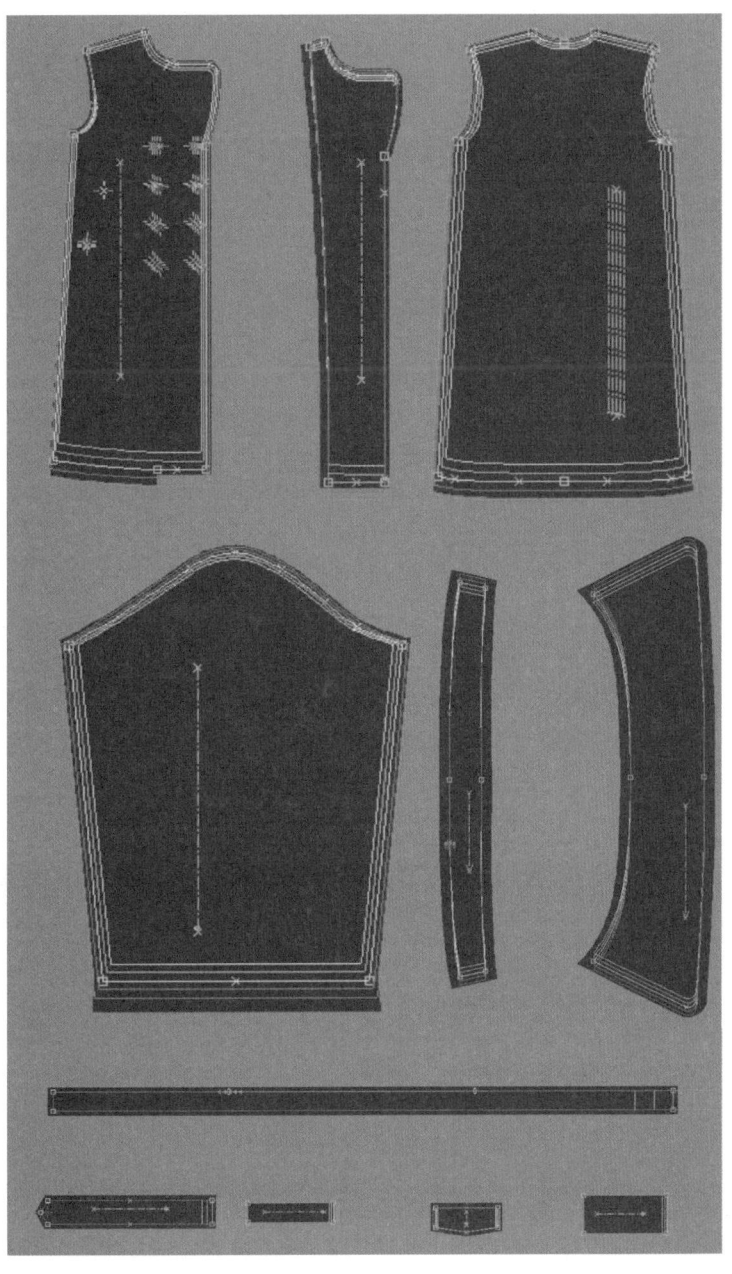

图2-6-23 风衣各裁片推板图

5. 步骤五：大衣排料

(1) 建立成衣档案

使用 "F8" 键中的"建立成衣档案工具"完成成衣档案建立，使用"建立裁片项目工具"选取裁片，在资料框中设置完成每个裁片的名称，如 front、back 等。成衣档案建立完成会出现如图 2-6-24 所示页面。双击鼠标打开成衣档案的工作页面，可以根据裁片的具体要求完成参数的设计（图 2-6-24）。

裁片名称	最小 S	最大 S	S	DH	DV	裁片总数	织物	材料	注明	同类代号	注释	对称	旋转	X 缩率	Y 缩率	产品	3D
guamian			0	1	0	2	1	1				1	1.00?	1	1	1	1
xiutou			0	2	0	4	1	1				1	1.00?	1	1	1	1
yao			0	1	0	2	1	1				1	1.00?	1	1	1	1
daidian			0	1	0	2	1	1				1	1.00?	1	1	1	1
qianxian			0	2	0	4	1	1				1	1.00?	1	1	1	1
daigai			0	2	0	4	1	1				1	1.00?	1	1	1	1
xiuzi			0	1	0	2	1	1				1	1.00?	1	1	1	1
diling1			0	1	0	2	1	1				1	1.00?	1	1	1	1
fanling1			0	1	0	2	1	1				1	1.00?	1	1	1	1
qianpian1			0	1	0	2	1	1				1	1.00?	1	1	1	1

图 2-6-24 风衣成衣档案参数设置

(2) 建立布料限制

打开 Marker Manager 软件，设置好存储路径，在布料限制工作页面完成面料参数的设定。在排料图工作页面完成排料参数的设定，调入款式档文件，确定规格和件数，单击生成排料图文件（图 2-6-25）。

图 2-6-25 风衣排料图参数设置

(3) 大衣排料

打开 MarkerMaking 软件，设置好存储路径，打开排料图文件，使用"排料工具"排料。在符合排料工艺要求的前提下，手工排料和自动排料可以结合使用。图 2-6-26 是两种规格风衣面料的排料图，面料利用率为 81%。在符合排料的工艺要求的基础上，排料时可以尽量多使用一些排料的技巧，如翻转、微量重叠等（图 2-6-26）。

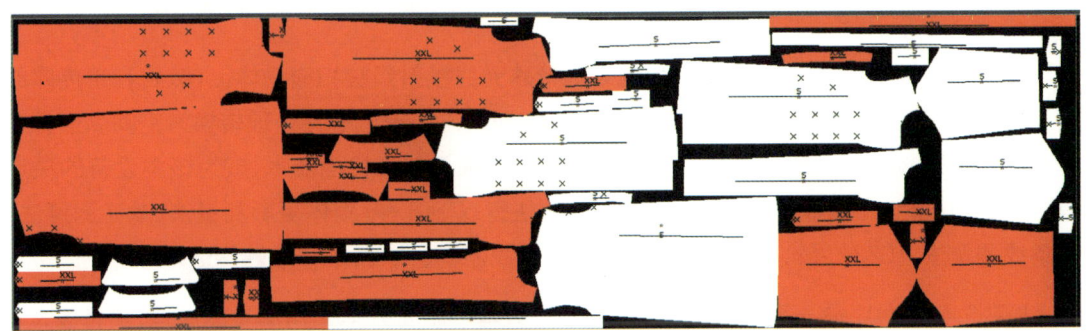

图 2-6-26　风衣排料图

▶ 五、参考阅读

潘波：《服装工业制板》（第 4 版），中国纺织出版社 2020 年版。

第七节　训练七——3D 虚拟试衣与 3D 效果图表现

随着"工业 4.0、智能制造、互联网 +"浪潮的到来，纺织服装行业以终端消费与大数据驱动的产业链快速重组优化。制造企业急需让各环节数据与各业务体系有机配合与协调，更大地赋能整个供应链的协作，从而实现柔性快反、数字化的新供给模式。数字化服装设计是整个供应链的一环，随着仿真技术的不断提升，"可视化的面料手感"等方面的数字研发持续加强，服装设计不再只是凭借经验与想象，而是可以通过数字技术开发出更多设计可能。如今，可持续发展已成为全球时尚行业一致的主题和风向标，虚拟仿真技术则是实现可持续发展的内核，服装数字设计化的 4.0 时代已经来临。"仿真工具、3D 实时模拟与智能设计"将成为服装数字设计化的三大核心技术研究方向。

▶ 一、虚拟 3D 服装设计技术

虚拟 3D 服装设计建立在利用计算机完成产品开发构想的基础之上。它以计算机仿真和建模为基础,集计算机图形学、人工智能、并行工程、网络技术、多媒体技术和虚拟现实技术等为一体,在虚拟的条件下,对服装产品进行构思和设计,并对其进行虚拟的制造、测试和分析。

实现虚拟 3D 服装设计的第一步是获得一个能够反映形体特征的人体模型,人体模型的基础数据往往用非接触式 3D 人体测量方法测量;第二步是虚拟建模;第三步是虚拟服装设计;第四步是虚拟服装生成。

1. 非接触式 3D 人体测量

3D 人体扫描是通过光发生器产生的某种特殊光线投射到被扫描物体上,然后利用传感器接收反射光线,并通过光电转换器形成所需的数字信号,再由模拟软件处理转换为空间点坐标呈现物体的特征的技术。因此,投射光的性质,即设备所采用的光扫描技术,成为该类设备的决定性指标。目前,市场上的非接触式 3D 人体测量方法有以下几种:立体摄影测量法、激光测量法、莫尔条纹测量法、TC2 分层轮廓测量方法、投影条纹相位测量法、新的非接触测量法等。

VITUS SmartXXL 是一种无接触人体测量设备,基于激光光学三角测量的原理,测量设备由 4 根测量立柱组成,每个立柱的导轨上安装由一个激光投射器和 2 台传感器(CCD)摄像头组成的测量感应系统。其激光技术扫描是利用激光二极管发射的条光(激光束)投射到被扫描物体的表面上,投射到物体上的激光束由于物体表面形状的变化而产生变形,传感器可以接收并记录下该变形,并将其转换成数字图像。放置在激光头内的传感器沿着被扫描物体的垂直方向(人体高度方向)移动,获得物体的完整扫描图像,如对人体前左、前右、后左、后右四个方向同时扫描,可保证了 360° 人体数据的获取。设备可自动计算提取人体尺寸(图 2-7-1 至图 2-7-3)。

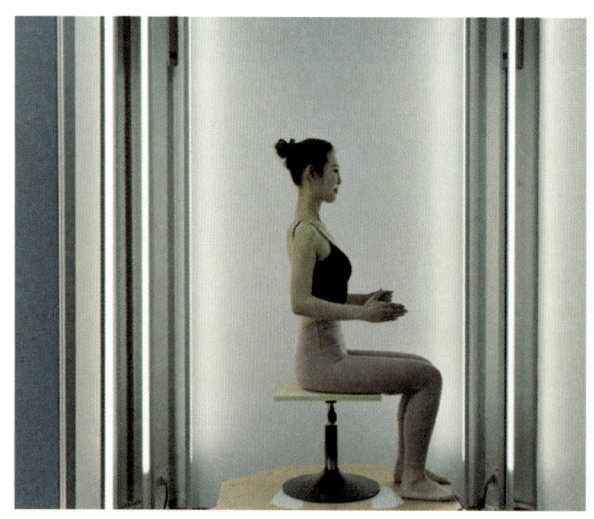

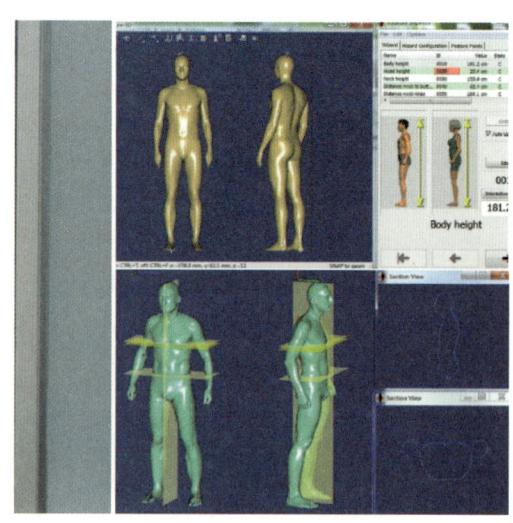

图 2-7-1　VITUS SmartXXL 测量仓　　　　　　图 2-7-2　生成 360°人体图像模型

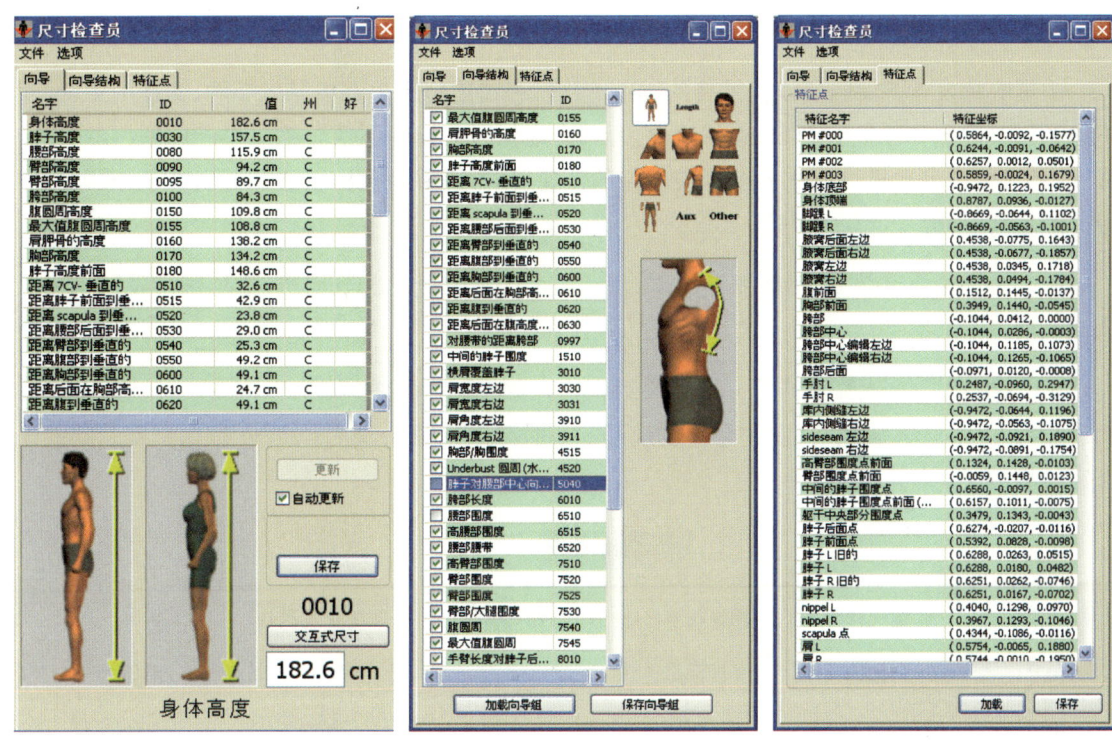

图 2-7-3 自动计算提取人体尺寸

对扫描人体所得数据进行筛选,导入 3D 试衣软件,可以实现试穿效果的直观展示。3D 人体测量所得数据可辅助人体建模,对所得数据进行点云集,拟合不同部位截面曲线与弧长,建立人体模型,改善服装合体性,为 3D 人体试衣提供检验目标,还可应用于服装 3D 设计、服装量身定制、制服生产和库存管理、工效学研究、大规模人体基础尺寸调查等。

2. 虚拟建模的方法

3D 人体及服装建模始终是计算机图形学和服装 CAD 领域的热点和难点。长期以来,针对该领域的研究主要形成了以下几种建模方法:采用点、直线、曲线构造 3D 线框模型,采用体素构造 3D 实体模型,采用点边、表面构造 3D 曲面模型,采用网格小平面法构造 3D 曲面模型,以及基于物理的 3D 建模,另外还有神经网络,用于自由曲面重建的探索。这些方法在运算速度、模型可控性和模型光滑性等方面各有所长。

3D 建模方法能够在计算机内部完整地表示物理对象的几何形状,为虚拟产品的表达提供了基础。计算机 3D 服装设计包括 2D 与 3D 的相互转换、面料纹理映射、光学和力学性质分析以及 3D 交互设计等。

3. 虚拟服装设计

虚拟服装设计方便服装设计师将头脑中的构想通过虚拟技术在电脑中准确、快捷地实现,而不必通过样衣制作才能看到 3D 立体效果。因此,虚拟服装设计不仅可缩短生产周期、节约生产成本,还可使产品尽早进入市场以形成良好的快速反应,更好地突出服装的时尚特征,兼顾保护设计的专利权,减少企业的风险。

服装设计由服装款式设计、服装结构设计、服装工艺设计三部分组成,虚拟服装设计也应包含此三项内容。

(1) 服装款式设计属于艺术方面的设计,包含服装设计师的整体构思,由服装色彩、服装面料、服装款式等几方面组成,它的具体表现形式是服装效果图。如图 2-7-4 是虚拟服装款式设计系统框图。

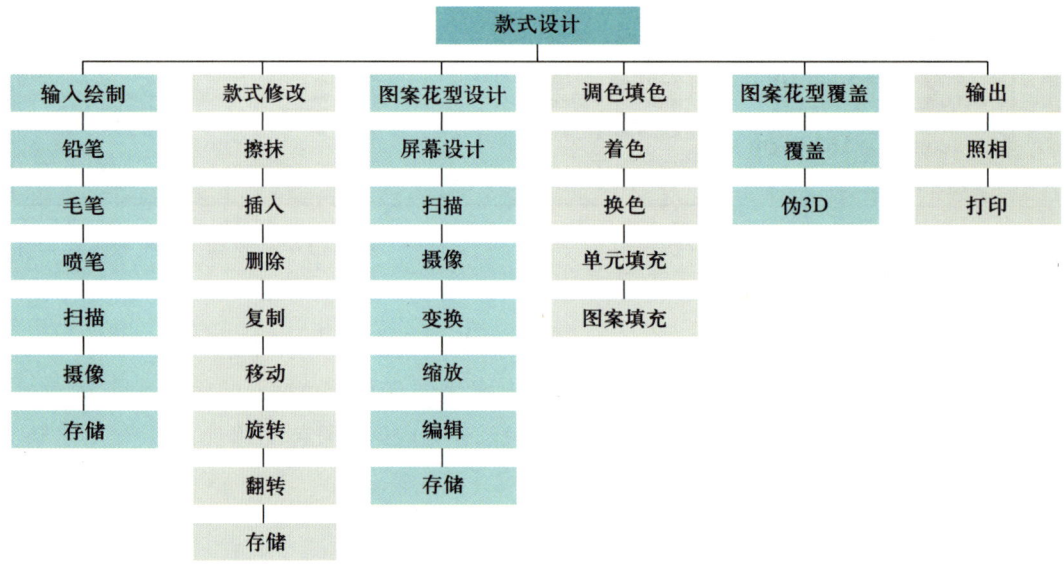

图 2-7-4 虚拟服装款式设计系统框图

输入绘制:通常有两种方式输入和生成款式图形,一种是应用绘图方式输入服装款式线框图,另一种是应用彩色图形扫描仪或彩色摄像机输入服装款式。

款式修改:对于直接绘制或扫描输入的款式图形,可以此为基础进行修改,如进行插入、删除、复制、缩放、移动、旋转、翻转等变换和编辑操作,以及使用擦除、涂抹等功能修改。

图案花型设计:图案花型可以用扫描与摄像方式输入,也可在屏幕上应用绘图工具直接进行设计。无论是自行设计,还是设备扫描输入的图案,均可存入图案库,以备调用。

调色填色:调色板可自行设计,用户建立的调色板可存入颜色库,以便随时调用。

图案花型覆盖：图案花型覆盖可用光标在图案花型样板上取定一矩形区域，按指定方式覆盖在图形线框封闭区域内。

输出：对于设计好的服装款式图，可用不同输出方式和设备输出，如可用彩色打印机打印输出等。

(2) 服装结构设计系统框架，如图 2-7-5 所示。

输入：衣片的输入通常采用数字化仪或扫描仪，由此得到衣片的数据与图形信息。此模块的主要功能为当输入衣片数据或参数后，将数据输至数据区，然后生成相应的衣片图形。

设计与修改：衣片设计的主要功能是根据各类服装不同款式的造型原理与设计方法生成衣片结构图；衣片修改是对输入的衣片进行直接修改或应用计算公式确定衣片图形。衣片的设计与修改有多种处理方法，如点设计、线设计、圆锥曲线等。

图形处理：衣片图形处理功能有移动、旋转、翻转、分割、合并等，以满足衣片设计的需要。

服装结构设计具有缝口、打褶、开省等功能，以满足衣片结构设计需要。

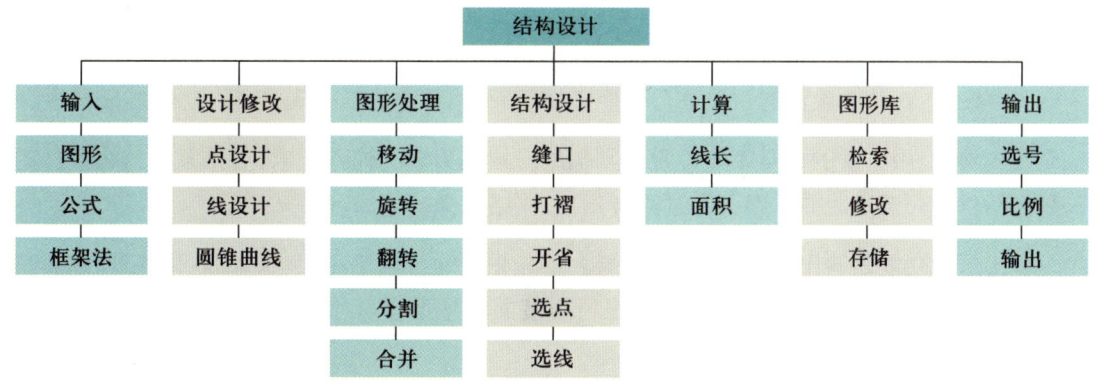

图 2-7-5　服装结构设计系统框图

(3) 服装工艺设计是解决服装如何制作的问题，由服装工艺设计系统 CAPP 完成。虚拟服装生成模型分为三层：第一层是输入层，第二层是实现层，第三层是显示层（图 2-7-6）。

体型特征、款式设计和面料要求属于输入层。

体型特征：包括身高、胸围、腰围、臀围等关键尺寸以及特殊说明，如挺胸、凸肚等描述。系统会提示用户输入建立人体模型所需的详细信息。

款式设计：可对输入的款式图形进行修改及对图案花型进行设计或扫描输入，并运用调色功能进行调色、填色等，为衣片设计做准备。

面料要求：用户有两种方法可以输入面料要求。一是具体描述面料的花色、成分、组织、厚薄等

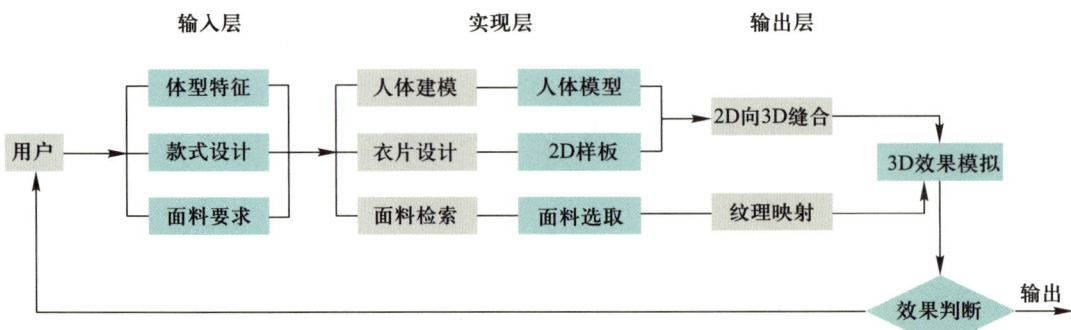

图 2-7-6　虚拟服装生成模型框图

特点,以供检索之用;二是将自己喜爱的面料图片或小样扫描输入计算机,加以修改或直接使用。

人体建模、衣片设计和面料检索属于实现层。

人体建模:根据用户输入的一系列体型关键尺寸,驱动人体建模程序,形成基于用户参数的人体模型。

衣片设计:对款式设计的结果进行转换,对服装不同部位的样板建模,输出 2D 服装样板。

面料检索:由丰富的面料库和检索规则构成。根据用户的输入要求,可检索出符合条件的一系列面料供用户选定。面料库可通过实样扫描、网络图像传输加以扩充。

输出层的功能是输出 3D 人台着装效果。首先根据缝合信息将 2D 衣片 3D 化处理,然后映射到 3D 人台上实现虚拟样衣的缝合,最后进行服装面料悬垂模拟和面料纹理映射等,实现所设计服装的立体效果显示(图 2-7-7)。

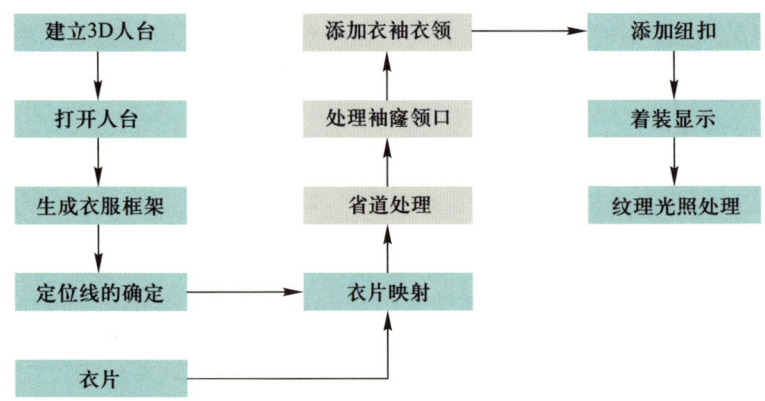

图 2-7-7　服装 2D 衣片到 3D 着装效果显示的总体框图

二、3D 试衣技术与高级定制

3D 试衣技术是指利用 3D 行业标准,采用实时视频和图片文件采集等方式自动生成 3D 真人模特的隔空试衣工具。在 3D 模式下,模特、服装和发型等配饰都是 3D 模型,可以 360°旋转、缩放、移动。

服装高级定制起源于时尚之都巴黎,是时尚服装的最高级别。在服装行业中,高级定制是一个非常古老的制作方法,全程由顶级工匠手工制作。在时装界,高级定制意味着奢华,拥有着高级感和超前创意。其中许多被应用在高级成衣制作中的细小元素,都很可能成为流行的时尚指征,对于未来时尚走向有着极为重要的启示作用,这也是高级定制对于整个时尚行业最大的意义。高级定制的灵魂来自独有的设计、精确的立体裁剪和精细的工艺。3D 试衣技术的发展,大大缩短了服装高级定制的制作周期。

三、实践程序

(一) 快递员功能服的 3D 虚拟设计(使用软件:CLO 3D)

1. 步骤一:导入版片

将绘制好的快递员功能服的版片导入,在 2D 窗口中放置、整理好所有服装版片,将版片按照设计图上色(图 2-7-8)。

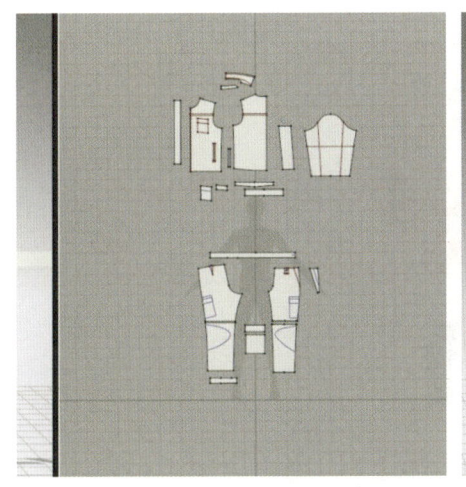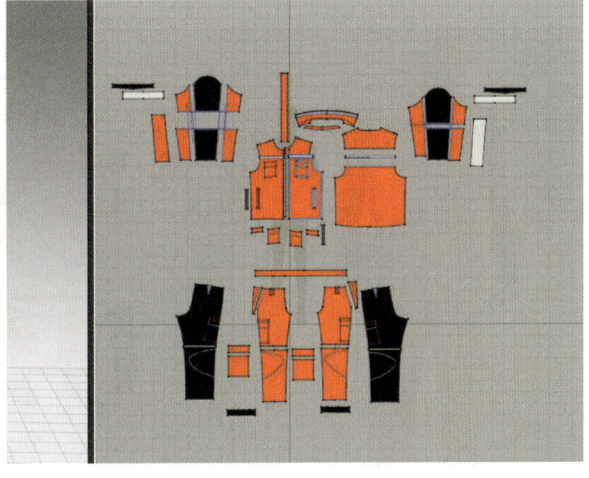

图 2-7-8 导入 2D 版片、2D 版片上色

2. 步骤二:在虚拟模特周围安排版片

创建人体模型,将人体模型进行参数化设置,使用安排点将版片安排在虚拟模特周围的合理位置。当对称版片安排在对称安排点上时,另一半版片也将自动地安排在另一半对称安排点上(图 2-7-9)。

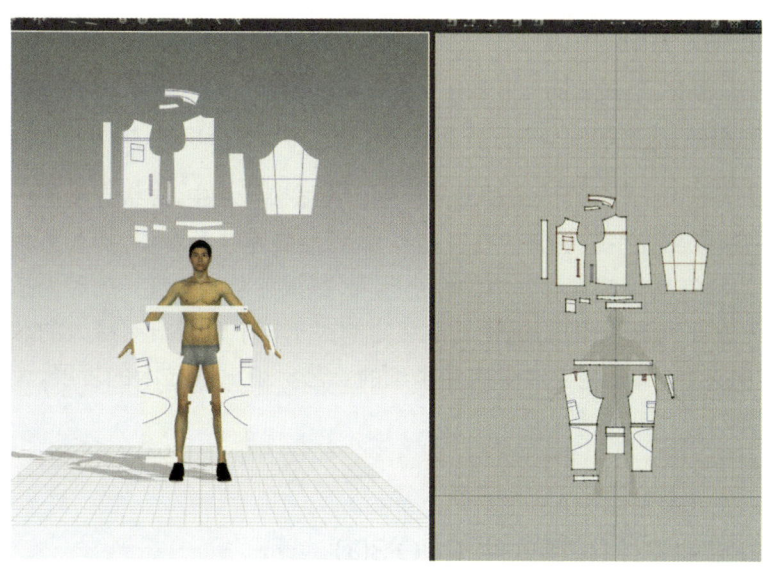

图 2-7-9 安排版片

3. 步骤三：样衣缝合、模拟试穿

使用自由缝纫工具创建缝纫线，将衣片缝纫好。激活模拟工具，使衣片自然坠落并穿着在虚拟模特身上（图 2-7-10）。

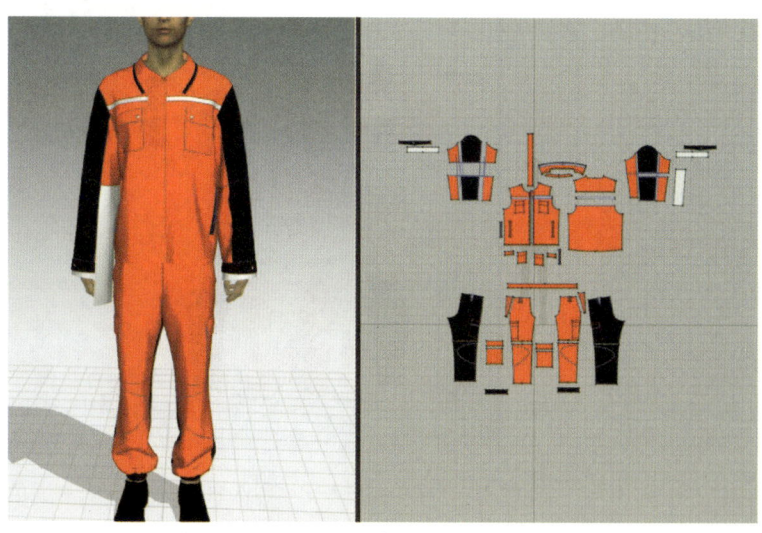

图 2-7-10 样衣缝合与模拟试穿

4. 步骤四：模块化功能设计

为了体现快递员服装的模块化设计部分，设计师将可拆卸模块的版片所对应的缝纫线拆除，即可得到快递员服装模块化设计图的 3D 试衣效果（图 2-7-11、图 2-7-12）。

图 2-7-11 拆解袖子缝纫线效果

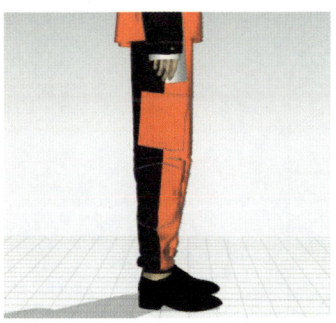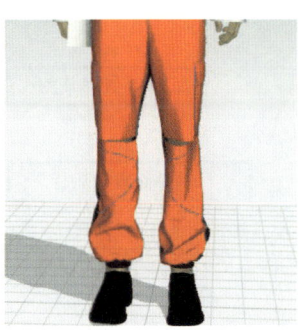

图 2-7-12 拆解裤腿缝纫线效果

5. 完成效果展示(图 2-7-13)

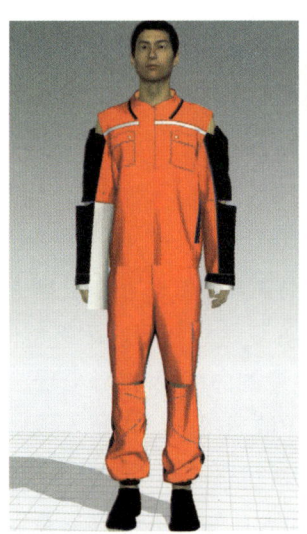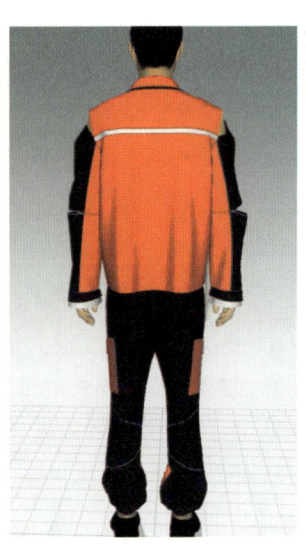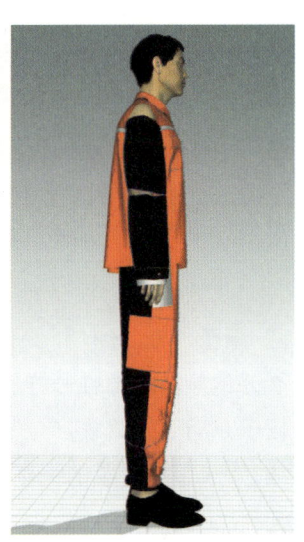

图 2-7-13 服装整体效果

（二）经典裙装造型的虚拟复制（使用软件：CLO 3D）

不同的设计师品牌在同样的时代背景下，既遵循着时代的服装潮流规律，又敢于创造自己的品牌特色。依照不同设计师品牌的不同特色，分别选取了 20 世纪中期最具有品牌代表性造型设计的裙装，利用 CLO 3D 软件进行虚拟复制，并通过 CLO 3D 软件的虚拟造型技术，分别对三个设计师品牌的经典裙装进行虚拟系列延伸 3D 设计，重新演绎 20 世纪中期的经典裙装造型。

虚拟复制模特选择：使用国标 160/84A 人体模特尺寸，对选取的样本进行复制。

虚拟复制流程如图 2-7-14 所示。

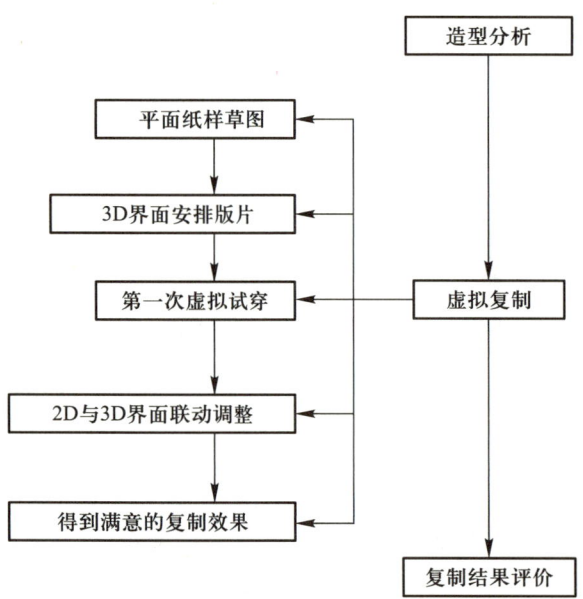

图 2-7-14 虚拟复制流程图

1. 巴伦西亚加婚纱礼服裙虚拟复制

此款裙装为设计师巴伦西亚加（Balenciaga）于 1967 年为卡迪斯公爵夫人玛丽亚·德尔卡门·马丁内斯（María del Carmen Martínez）设计的春夏婚纱礼服。裙装整体为 A 廓形，如一个展开的倾斜的圆锥一样。通过袖部开口，减去肩部多余的面料，使袖部呈现连身半袖结构。整条裙子只有 3 处缝线，分别为后中线、肩部肩线以及腋下收省缝线。裙子无腰线和多余的收省结构线，为一整块轻柔的绢丝面料制作而成。该款的图片资料以及款式图见图 2-7-15。

（1）步骤一：结合图片和照片资料，运用平面制版知识，初步得到该款裙装 160/84A 规格的平面纸样结构图，图 2-7-16 为在 CLO 3D 软件的 2D 界面上对该款裙装绘制的平面纸样结构图。

图片资料	款式图

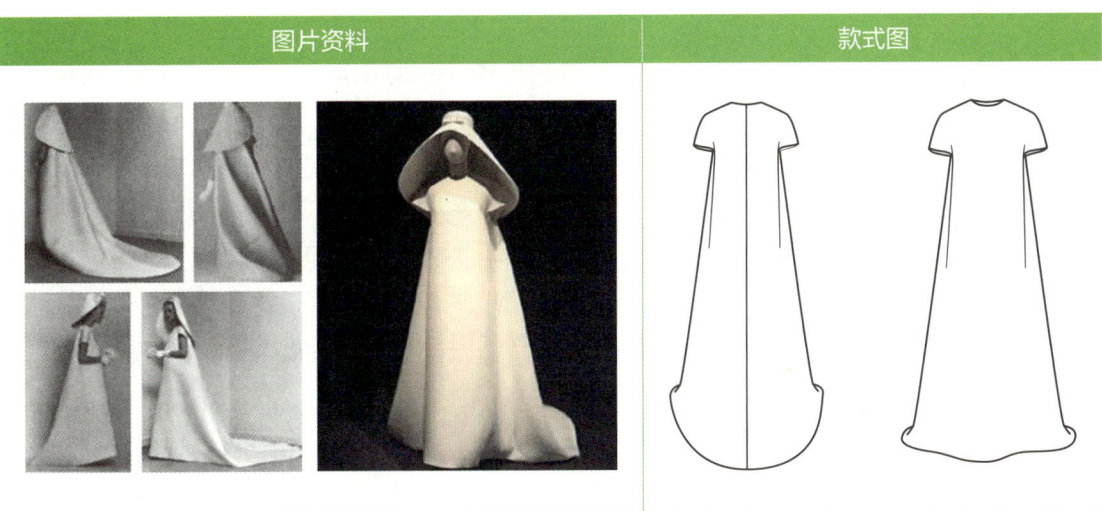

图 2-7-15　1967 年春夏新娘礼服图像资料及款式图

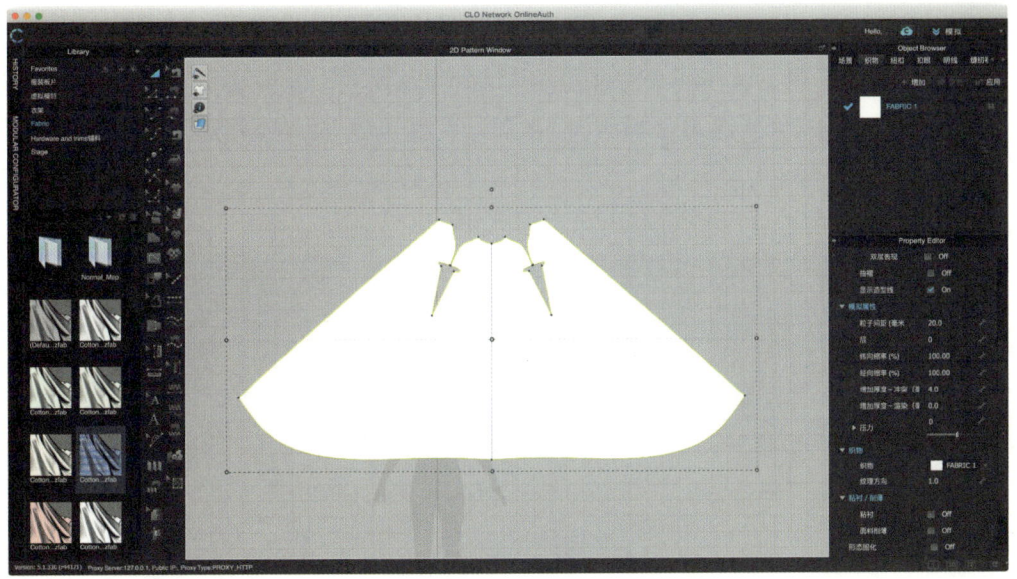

图 2-7-16　初步平面纸样结构图

（2）步骤二：在 3D 显示界面虚拟模特安排点安排版片位置。此款裙装为一整片面料制成，在安排版片位置时，要比较准确地找到肩部和袖窿与虚拟模特的对应，利用虚拟模特安排点调整版片位置，图 2-7-17 为根据虚拟模特安排点对版片的排放。

（3）步骤三：第一次虚拟缝合试穿。根据步骤一的初步平面纸样结构图，通过 CLO 3D 软件的

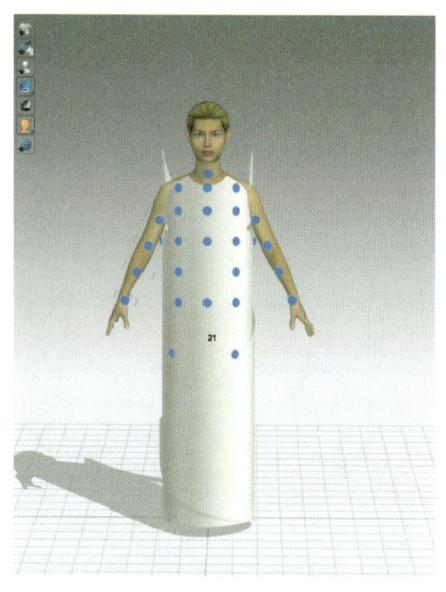

图 2-7-17　在 3D 界面安排版片

2D 界面和 3D 界面联动实现第一次虚拟缝合试穿，并在面料界面选择柔软的 Silk-charmeuse（丝缎）面料。图 2-7-18 为第一次虚拟试穿的正面、侧面和背面的效果，通过 3D 界面的试穿效果和图片资料的对比，不难看到第一次虚拟试穿的裙装领口过大且颈部不够服帖，胸围过宽导致胸部面料有堆积，面料选择过于柔软而没有原本裙装面料的挺括感。通过第一次试穿找到版片和虚拟复制的款式图片资料的差别，有助于进一步完善虚拟复制效果。

（4）步骤四：调整 2D 界面纸样，实现 2D 与 3D 界面的联动。调整领部的领深和领宽，收窄胸围宽度，调整后中线和裙子下摆的弧度，多种面料——尝试，选择最适合裙装原始效果表达的欧根纱（Silk-organza）面料，逐步使裙装的虚拟效果接近图片资料的效果。图 2-7-19 为 2D 和 3D 界面的联动界面。

（5）步骤五：得到正确的平面纸样结构图和满意的虚拟复制效果。图 2-7-20 为通过 CLO 3D 软件得到的理想的虚拟试穿效果，图 2-7-21 为这件婚纱礼服虚拟试穿对应的平面纸样图。

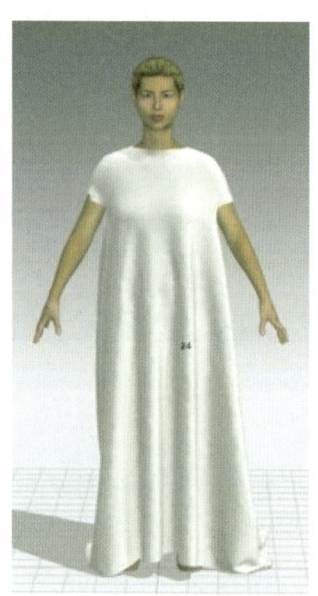

图 2-7-18　第一次虚拟试穿效果

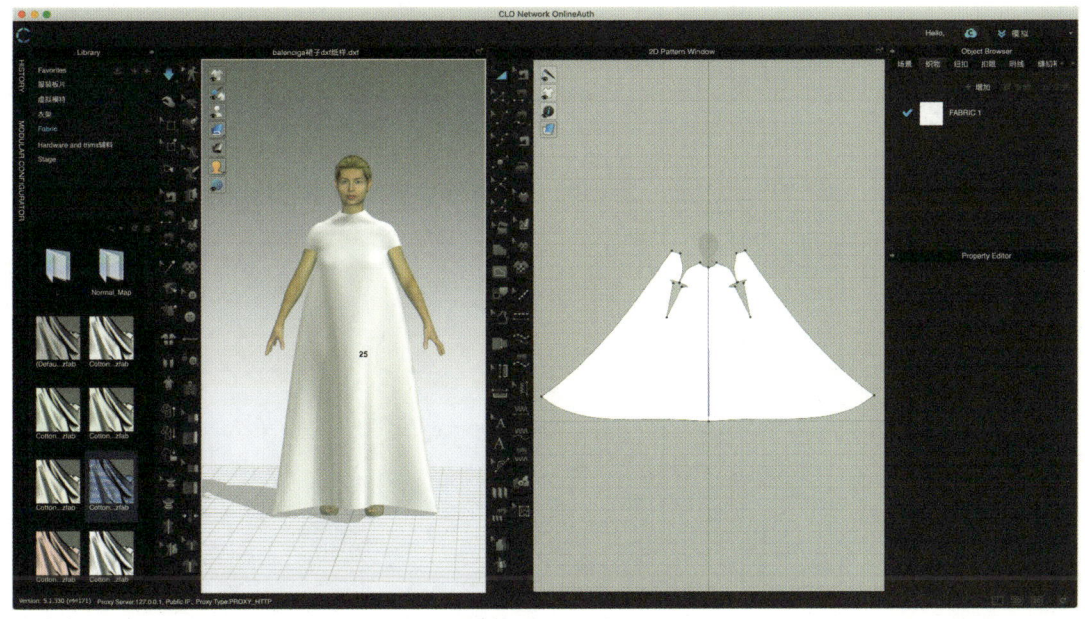

图 2-7-19　2D 和 3D 联动界面

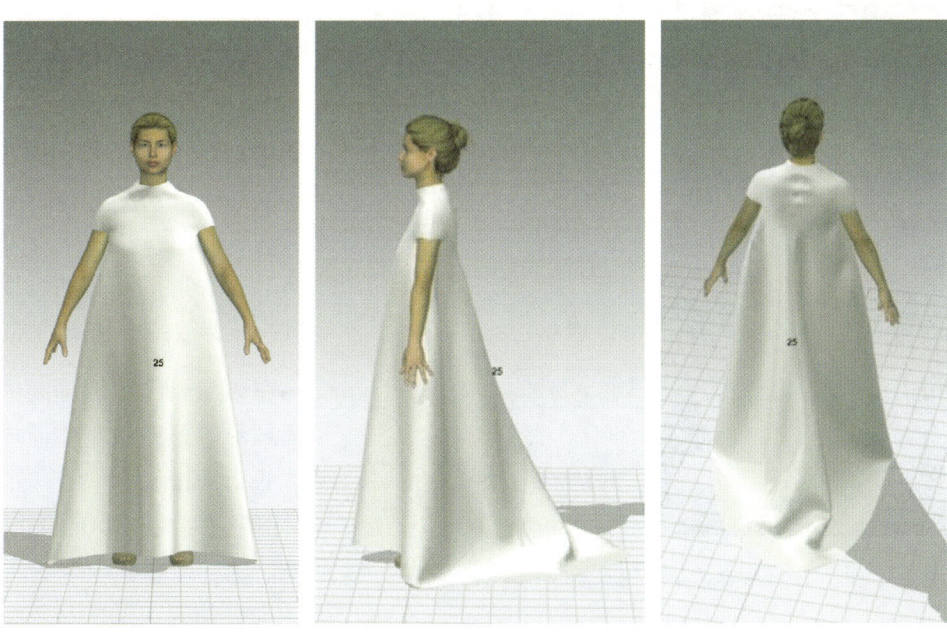

图 2-7-20　3D 虚拟试穿效果（江南大学　刘晓）

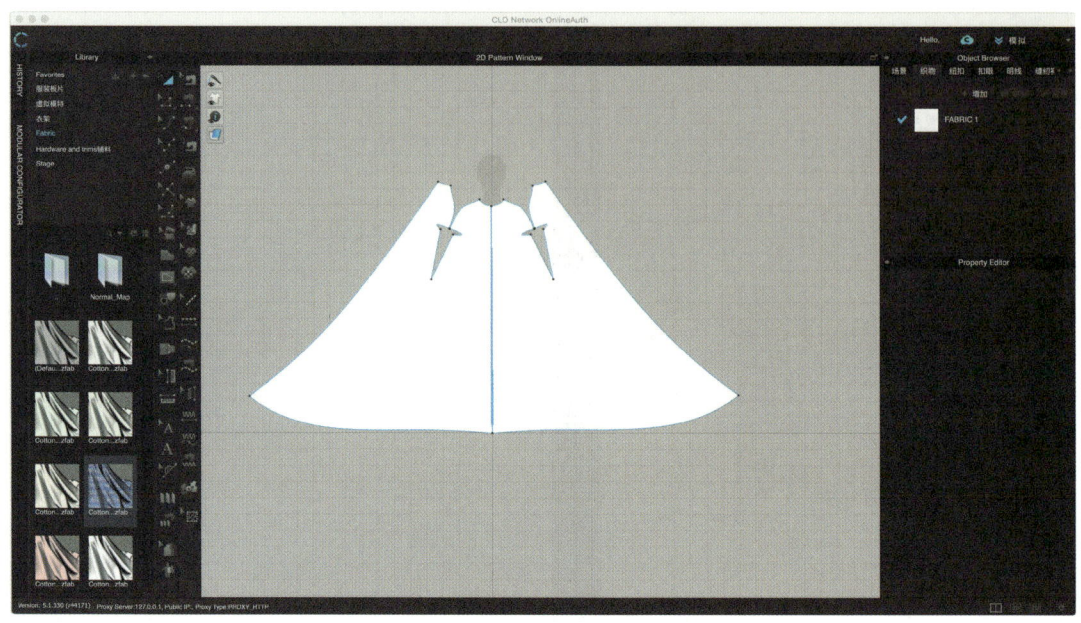

图 2-7-21 虚拟试穿对应的平面纸样图

 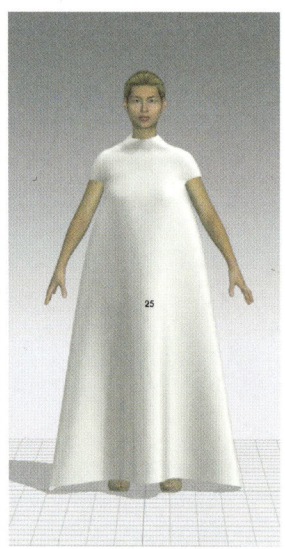

图 2-7-22 虚拟试穿效果图与实物图片资料的对比

该款裙装的整体结构比较简单,其主要难点在于对袖部和肩部分割线的尺寸把握,在设计肩线位置的同时也要注意裙子胸围的宽度不宜过大,这需要设计师长时间的反复调整。整件裙装的另一特点在于裙摆的弧度,后裙摆呈拖地状的圆弧形,裙摆自然下垂形成圆弧的弧度。图 2-7-22 为虚拟试穿效果图和实物照片的对比。

在该款式的虚拟复制中,一件只用一块面料和 3 处缝线制作而成的裙装礼服,需要设计师长时间对纸样进行考究和调整,才能使裙装在极简的同时具备一定的美感。这件婚纱礼服裙不仅充分地展现了设计师巴伦西亚加的极简设计思维,也为现在的极简主义服装设计奠定了高标准的基础。

2. 迪奥"诺言"鸡尾酒礼服虚拟复制

选择的虚拟复制裙装是迪奥品牌 1957 年由设计师克里斯汀·迪奥(Christian Dior)设计的

"纺锤"（Fuseau）系列中一款名为"诺言（Promesse）"的鸡尾酒礼服。图 2-7-23 是其图片资料和款式图。此款鸡尾酒礼服是一款无袖的一字肩大翻领无腰线的连体收腰中长裙；裙摆从腰部张开呈大 A 字形，服装整体廓形是迪奥经典的 X 廓形；衣身共 6 片衣片，6 条省道，无侧缝线。大 V 领的设计将女性圆润的肩部和锁骨充分展示。

图 2-7-23　迪奥"诺言"鸡尾酒礼服图片资料及款式图

（1）步骤一：结合图片和照片资料，运用所学的平面制版知识，初步得到该款裙装 160/84A 规格的平面纸样结构图，图 2-7-24 为在 CLO 3D 软件的 2D 界面上绘制的初步"诺言"鸡尾酒礼服的平面纸样结构图。裙装由 7 片衣片组成，多条纵向分割线进行收省，完善收腰效果。

图 2-7-24　初步平面纸样结构图

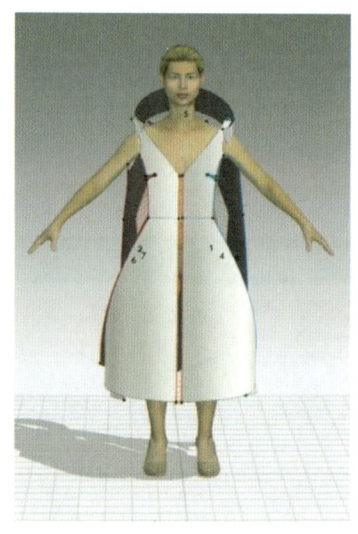

图 2-7-25 在 3D 界面安排版片位置

（2）步骤二：安排版片位置，编辑缝纫线。此款裙装由 7 片衣片组成，分别是前片两片、后片两片、侧片两片以及领部大翻领一片，通过虚拟模特安排点快速高效实现衣片和身体部位的对应，再使用"自由缝纫线工具"将缝纫线一一对应，图 2-7-25 是根据步骤一完成的初步纸样图排列的衣片。

（3）步骤三：初步虚拟缝合试穿。根据步骤一的初步平面纸样结构图，通过 CLO 3D 的 2D 界面和 3D 界面的联动实现第一次虚拟缝合试穿，图 2-7-26 为初步虚拟试穿的背面、侧面和正面的效果。通过 3D 界面的试穿效果和图片资料的对比，发现服装整体尺寸偏大，尤其是领部的领围过大导致裙子整体下滑，没有着力点；裙摆的挺括程度较弱，而原裙装的面料厚度和硬度都较高，裙摆的"A"字造型十分立体。

（4）步骤四：调整 2D 界面纸样，利用 2D 与 3D 界面的联动实现更符合原款式的服装上身效果。调整领部的领围宽度，使领部与肩部平齐；腰围缩小，使腰部更贴体；通过面料属性界面，将选择的罗缎（Silk-faille）面料经纬的硬度加强使裙身挺括，有立体感；将面料颜色设置为黑色，将面料的法线贴图值设置为最大值 100，使服装的颜色和光泽感更真实。图 2-7-27 为 CLO 3D 的 2D 和 3D 界面的联动调整界面。

图 2-7-26 3D 虚拟试穿效果

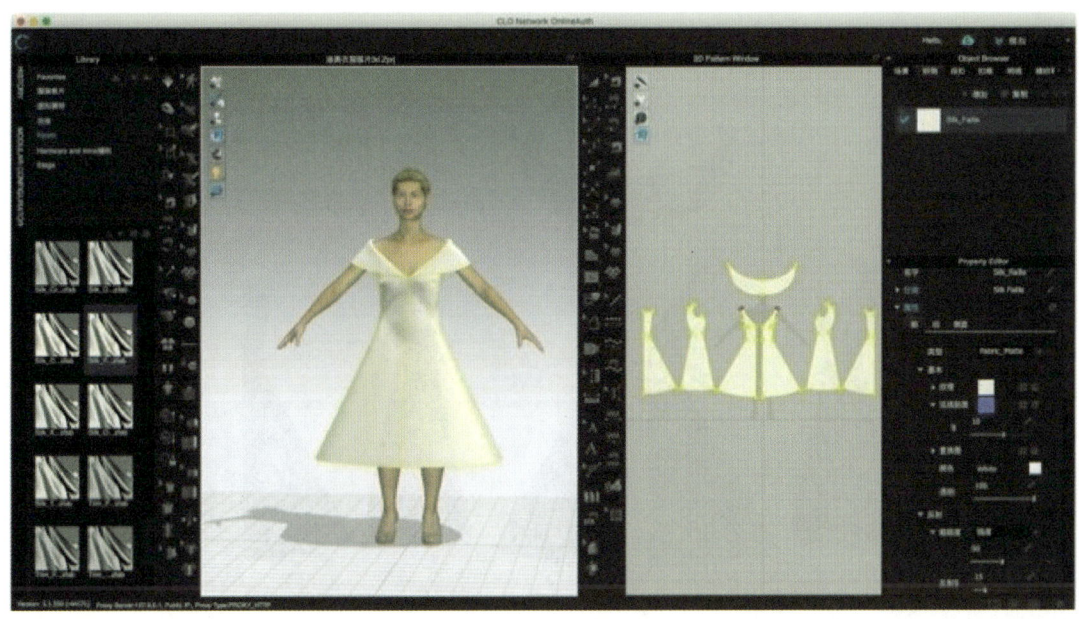

图 2-7-27 2D和3D联动界面

（5）步骤五：得到满意的平面纸样结构图和虚拟复制效果。图 2-7-28、图 2-7-29 分别为通过 CLO 3D 软件得到理想的虚拟试穿效果，以及"诺言"鸡尾酒礼服的正确平面纸样图。

该款裙装虚拟复制的主要难点在于大 V 领结构的翻领设计，以及裙摆的立体感虚拟复制。对于领部的 V 领大翻领，需要严格按照不同的人体肩宽尺寸进行针对性领宽设计，裙子肩部吊带

图 2-7-28 理想的虚拟试穿效果（江南大学 刘晓）

图 2-7-29 虚拟试穿对应的平面纸样图

的位置需要正好位于肩膀最高处,才能既美观又能使裙装不易脱落。裙摆整体像一个圆锥体,由于是无腰线的连衣裙款式,每条纵向的拼接线弧度都影响着裙摆的立体感,拼缝的曲直程度需要反复调整。图 2-7-30 为虚拟复制效果图和实物照片的对比。

图 2-7-30 虚拟试穿效果图与实物图片资料的对比

3. 纪梵希 "小黑裙" 礼服虚拟复制

选择的虚拟复制裙装是纪梵希 (Givenchy) 品牌于 1961 年为奥黛丽·赫本 (Audrey Hepburn) 出演的电影《蒂芙尼的早餐》设计的戏服之———小黑裙。裙装整体为 H 廓形,腰部有分割线,前后共有两条省道。裙身部分为到脚踝长度的直筒裙,裙子后背做了曲线镂空装饰设计,前身则是简洁的大圆领结构设计,搭配细密的珍珠项链装饰,整体裙装没有做过多的装饰却尽显女性的精致优雅。图 2-7-31 为该款裙装的图片资料以及款式图。

图片资料	款式图

图 2-7-31　纪梵希 "小黑裙" 礼服图片资料及款式图

(1) 步骤一:结合图片和照片资料,运用平面制版知识,初步得到该款裙装 160/84A 规格的平面纸样结构图,图 2-7-32 为在 CLO 3D 软件的 2D 界面上绘制的初步 "小黑裙" 平面纸样结构图。裙装由 5 片衣片组成,裙身衣片通过缝纫均匀抽褶实现拼接。

(2) 步骤二:在 3D 界面显示虚拟模特安排点,安排版片位置。此款裙装由 5 片衣片组成,分别是前片、后片、后领片、裙身前片和裙身后片。通过虚拟模特安排点,能够快速高效实现衣片和身体部位的对应。图 2-7-33 是根据步骤一完成的初步纸样图排列的衣片。

(3) 步骤三:初步虚拟缝合试穿。根据步骤一的初步平面纸样结构图,通过 CLO 3D 的 2D 界面和 3D 界面的联动实现初步虚拟缝合试穿。图 2-7-34 为初步虚拟试穿的正面、侧面和背面的效果,从 3D 界面的试穿效果和图片资料的对比中,可以发现初步虚拟试穿的裙装前领口和后领口都有不同程度的面料堆积,裙子腰线略偏下,裙身腰线堆褶过多使腰部隆起变形。由于面料使用不当,整体裙装的挺括感和轮廓感较弱。

图 2-7-32 初步平面纸样结构图

图 2-7-33 在 3D 界面安排版片位置

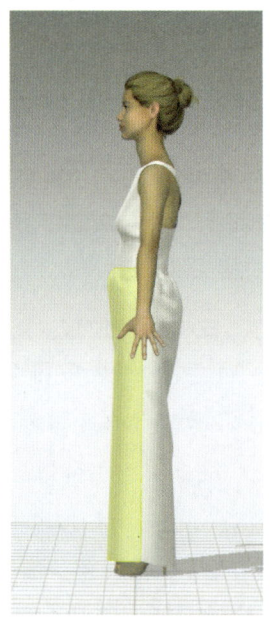

图 2-7-34 虚拟试穿效果

（4）步骤四：调整 2D 界面纸样，实现 2D 与 3D 界面的联动，调整领部的领深和领宽。通过面料属性界面选择罗缎（Silk-faille）面料，并适当地调整面料细节经纬纱方向的密度；裙身腰线宽度适当收窄，臀部做隆起弧线更符合人体曲线。图 2-7-35 为 CLO 3D 的 2D 和 3D 界面的联动。

图 2-7-35　2D 和 3D 联动界面

（5）步骤五：修正后得到平面纸样结构图和满意的虚拟试穿效果，如图 2-7-36、图 2-7-37 所示。对面料的颜色和光泽度进行细微的调整和设计，使裙装无论从结构、色彩上还是面料质感上都更接近原作。

该款裙装的整体结构比较简约，主要难点在于后背的镂空结构设计以及腰部的抽褶还原。背部的镂空设计弧度决定了裙装背部的还原度以及美感，在设计镂空弧度的同时要兼顾裙装领部和袖窿的大小与贴体程度，否则容易造成领部和袖窿部位的面料堆积。该款裙装的另一个特点在于腰部的自然抽褶隆起，腰部抽褶的弧度不能过高，腰线位置比正常的腰线位置略高，通过面料的正确使用以及面料抽褶量的计算得到适合的腰部抽褶堆积效果（图 2-7-38）。

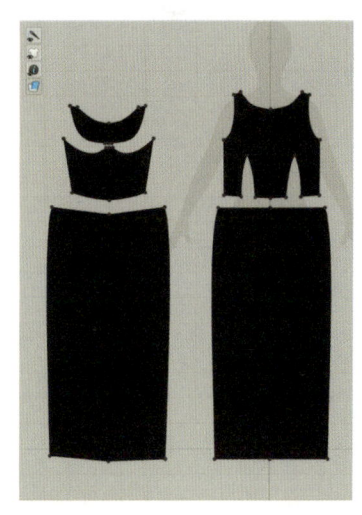

图 2-7-36　虚拟试穿对应的平面纸样图

在该款式的虚拟复制中，"小黑裙"轮廓的简洁和后背的弧度设计以及腰部的抽褶设计形成对比，使裙装远看十分的立体简约，近看又有耐人寻味的细节设计。纪梵希的这款"小黑裙"之所以能成为巅峰之作，简约与精致的结合是关键因素之一。

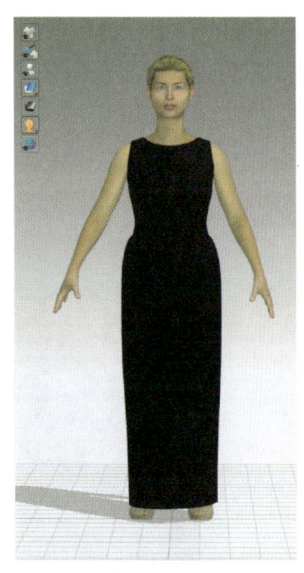

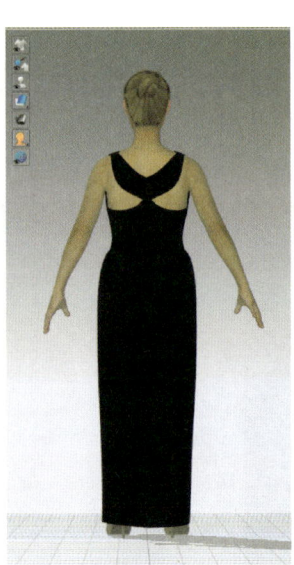

图 2-7-37　虚拟试穿效果（江南大学　刘晓）

图 2-7-38　虚拟试穿效果图与实物图片资料的对比

4.20 世纪中期经典裙装造型虚拟延伸设计

　　以前面较为经典的代表作裙装的虚拟 3D 设计复制为基础，用 CLO 3D 对经典裙装进行创意延伸设计应用，保留各裙装的整体廓形以及设计理念，通过抽褶皱、加料、减料等多种方式对经典裙装进行系列延伸设计。对经典裙装进行现代实用需求的改造，探讨经典裙装对于当代服装设计的启迪意义。

（1）巴伦西亚加经典裙装造型虚拟延伸设计

① 设计构思

虚拟延伸设计主要根据上一小节虚拟复制的巴伦西亚加经典的"一片式"婚纱，进行造型解构和结构设计延伸，把握品牌整体极简而优雅的风格，对经典作品进行新的演绎。

② 虚拟延伸设计效果

款式一：娃娃裙设计

图 2-7-39 是此款延伸设计的效果图和纸样结构图，利用 CLO 3D 软件虚拟技术的 2D 界面

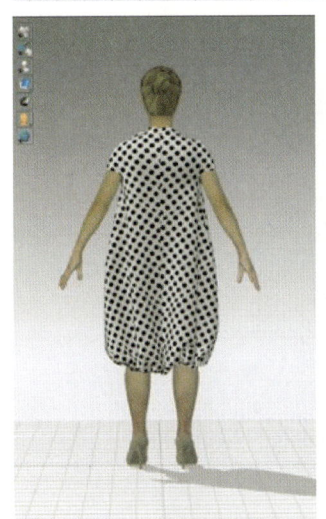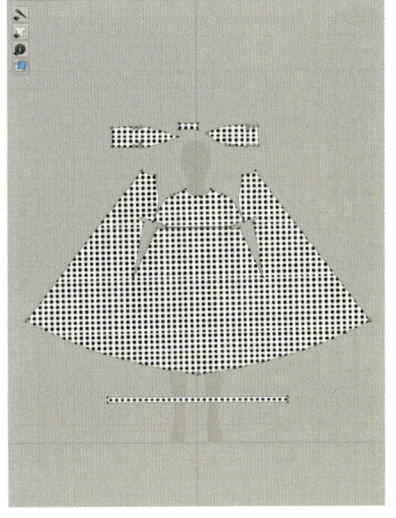

图 2-7-39　娃娃裙设计效果图和纸样结构图（江南大学　刘晓）

和 3D 界面的联动,通过对原复制款式进行裁短,并加入底摆抽绳设计,实现对裙装裙摆的廓形改造。因为加入了底摆抽绳,裙装裙身变得蓬松呈球形,和 20 世纪 50 年代流行起来的"娃娃裙"(Baby Doll Dress)相似。在领部增加结带设计,赋予裙装更多的细节,也更符合日常穿着所需。

款式二:荷叶边装饰连衣裙

荷叶边装饰连衣裙在近几年的流行秀场上并不少见,裙边和领边加以荷叶边点缀,尽显女性的柔美浪漫。图 2-7-40 是根据上一小节虚拟复制的巴伦西亚加婚纱设计制作的延伸设计款式二。在 2D 界面利用版片工具将样衣的裙长缩短到小腿位置,通过版片绘制工具绘制荷叶边底摆,最后在 3D 的界面实现虚拟缝合,得到服装的虚拟设计效果图。

图 2-7-40　荷叶边装饰连衣裙设计效果图和纸样结构图(江南大学　刘晓)

(2) 迪奥经典裙装造型虚拟延伸设计

① 设计构思

该款服装虚拟延伸设计主要根据上一小节虚拟复制的迪奥经典的"诺言"鸡尾酒礼服造型和结构,把握品牌整体优雅的风格,对这款经典的鸡尾酒礼服作品进行新的演绎。

② 虚拟延伸设计效果

款式一:百褶裙

百褶裙在 20 世纪 40 年代被迪奥品牌的设计师克里斯汀·迪奥大量运用于女裙造型中,此款虚拟设计款式用硬挺的百褶面料制作裙身,领部的大 V 领翻领做自然的堆积缝纫形成自然褶皱,蓬松的褶皱使裙装更柔软,更显女性的温柔魅力。图 2-7-41 为通过 CLO 3D 虚拟软件对"诺言"

图 2-7-41　百褶裙设计效果图和纸样结构图(江南大学　刘晓)

鸡尾酒礼服的虚拟延伸设计。首先,在 2D 界面对领部的翻领结构加长,将领部翻领版片对折缝纫,使翻领有蓬松立体感;其次,用"面料属性工具"对面料进行适合的、相对柔软的属性设置;最后,通过"缝纫褶皱工具"对面料进行褶皱改造。

　　款式二:抽绳堆积

　　图 2-7-42 是对迪奥"诺言"鸡尾酒礼服的延伸设计款式二虚拟设计效果图以及纸样结构图,应用当下流行的抽绳堆积元素,赋予裙装现代感,保留裙装经典的大 V 领造型,增加泡泡袖结构,与裙身的不规则抽绳堆积相呼应。利用 CLO 3D 软件的"缝纫褶皱工具"实现对裙身版片的自由抽褶效果,增加打结织带装饰,让原本严谨的结构更显活泼、灵动。运用淡黄色和黑色的碰撞,使裙装更年轻化。

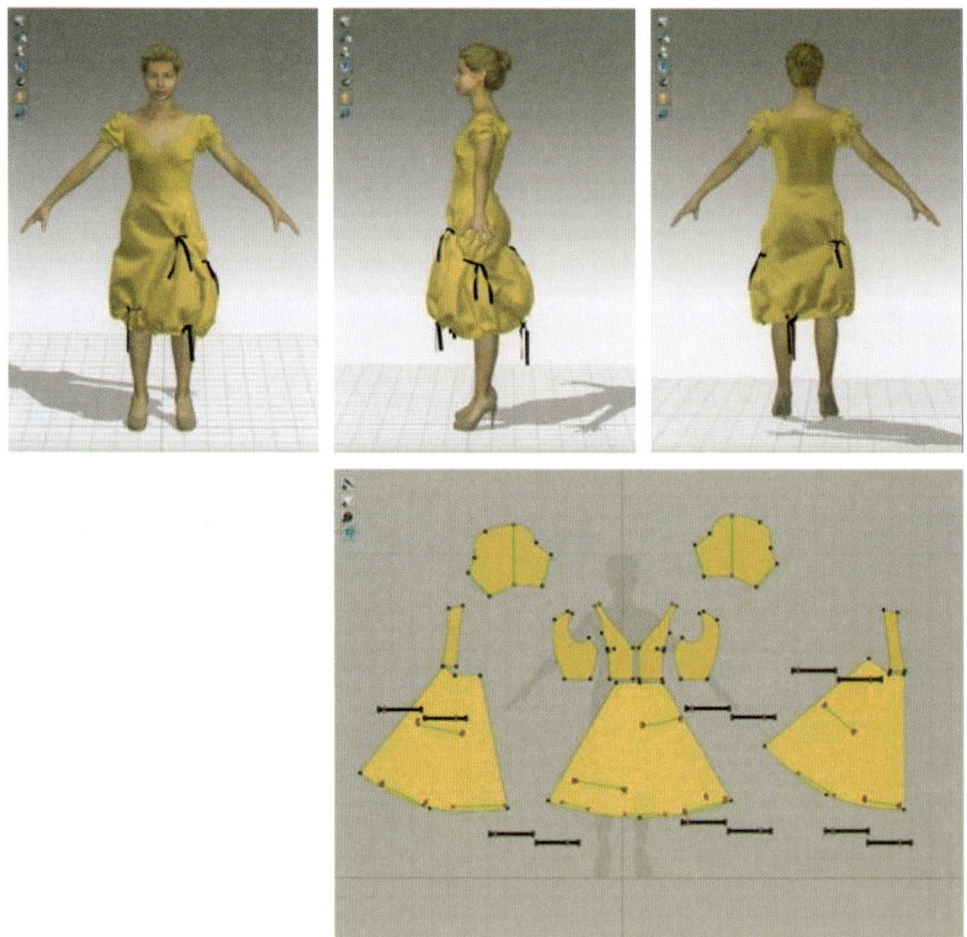

图 2-7-42　款式二虚拟设计效果图和纸样结构图(江南大学　刘晓)

(3) 纪梵希经典裙装造型虚拟延伸设计

① 设计构思

该款服装虚拟延伸设计主要根据上一小节虚拟复制的纪梵希经典的"小黑裙"礼服造型和结构,把握品牌整体简洁精致的设计理念,对这款经典裙装进行重新演绎。

② 虚拟延伸设计效果

款式一:立体分割小礼服

图 2-7-43 是延伸设计款式一立体分割小礼服的虚拟设计效果图以及纸样结构图,将裙长缩

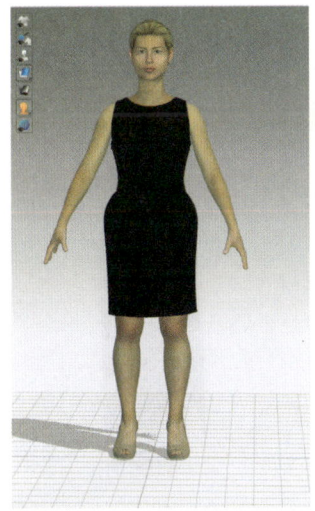
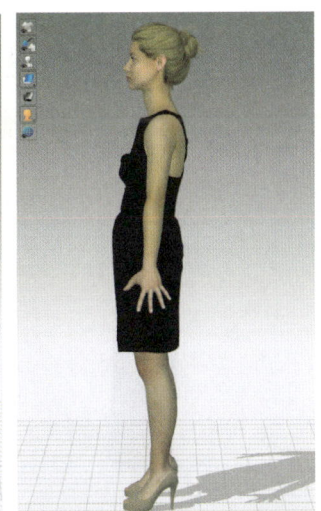
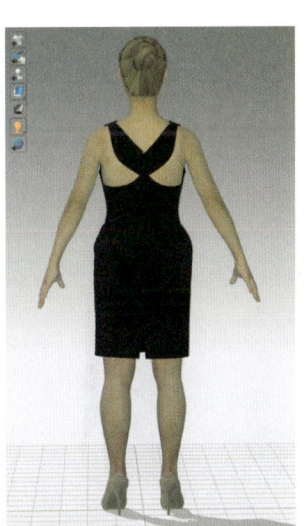
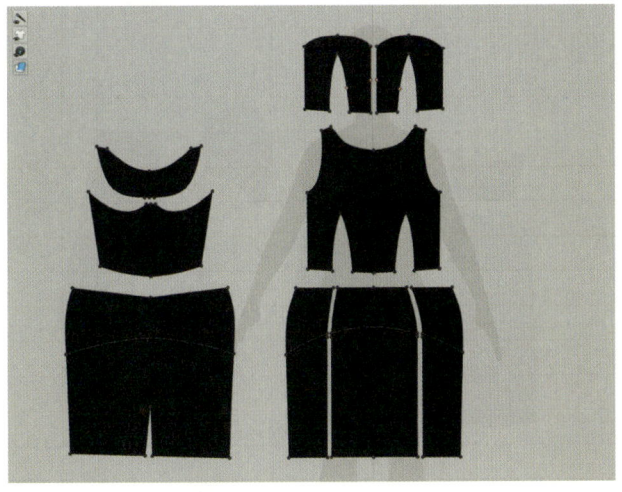

图 2-7-43　立体分割小礼服虚拟设计效果图和纸样结构图

短到膝盖以上变身"迷你裙",更符合现代人的穿着审美;保留大圆领和后背的镂空设计,在胸前增加不同材质面料的拼贴结构。运用 CLO 3D 软件的"嵌条工具"给前身面料增加分割线,裙装整体保留原本的 H 廓形设计,简洁的轮廓和精致的嵌条分割线结合,使裙装简洁精致且富有女性魅力。

款式二:抹胸礼服裙

图 2-7-44 是延伸设计款式二抹胸礼服裙虚拟设计效果图和纸样结构图,保留整体 H 廓形造型,去掉裙装的领部结构,前胸增加不对称层叠结构,腰部增加自然堆褶的丝缎面料装饰。面料自腰部向下自然垂落,使裙装在行动中飘逸灵动。比起纪梵希的经典"小黑裙",抹胸无领的设计给裙装增添了一丝性感。

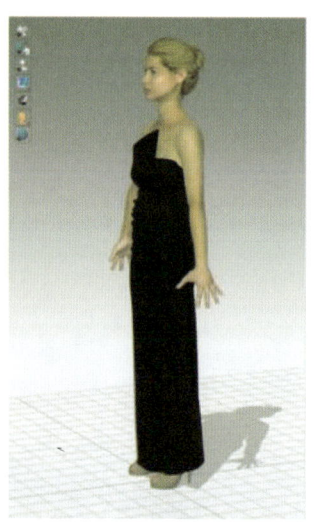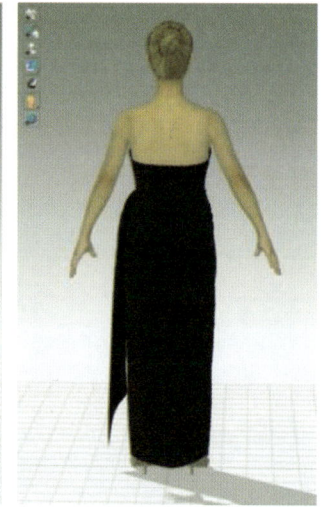

图 2-7-44 抹胸小礼服虚拟设计效果图和纸样结构图(江南大学 刘晓)

（4）虚拟延伸设计总结

利用 CLO 3D 软件实现了对巴伦西亚加、迪奥和纪梵希品牌经典裙装款式的虚拟复制,并在复制款式的基础上又对各品牌经典裙装进行虚拟的延伸设计,将现代的设计元素与 20 世纪中期的经典裙装款式相结合,既延续各服装品牌的设计理念和风格,又对设计师进行现代服装设计具有一定的启发作用。

（三）连帽卫衣的虚拟设计（使用软件:Style 3d）

工作准备:卫衣款式和版片文件,如图 2-7-45 所示。

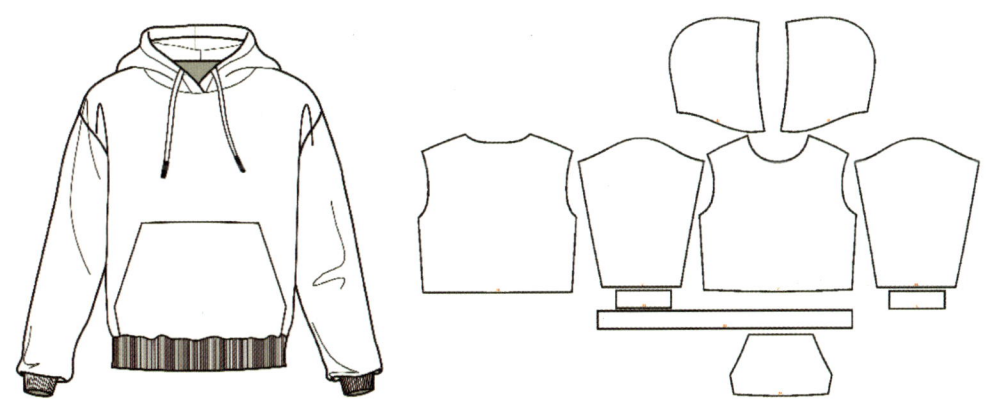

图 2-7-45　卫衣款式和版片文件

1. 步骤一:导入安排

导入卫衣文件并打开男性虚拟模特,按规律摆放 2D 版片,单击"重置 2D",将版片放置于对应安排点,如图 2-7-46 所示。

2. 步骤二:样衣缝合

（1）使用"自由缝纫工具"将帽子与领口缝合,其他版片按照缝纫逻辑关系进行缝合,如图 2-7-47 所示。

（2）使用"勾勒轮廓工具"将帽檐缝纫线进行勾勒,并使用"线缝纫工具"将其缝合,再利用"勾勒轮廓工具"将前片口袋线进行勾勒并缝合,如图 2-7-48 所示。

3. 步骤三:着装模拟

全选版片硬化并打开模拟,模特姿势调为 I,模拟状态拖拽帽子调整,粒子间距调整为 5,如图 2-7-49 所示。

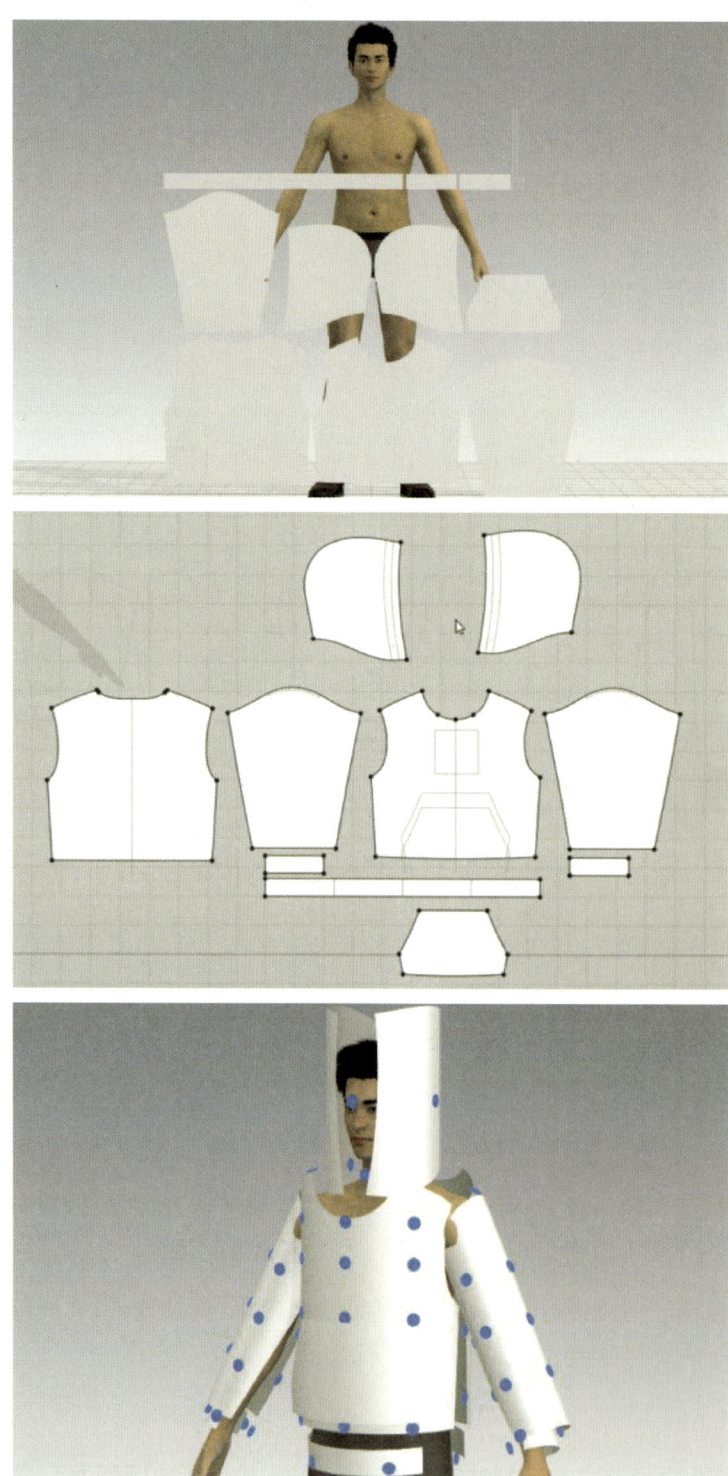

图 2-7-46　导入安排

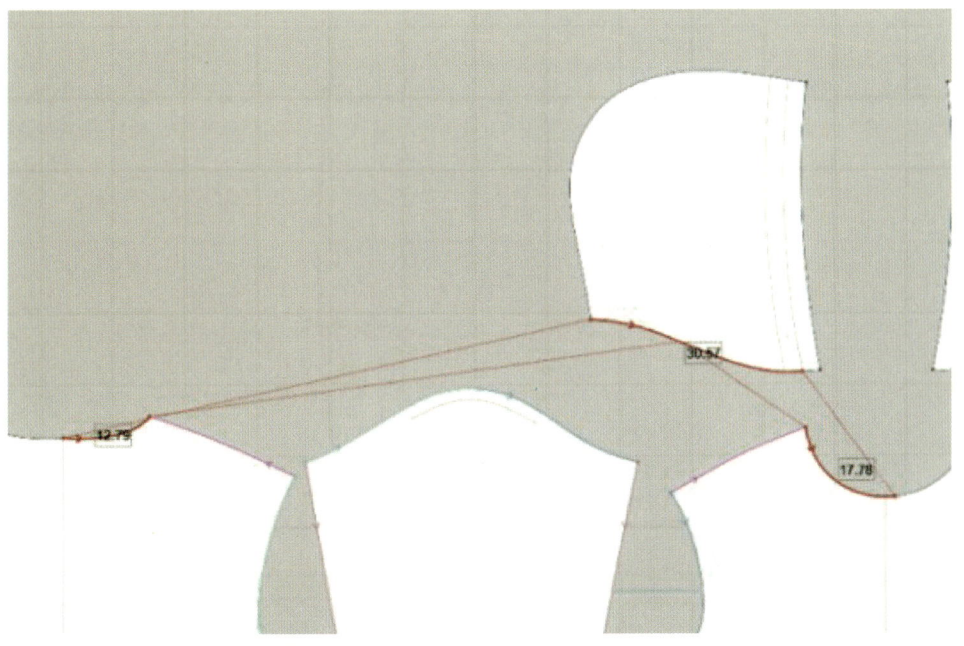

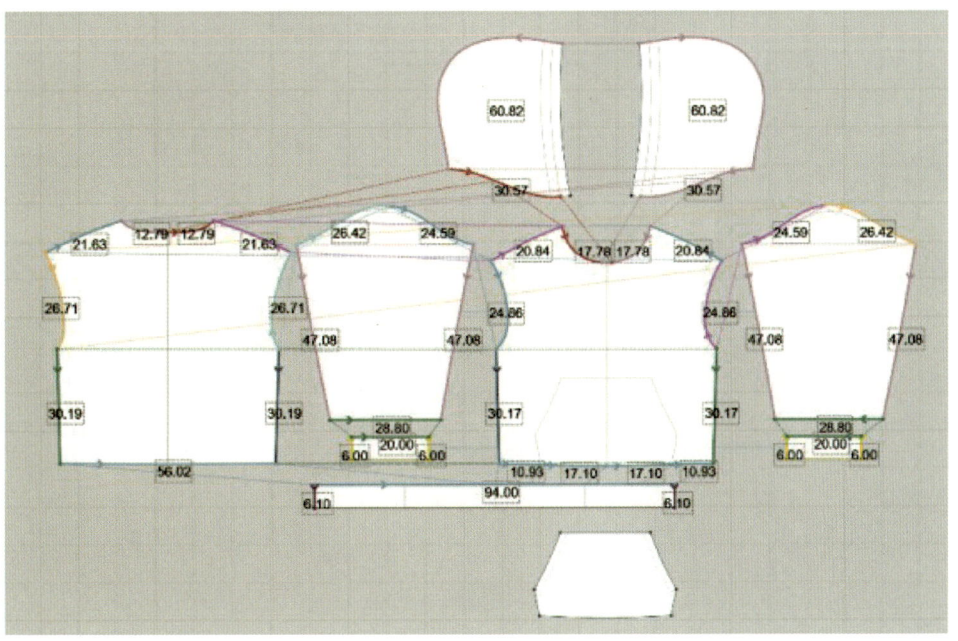

图 2-7-47　样衣缝合一

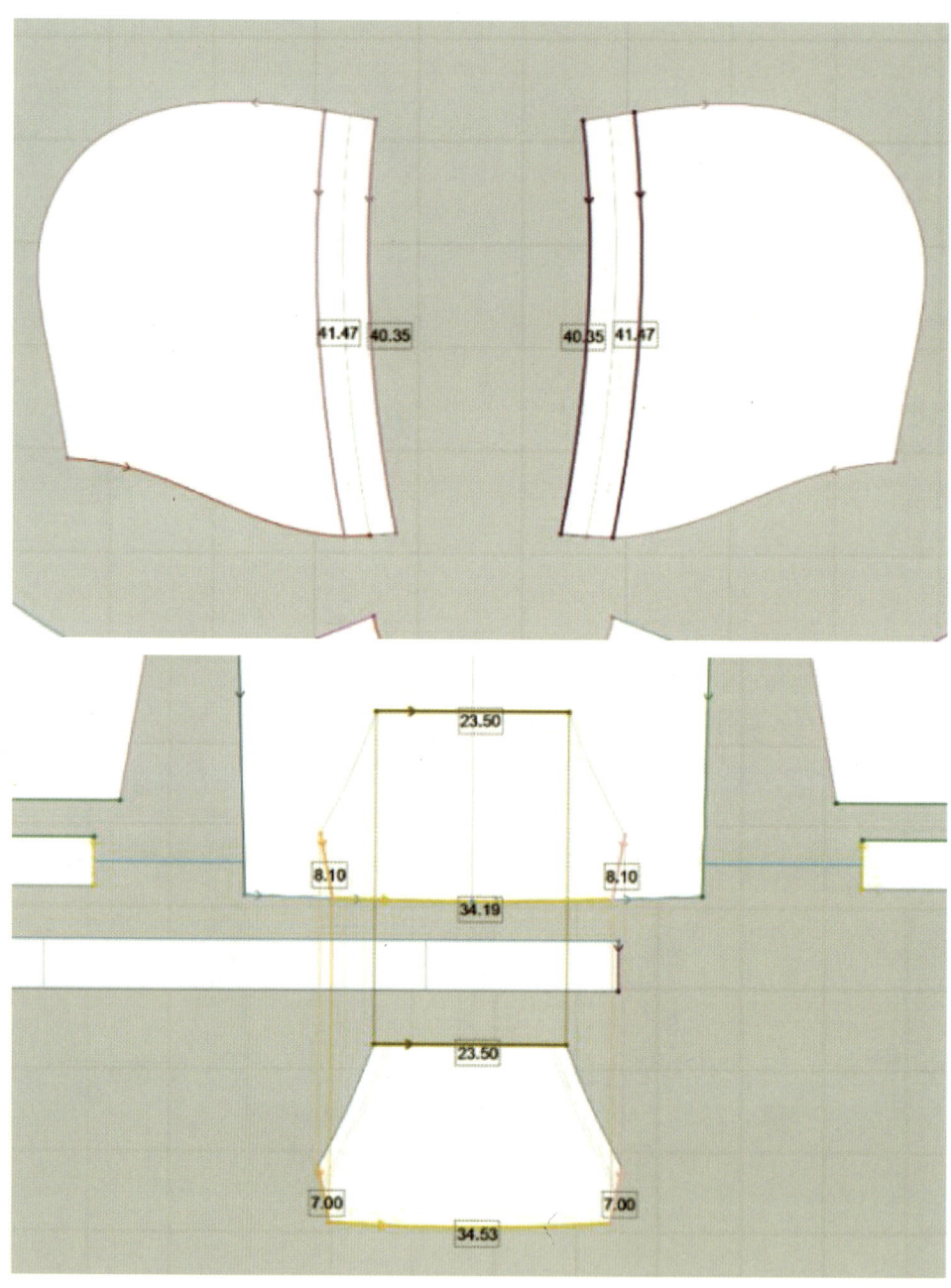

图 2-7-48 样衣缝合二

图 2-7-49　着装模拟

4. 步骤四：细节调整

（1）下摆及袖口加黏合衬，使用"固定针工具"在帽子左右侧添加固定针①，如图 2-7-50 所示。

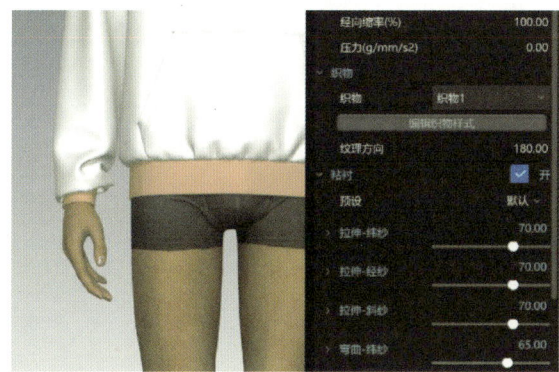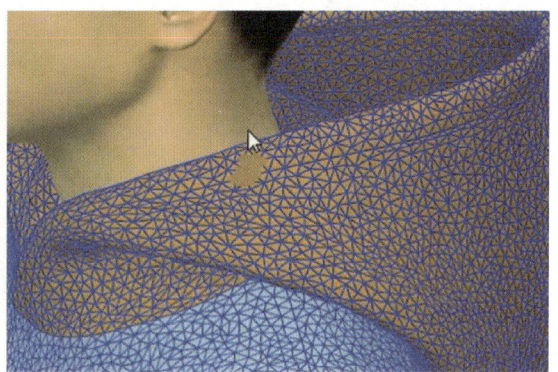

图 2-7-50　细节调整一

（2）使用"选择/移动工具"在模拟状态下拖动固定针调整帽子形态，完成后解除硬化；在"固定针"位置点击鼠标右键"删除所有固定针"，如图 2-7-51 所示。

5. 步骤五：面料设置

"织物"栏添加罗纹和针织毛圈布面料，袖口下摆为罗纹面料，其他部分为针织毛圈布，如图 2-7-52 所示。

---

① 固定针：在 2D 和 3D 视窗内对版片进行点选或框选一部分网格进行固定，在模拟状态下不会发生变化，也无法对其进行拉扯，但可移动固定针位置，单击鼠标右键可以进行删除固定针。按住"Ctrl"键框选可清除框选部分固定针。

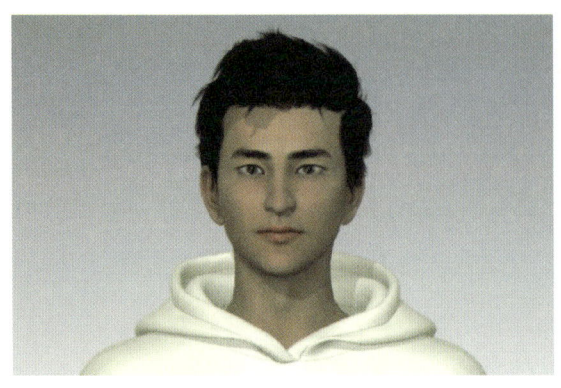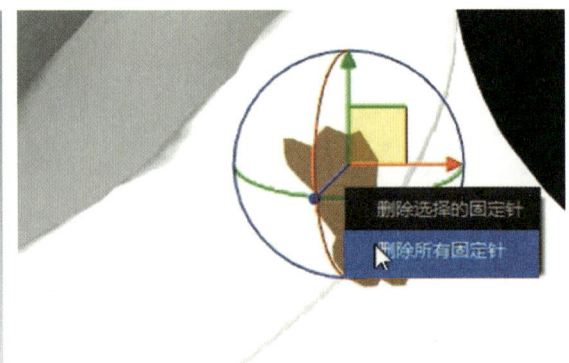

图 2-7-51 细节调整二

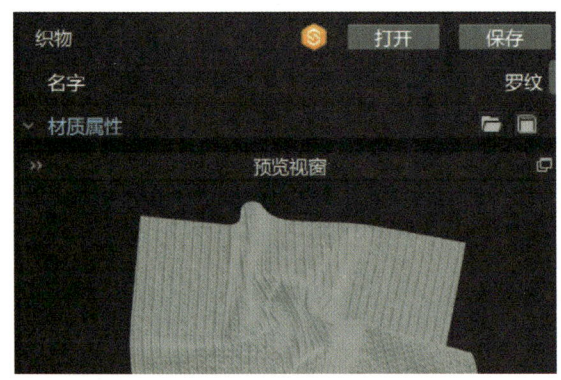

图 2-7-52 面料设置

6. 步骤六：辅料设置

打开"素材库"→"辅料"，找到帽绳，双击鼠标左键或单击鼠标右键"添加到素材"，加载类型选择"添加"。使用"勾勒轮廓工具"将帽绳与帽檐相缝合，如图 2-7-53 所示。

7. 步骤七：渲染设置

（1）使用定位球将帽绳移动至缝纫位置并点开模拟；全选版片，增加渲染厚度为 2，如图 2-7-54 所示。

（2）打开"场景管理视窗"→"素材"→"当前服装"→"图案"，选择"默认图案"；"属性编辑"视窗中找到"纹理"，单击加号，添加准备好的气眼贴图①，如图 2-7-55 所示。

---

① 贴图：在版片上插入图案。先在"当前服装"中添加图案样式，再单击版片中要插入的位置添加图案。在 2D 场景中插入可以确定具体位置，插入后自动进入调整图案功能。

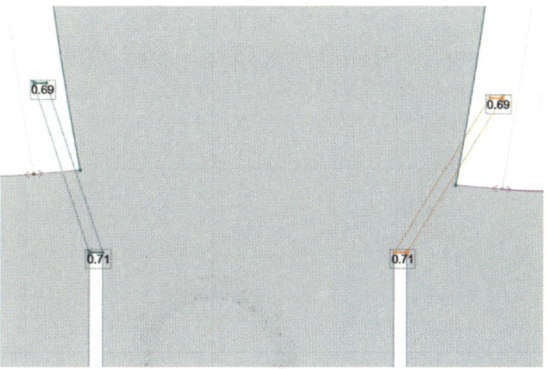

图 2-7-53 辅料设置

层次	0
增加渲染厚度(m...	2.00
增加模拟厚度(m...	2.50
纬向缩率(%)	100.00
经向缩率(%)	100.00
压力(g/mm/s2)	0.00

图 2-7-54 增加渲染厚度

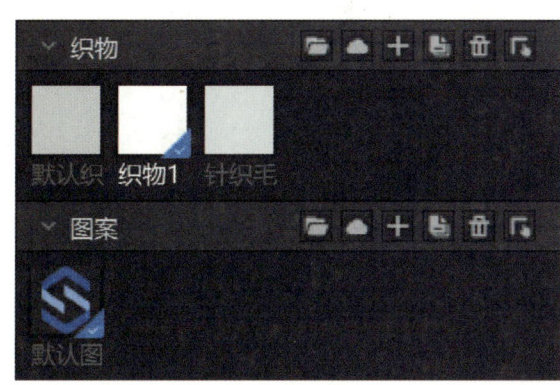

图 2-7-55 添加气眼贴图

（3）在"场景管理"视窗双击图案，在 2D 版片视窗中将图案放置在对应位置并调整大小；在标红位置添加宽度①为0.28、到边距②2、针距③2.4、打开3D凹痕效果④的明线，如图2-7-56所示。

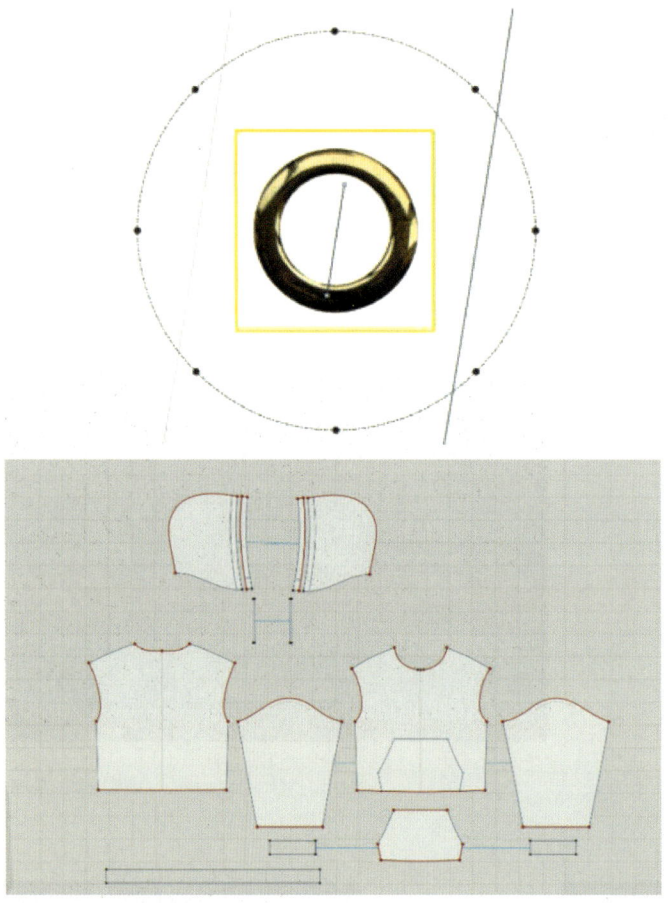

图 2-7-56　图案设置与明线

（4）口袋位置添加线的数量为2、线间距⑤5、宽度0.28、到边距15、针距2.4、打开3D凹痕效果的明线，如图2-7-57所示。

---

① 宽度：构成明线一针贴图的宽度，一般来说宽度越大，明线越粗。

② 到边距：明线贴图到选中的边的距离。

③ 针距：构成明线一针贴图的长度，可由3 cm或1 inch针数算出。例如10针（每3 cm），针距就是3 mm。

④ 3D凹痕效果：勾选后，会显示明线压出的凹痕法线效果。

⑤ 线间距：明线条数 >1 时，两条线之间的间距。

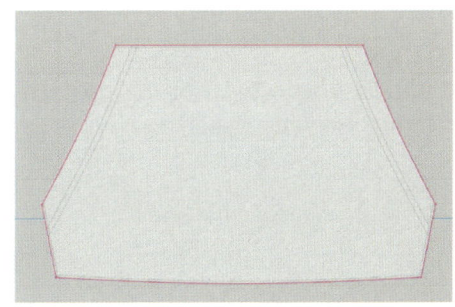

图 2-7-57 口袋设置

8. 效果展示(图 2-7-58)

图 2-7-58 最终效果展示

▶▶ 四、参考阅读

[1] 王舒:《3D 服装设计与应用》,中国纺织出版社 2019 年版。

[2] 赵雨:《服装 CAD-3D 服装设计基础及应用》,中国纺织出版社 2020 年版。

第三章

计算机辅助服装设计欣赏

第一节 东西方计算机辅助服装设计欣赏

一、中国——地域特点鲜明的民族风格

中国的服装设计风格主要表现为地域特点鲜明的民族风格（图 3-1-1）。中国是一个多民族国家，拥有 56 个民族，每个民族都各有其传统。在中华文化源远流长的历史长河中，各民族相互交融，汇聚成灿烂的中华文明。不同的历史时期和不同的民族风俗与文化，都为当代服装设计提供了取之不尽、用之不竭的灵感，这也是成就当前中国民族风服装设计多样性的根本缘由。学者李维贤将近年来的中国民族风服装分为少数民族风、基于汉服和中式服装的设计、时尚民族风、民族风高级时装、概念民族风等类别。

图 3-1-1 中国/末春作品

少数民族风较多沿用民族传统服装的款式、图案与色彩搭配。基于汉服和中式服装的设计、时尚民族风、民族风高级时装则以不同的侧重对民族传统元素进行创新设计:基于汉服的设计细节变化丰富;基于中式服装的设计款式稳定,多为局部改良;时尚民族风强调时尚化的表达方式;而民族风高级时装多以不拘中西的款式与设计表现国际性与民族性的融合。概念民族风较少直接运用具体的民族元素,而是以间接、抽象的手法表达对民族传统文化内涵的理解。

民族风格服装一直都是传统与时尚的结合体,时尚设计对与中国传统元素的运用都不可或缺。民族风格服装并不是机械地将古代服装或各民族传统服饰进行简单的设计改良,而是把民族风格特征抽象出来,并将其融入服装品牌风格,借由传统文化元素表达新的理念。在进行民族风格的服装设计时,应放宽设计思路,重在表达传统文化的意境和韵味,不应仅仅局限于中国古代服装、现今少数民族和民间艺术的传统元素等。只有具备文化底蕴的服装设计风格,才能体现自我的特征,才能突出设计风格。

▶▶ 二、法国——优美朦胧的浪漫风格

法国的服装设计风格最典型的就是优美朦胧的浪漫风格(图 3-1-2),这种设计风格源于浪漫主义思潮。浪漫主义在 18 世纪晚期到 19 世纪上半叶盛行于法国,是一个内容广泛的思想文化运动,影响至今。法国浪漫主义主要体现在绘画、雕刻、小说和戏剧领域,其在政治上是法国大革命的产物,在社会上是欧洲民主运动和民族解放运动高涨时期的产物。它强调具体的、个性的、热情奔放的自由描绘,以历史、社会、文学为题材进行创作,作品通常有着革命浪漫主义的激情。

在服装设计领域,浪漫主义风格的服装是在这一思潮的鼎盛时期正式出现的。19 世纪中期是典型浪漫主义时期,随着拿破仑帝国覆灭后出现的各种政治剧变,社会上形成了独特的风潮,人们开始反对古典主义和合理主义,在服装上开始追求中世纪华丽的宫廷风格。男装在造型上时兴收细腰身,肩部耸起;女装创造出一种充满幻想色彩的典雅气氛,腰线下移到自然位置,紧身胸衣重新启用。

浪漫主义风格在服装史的不同时期是复杂多变的,其发展历程也充分体现了社会的变革。早期是典型的宽肩细腰丰臀造型,后来发展到注重 S 形曲线美的新样式,接着第二次世界大战后以法国设计师克里斯汀·迪奥为首的时装大师,对夸张廓形加以改良再现,如今,浪漫主义风格借助复古风潮仍在继续发展,展现了这种风格的多面性和长久流行的生命力。

在当代服装设计中,浪漫主义风格在服装的视觉呈现上得到较大的提升。多数情况下,浪漫主义风格的服装具有一种独特的魅力,通常会出现花边、蝴蝶结等浪漫元素,用柔美的色调与纷繁的装饰将浪漫主义艺术风格进行充分表达,在设计上创新又大胆,给人以美的视觉享受。

图 3-1-2　法国/杰里米（Jeremy）作品

▶▶ 三、美国——新奇多变的前卫风格

美国的服装设计风格可以总结为新奇多变的前卫风格（图 3-1-3）。美国文化大多是由早期的欧洲移民带来的。美国艺术家擅长发展新的风格、新的表现方式和新的文化形式。

"前卫"（pioneer）一词是指具有新异的特点而引领潮流的，如前卫作品、前卫装饰等，也被称作"先锋"，或被看作在艺术领域中独具革命创新性以及反叛性的新兴艺术派别。

在 19 世纪中期的西方，前卫派的艺术包括印象派、分离主义、立体主义等美术流派，学者们还将被称作"艺术异端"的流派并入其中。随着 20 世纪现代艺术流派不断发展，前卫派艺术不再满足于现有的艺术表现手法，而是更进一步地寻找深刻、具有哲学意义且能引起人们或者社会反思的艺术表现形式。

图 3-1-3　美国/安杰丽卡·罗莎琳(Anjelica Roselyn)作品

　　前卫风格服装主要是受波普艺术、抽象艺术等后现代艺术思潮的影响所产生的一种服装风格。20 世纪 60 年代以来的波普艺术、嬉皮士运动都是具有代表性的前卫风格的服装,严重地动摇和摧垮了传统的服饰审美观和着装意识,也为当下的前卫风格服装设计提供了很好的借鉴。

　　嬉皮士服装产生于 20 世纪 60 年代的嬉皮士运动,服装以反对传统、反对整齐和反对优雅为宗旨,突显出前卫风格服装新奇、脱俗的观念。嬉皮士服装作为 20 世纪 60 年代以来前卫风格服装的一部分,对现代前卫风格服装设计以及新嬉皮士服装的发展起到了重要作用。

　　波普艺术起源于 20 世纪 50 年代,诞生地为英国,后传至美国。20 世纪 60 年代,波普艺术在欧美的迅速发展,对服装设计产生了重要的影响,前卫风格服装设计开始进入一个全新的阶段。在此阶段中,前卫风格服装大多具备反叛性、荒诞性。

四、意大利——讲究廓形的优雅风格

意大利的服装设计风格主要表现为讲究廓形的优雅风格(图 3-1-4)。意大利是世界著名的服装强国，其现代服装的发展史以 20 世纪为时间节点。20 世纪以前，无论是在服装设计方面，还是在民众对服装的审美理念上，意大利深受法国高级时装的影响。20 世纪，意大利服装业经历了最初几十年对创新和意大利风格的探索、法西斯独裁时期的服装演变、50 年代佛罗伦萨和罗马服装地位的建立和"意大利服装的诞生"、60 年代服装产业重心向米兰的转移、70 年代成衣登上国际舞台、80 年代贸易的增长和品牌扩张以及 90 年代在管理经营上的不断完善，最终服装业成为意大利的强势产业。

意大利服饰文化主要源于文艺复兴。文艺复兴自 14 世纪开始于意大利，于 15 世纪下半叶影响欧洲其他国家，于 16 世纪达到高潮。这一时期的意大利出现了前所未有的繁荣，同时也造就了一批优秀的艺术家。佛罗伦萨的艺术家在实力雄厚的美第奇家族的支持下，开始研究罗马艺术和注重人性的新艺术。但是，此时的服饰只服务于小众的上流社会，以烦琐的装饰和夸张的造型突显"贵族"气质，在宫廷中形成一种特有的时尚轨迹。这一时期的意大利服装具有开放、

图 3-1-4　意大利/努诺·达科斯塔(Nuno da Costa)作品

明朗和优雅的风格,至今对意大利的服装风格仍有着极大的影响。

意大利人的生活哲学是享受舒适惬意的轻松生活,所以在时装设计上推崇返璞归真,款型简洁大方又不失精致优雅。意大利时装在潮流与传统之间寻求最佳设计灵感,在美观的同时也兼具实穿性。代表品牌之一是麦丝玛拉(Max Mara),它将精致优雅的个性表现得淋漓尽致,产品多为大方优雅的日常百搭款式,品牌设计讲究线条和剪裁,质料简洁实用,在追求潮流的审美品位下,张扬表达的同时又不失优雅的内涵。

▶▶ 五、英国——讲究细节的经典风格

英国的服装设计风格为讲究细节的经典风格(图 3-1-5)。经典风格比较保守,不太受流行左右,追求严谨而高雅、文静而含蓄的特质,是以高度和谐为主要特征的一种服饰风格。正统的西式套装是英国服装经典风格的典型代表。

图 3-1-5 英国/特雷西·特恩布尔(Tracy Turnbull)作品

英国设计,也可以称为英式或英伦风格,很少跟随世界潮流,而是独树一帜、自成一派。英国服装设计偏重于时装本身的创新与研究,与法、意、美等国相比,小众气息浓郁。英国是19世纪欧洲男装的中心。19世纪初期,布鲁梅尔(Brummell)引领"花花公子"风,以阴沉的色调、精细的裁制、雅致的配饰闻名于世,奠定了现当代男装的基本风格。花花公子俱乐部是当时英国男装的权威机构,影响时尚长达20年。英国服装经典风格端庄大方,讲究穿着品质,具有传统服装的特点,又是相对比较成熟的,且能被大多数女性接受的。英国经典时装——男装三件套则直接脱胎于传统男装,非常有型。近三十年来,英国时装受世界潮流影响,引入了一些东方元素,比较推崇日本时装造型。经过潮流变迁,曲线起伏的造型开始流行起来,这种风格的英国代表设计师有维维安·韦思特伍德(Vivienne Westwood)、凯瑟琳·哈姆内特(Katharine Hamnett)、麦克奎恩(Mcqueen)等。

英国时装界常出"鬼才"和"怪才",在他们的手中,一个普通的细小物品经过迸发的灵感和大胆的探索与创造,可能一件非同寻常的时装就此诞生了。维维安·韦斯特伍德将生活中随处可见的别针、搭扣、条带、链条等服饰配件与开衩、切口等服装结构融合设计,最终引发了朋克风服饰的风靡。凯瑟琳·哈姆内特将耳熟能详的政治口号运用到T恤衫上,还带头将牛仔裤扯破撕裂,这类服装如今还在流行。总之,英国设计师极其善于抓住细节上稍纵即逝的思想火花,将其发展变幻成前卫时尚的时装。

▶ 六、日本——繁简皆宜的轻快风格

日本的服装设计风格整体呈现出繁简皆宜的轻快风格(图3-1-6)。日本又被称作"大和民族",日本人的精神结构特质在对"和"的追求上表现得淋漓尽致。"和"源自中国传统文化,指的是世间万物均应当保持调和的状态。"和"的精神伴随汉字传入日本后,迅速得到日本人的认可。日本人眼中的"和",即将相对立、相异的事物融合在一起,以实现和谐统一。20世纪80年代初,日本后现代服装设计师推进了本国传统服装文化精华的大胆创新,通过对原本结构设计方法的重构,开展解构主义时装的设计。他们的设计作品表现出解构、抽象和脱离现实等特征,摆脱了西方文化束缚,建立起极具东方韵味的设计流派。日本服装设计师森英惠(HANAE MORI)便将日本传统美学渗透进高级时装设计中,不仅推进了自然、禅宗文化与桃山华丽装饰的充分相融,还融入了简单主义的美学,使得其设计作品不仅具备现代都市感,还显得尤为端庄典雅。

日本是一个信仰神道教的国家,然而真正在日本文化中得到发扬光大的,则是源自中国本土的"禅宗"。"禅"充分表现了东方人的审美取向,诸如轻人工重自然、轻繁杂重简素、轻形式重精神等,也构建起日本文化的根本。因此,大多日本服装设计师设计的作品均表现出典雅、简素和宁静等特征,从某种意义上说,透过这些服装作品可充分感受到设计师所要表达的日本文化及日本禅宗精神。川久保玲服装设计风格即便走在时尚最前线,其依旧将充满东方禅意且质感素朴、色调简洁的材料作为根本,再融入西方现代建筑理念,设计出层次丰富、极具立体感、既前卫又极具科技感的服装。日本服装设计师善于推进外来文化与本国文化的有效相融,诸多设计环节均与本民族审美意识密切相连,他们基于自身民族的传统文化,通过对东西方文化的优化整合,探

图 3-1-6　日本/鹤田一郎作品

索出一条适合日本服装设计发展的道路。

⏩ 七、德国——否定一切的未来风格

在德国文化中的理性主义和笃定原则,服务众人的观念,以及大工业时代批量化生产的时代需求下,形成了现代主义设计,现代主义设计以"理性主义、功能至上和摒弃烦琐装饰"为特点。同时,包豪斯作为现代主义设计的"催化剂",现代主义设计美学的影响从建筑设计领域扩展到了产品设计、家具设计和服装设计等众多设计领域。

在服装设计领域,德国的设计风格主要表现为否定一切的未来风格(图 3-1-7)。这种风格

图 3-1-7 德国 / 约尔丹卡·波列加顿娃(Yordanka Poleganova)作品

所追求的是未来主义的设计理念。未来主义又称"未来派",是现代主义思潮的延伸,由意大利马里内蒂(Marinetti)在1909年倡导,是一种对社会未来发展进行探索和预测的社会思潮。未来主义以"否定一切"为基本特征,反对传统,歌颂机械、年轻、速度、力量和技术,推崇物质,表现对未来的渴望与向往。

　　未来主义服装设计风格的特征大致可以分为艺术性、科技性和前卫性三个方面。艺术性特征可以概括为极简主义、立体主义、解构主义和超现实主义四个不同的表现形式。艺术本来便是抽象的,未来主义的艺术创作又是脱离现实的一种天马行空的想象。科技性特征表现为在各种高科技服装面料、辅料在设计中的运用。前卫性特征表现为打破陈规,进行创新,创新理念使未来主义拥有前卫性特征。

　　未来主义风格的服饰在色彩上着重于金属色,如金色、银色、透明色等;在面料上喜爱闪耀、亮丽类光泽感强且富有弹性的材质,以强调现代感和科技感;在造型上利用简单图形符号、现代感的几何图形,或简洁硬朗的设计塑造出未来和宇宙的想象空间;在配饰上除体现无性别区分的现代主义外,更讲究实用性,而非单纯的设计感。此外,一些科技含量高的未来主义风格服饰则体现为服饰上附加智能感应等功能。服饰功能性的增强是未来主义风格服饰的趋势。

第二节　计算机辅助服装设计作品欣赏

　　数码服装效果图是时装设计师最为重要的设计表达手段之一,它的视觉效果强烈而直观,表现细腻而丰富,使用便捷而高效。越来越多的服装公司要求设计师用计算机直接做设计、出款式,以顺应快节奏的商业时尚文化。

　　CG是Computer Graphics的缩写,原义为"计算机图形图像"。"CG艺术"指依靠计算机、平面设计软件、数位板科技和计算机辅助绘画软件等进行创作的数字视觉作品。随着计算机技术的普及与网络的推广,如今越来越多的艺术家把创作载体由传统纸面转移到计算机软件,结合视觉审美、绘画功底及天马行空的想象力,运用软件优势创作出各种新奇的设计及绘画作品。"CG艺术"既包括技术,也包括艺术,囊括了当今信息时代中所有的视觉艺术创作活动,如人物形象头部的绘制、服装数码插画、平面设计、3D动画、影视特效和多媒体技术等。

一、人物形象头部表现

　　人物形象头部的绘制一般使用Photoshop软件或鼠绘软件SAI绘制。SAI是专业绘图软件Easy Paint Tool SAI的简称,是由SYSTEAMAX开发的。与其他同类软件不同的是,SAI给众多数字插画家以及CG爱好者提供了一个轻松创作的平台。SAI软件追求的是与数位板极好的相互兼容性、绘图的美感、简便的操作以及为用户提供一个轻松绘图的平台。手抖修正功能有效地改善了用数位板画图时最大的问题，SAI 软件的画画工作面板相比 Photoshop 软件要更丰富和更加多样化。如果追求纯粹的鼠绘、手绘画，那么设计师可以选择 SAI 软件。如果是倾向平面设计，追求图像的创意效果，那么设计师可以选择 Photoshop 软件。

　　对于人物形象头部的绘制，皮肤色的暗部表现一般选择加深工具，笔刷大小自定，范围选择中间调，曝光度灵活调整，突出明暗关系。脸部的明暗刻画和五官等局部明暗细微的刻画也选择加深工具。对于睫毛的刻画，可以用喷溅笔刷，也可用直接下载的睫毛笔刷。嘴部以及嘴唇的高光绘制方法有很多，可以用自定义笔刷等方法去画。用钢笔勾出衣服的路径绘制衣服，转为选区后填充颜色，用加深、减淡工具调整明暗。选择画笔工具，用合适的笔刷绘制头发部分，然后用加深工具进行加深处理，突出明暗关系；再次刻画头发，使头发的层次分明，发丝可以用喷溅笔刷来画，也可以用路径描边来画；大致画好后再用加深、减淡工具调整明暗。最后美化一下细节，把不满意的部分修饰一下，完成最终效果（图 3-2-1 至图 3-2-14）。

图 3-2-1　人物形象头部　　　图 3-2-2　人物形象头部　　　图 3-2-3　人物形象头部
（江南大学　李卓凡）　　　　（江南大学　崔瑞桐）　　　　（江南大学　李越）

图 3-2-4 人物形象头部
（江南大学 王雅婷）

图 3-2-5 人物形象头部
（江南大学 王明慧）

图 3-2-6 人物形象头部
（江南大学 孙欣悦）

图 3-2-7 人物形象头部
（江南大学 陈颖琦）

图 3-2-8 人物形象头部
（江南大学 刘婧）

图 3-2-9 人物形象头部
（江南大学 袁含章）

图 3-2-10　人物形象头部
（江南大学　潘裕）

图 3-2-11　人物形象头部
（江南大学　罗尧）

图 3-2-12　人物形象头部
（江南大学　王浩宇）

图 3-2-13　人物形象头部
（江南大学　罗新怡）

图 3-2-14　人物形象头部
（江南大学　李岱蓁）

▶▶ 二、服装数码插画

　　服装效果图的功能是在设计师没有制作出完整的成衣之前,让所有的观者对所设计的服装的设计点与款式面料等有明确的认识。而服装插画更多的是展示插画的绘画性,属于艺术表达范畴,其美术性、视觉性、空间的表现、人物的设计以及体现、线条的表达或者绘画媒介的使用,都比其他类别的艺术创作更加多元化。

　　服装插画的构图是布置画面的一个重要步骤,视觉上的构图应该让观者受到画面的暗示,感受所描绘对象的特质与服装风格的效果吻合。完整的构图要在统一的格调以及形式感上,追求画面的视觉平衡,或是新颖的构图形式,并且这些构图很多时候是通过点线面的关系、黑白格局、色彩的配置和对比、节奏层次、相关轮廓的虚实空间构想、画面的空间分布等形式来单独或综合达成其形式美感,丰富和拓展了最后呈现出的效果。构图无论形式怎样变化,画面上都必须引导观者能够在视觉上识别表述对象的关键位置,或感受到画面元素的轻重、主次的节奏感(图 3-2-15)。

图 3-2-15　服装数码插画（江南大学　牛豫、邱悦、黄嘉玲）

第三节　3D 虚拟试衣设计作品欣赏

　　随着计算机各种绘图软件的开发和发展，计算机设计为设计师提供了迄今为止最新的艺术表现空间，并高效地实现了设计师的创意。计算机高速、海量的数据存储及处理和挖掘能力与人的综合分析及创造性思维能力结合起来，使设计师的灵感经验与信息技术紧密结合，同时设计师需具备迅速准确地把握、控制和运用各种信息的能力。计算机辅助服装设计也已经深入服装设计的各个领域，给服装设计带来一场深刻的变革，通过计算机强大的计算功能，与设计师的思想、技术经验的融合,使服装设计更加科学化、高效化,为服装业提供了现代化的设计工具,也是未来服装设计的重要手段。

随着 3D 服装 CAD 技术的飞速发展,其在直观性、合体性、真实感等方面的优势足以使 3D 服装 CAD 系统成为未来服装 CAD 系统的主流发展方向。服装 3D 虚拟仿真技术是结合 3D 人体、服装制版、服装面料等因素,从平面到立体,从静态到动态,多角度展示服装的一种技术手段。服装 3D 虚拟仿真技术可以通过软件实现 3D 服装与 2D 样板的可逆转换、变换服装色彩、调整面料、修改服装结构、服装虚拟试衣等目的,开阔了服装设计师的视野,给服装设计带来一条新的发展方向。

▶▶ 一、3D 服装与 2D 样板的可逆转换

3D 服装 CAD 有别于 2D 的地方在于:它在通过 3D 人体测量建立的人体数据模型的基础上,对模型进行交互式立体设计,然后再生成 2D 的服装样片。它主要解决人体 3D 尺寸模型的建立及局部修改,以及 3D 服装与 2D 样板的可逆转换,等等(图 3-3-1)。

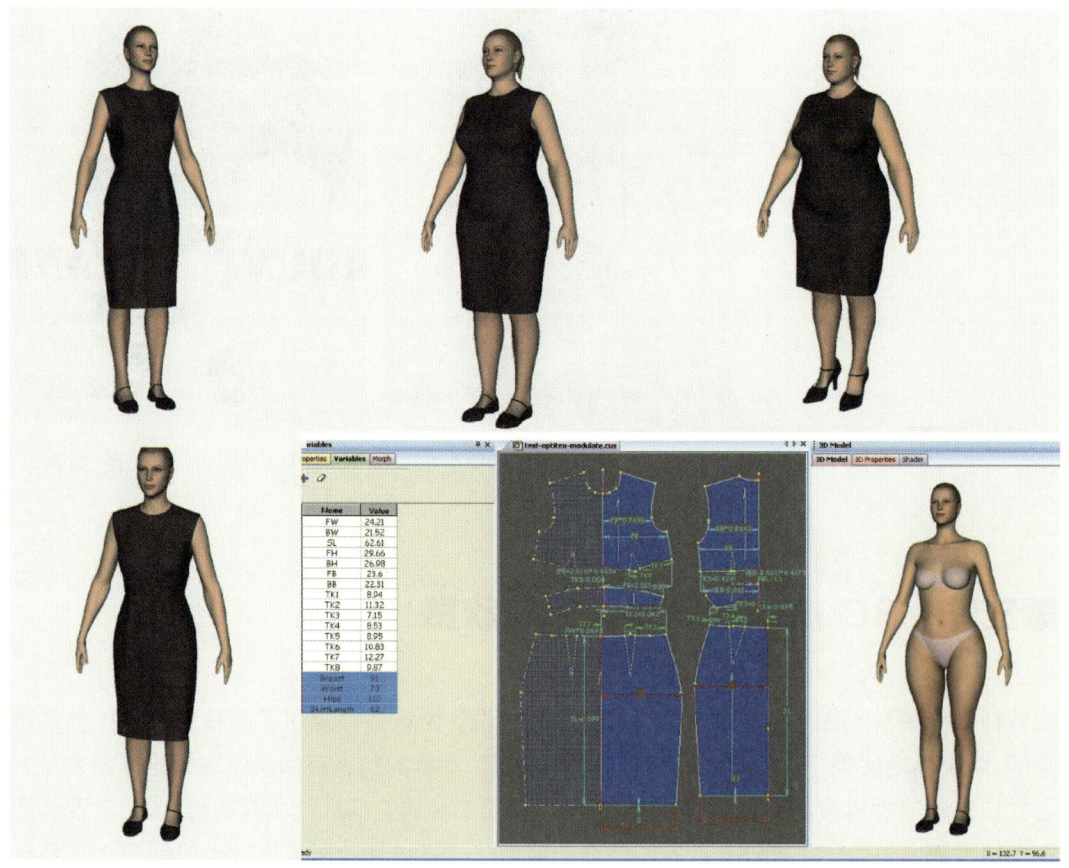

图 3-3-1　3D 服装与 2D 样板的可逆转换

▶▶ 二、面料细节的表现

3D 虚拟仿真技术能对服装面料选用合理性给出直观表现。不同材质的面料在外观上、感知上必然有所不同，而且服装面料在很大程度上决定了服装本身的气质。传统的服装在设计搭配面料时，需要对照实体面料小样，且整体服装效果必须在完成整体的服装制作后才能体现，需要设计师具有充足的面料知识。在采用 3D 虚拟仿真技术后，服装面料可以通过模拟数据面料，将服装制作后整体的效果展示在计算机上，有效节约了制作的材料和制作的时间。要实现拟真的服装效果，最核心的便是高效的布料仿真引擎。近年学术界最新的布料仿真算法研究成果，可以在普通的计算机上支持对服装实时仿真。自然且高精度的仿真效果，能够代替实物样衣，更高分辨率的模拟可以呈现更精细的服装面料细节，从而更好地体现布料的真实感和服装工艺细节（图3-3-2 至图 3-3-5）。

图 3-3-2 高分辨率的模拟带来更精细的服装面料细节呈现

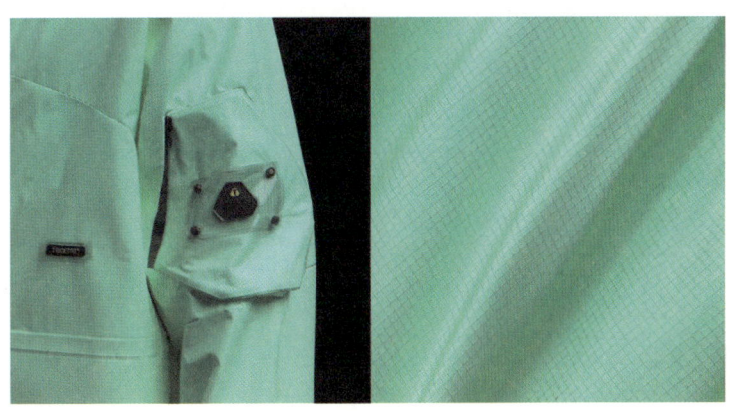

图 3-3-3 Style3D 布料仿真效果

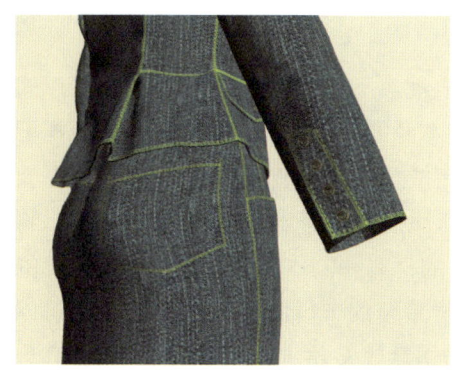

图 3-3-4 3D 牛仔、格呢、皮纹面料效果

图 3-3-5 3D 牛仔面料、格呢面料整体效果

三、3D 效果与真实成衣效果对比

3D 效果与真实成衣对比，见图 3-3-6。

图 3-3-6　3D 虚拟效果与真实成衣效果对比

四、3D 试穿在不同服装行业的应用

（1）在童装行业的应用（图 3-3-7）

图 3-3-7 3D 虚拟试衣在童装行业的应用

（2）在运动装行业的应用（图 3-3-8）

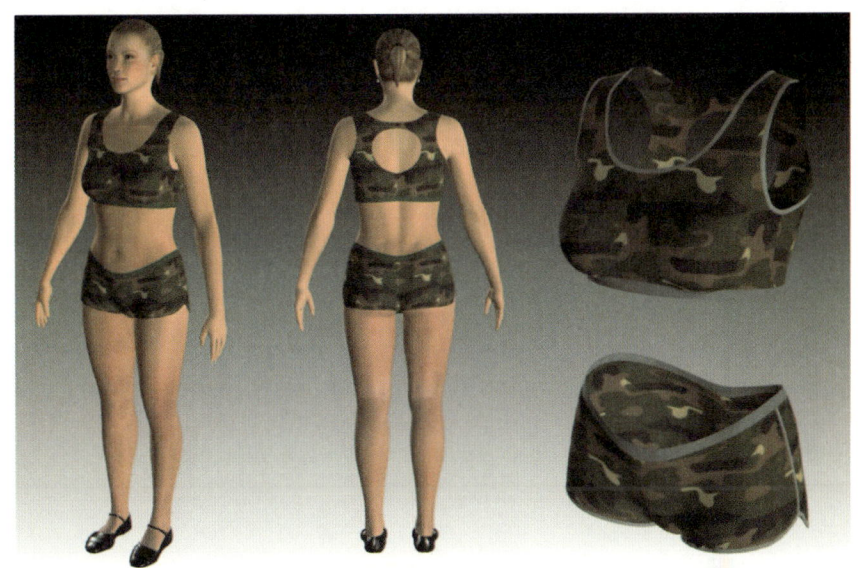

图 3-3-8 3D 虚拟试衣在运动装行业的应用

(3) 在真丝服装行业的应用(图 3-3-9)

图 3-3-9 3D 虚拟试衣在真丝服装行业的应用

(4) 在毛衫行业的设计应用(图 3-3-10)

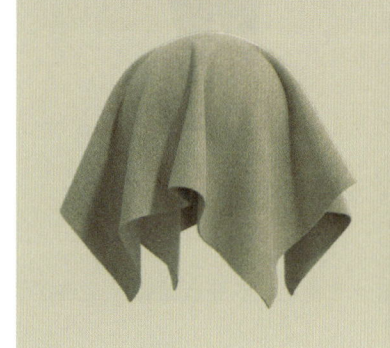

图 3-3-10　3D 虚拟试衣在毛衫行业的应用

（5）在民族服装设计的应用（图 3-3-11）

图 3-3-11　3D 虚拟试衣在民族服装设计的应用

（6）在功能服装设计的应用（图 3-3-12）

图 3-3-12　3D 虚拟试衣在功能服装设计的应用

后 记

江南大学"服装 CAD"课程首次开设于 2007 年。2016 年开始,针对该课程授课方式单一、理论与实际课程结合不紧密以及与其他课程衔接不连贯等问题,课程建设团队着重从教学内容、教材建设、资源建设、课程考核方式等多方面对课程开展全面改革。建设期间,分别获得江南大学卓越课程建设项目、江苏省在线开放课程建设项目等支持。2019 年服装 CAD 课程在中国大学 MOOC 平台正式上线,截至 2024 年 8 月,已开课 10 次,线上学习人数 29 万余人。

在课程建设期间,出版了"十三五"普通高等教育本科部委级规划教材《Photoshop 辅助服装设计》《Illustrator 辅助服装设计》《CorelDRAW 辅助服装设计》等系列书籍,重点介绍软件的实用方法和操作技法。本书为服装 CAD 学习的高阶版本教材,在掌握和熟悉相关软件的基础上,选取企业产品、设计类主题比赛等作为讲解案例,开展课程的深入学习,以期提高学生"学以致用"的能力。

最后,要特别感谢我所在的江南大学设计学院服装专业的研究生们以及参与我课程学习的江南大学设计学院的学生们,这本教材的编写离不开他们原创作品的支持。感谢参编人员柯莹、唐颖、姚怡、吴艳等老师的支持,感谢力克公司、CLO 3D 软件、Style 3D 软件、PGM 软件、图易软件等的支持! 感谢江红霞老师,学生周书婷、张启旭、刘晓、白玮、孔令梅、戴志娟、林磊、周茜雅、王雪薇、胥心莲、章陈虹、叶璐露等给予的支持和帮助。在本教材出版之际再次对他们表示衷心感谢。

王宏付

2023 年 9 月于江南大学